“十二五”国家重点图书出版规划项目
21世纪先进制造技术丛书

大型航天搅拌摩擦焊机器人动态仿真分析与优化设计

骆海涛　周维佳　刘玉旺　张　伟　著

科学出版社
北京

内 容 简 介

本书介绍了大型重载航天搅拌摩擦焊机器人研发设计的基础理论、基本方法和常用软件，面向我国在航空航天、国防和现代化工业等领域的迫切需求，以提高工件的焊接精度和焊缝质量为落脚点，针对新型的搅拌摩擦焊机器人开展了大量的理论分析、仿真优化和试验测试工作，获取了机器人在焊接过程中所关心的各项性能参数。研究机械结合部对整机静动态性能的影响，建立了针对复杂大件结构动态优化设计的分析流程。最终的分析和测试结果表明了本书工作的必要性，提出大型重载航天搅拌摩擦焊机器人研发设计流程及仿真测试方法,确保搅拌摩擦焊机器人的焊接精度，有力地配合和指导了大型重载航天搅拌摩擦焊机器人研发设计工作。本书注重理论研究和实践相结合，旨在开拓读者的研究思路，提高读者的研究能力。

本书适合理工院校机械、材料、电子、航空航天、力学等相关专业的硕士研究生、博士研究生及教师使用，也适合从事相关领域科学技术研究的工程技术人员使用。

图书在版编目（CIP）数据

大型航天搅拌摩擦焊机器人动态仿真分析与优化设计/骆海涛等著.
—北京：科学出版社, 2018.11
("十二五"国家重点图书出版规划项目：21 世纪先进制造技术丛书)
ISBN 978-7-03-059593-5

Ⅰ. ①大…　Ⅱ. ①骆…　Ⅲ. ①航空航天工业–摩擦焊–焊接机器人
Ⅳ. ①TP242.2

中国版本图书馆 CIP 数据核字 (2018) 第 262852 号

责任编辑：张海娜　赵晓廷／责任校对：何艳萍
责任印制：张　伟／封面设计：蓝正设计

科 学 出 版 社 出版
北京东黄城根北街 16 号
邮政编码：100717
http://www.sciencep.com
北京建宏印刷有限公司 印刷
科学出版社发行　各地新华书店经销
*
2018 年 11 月第　一　版　开本: 720 × 1000　B5
2019 年 9 月第二次印刷　印张: 14 3/4
字数: 297 000
定价：98.00 元
(如有印装质量问题，我社负责调换)

《21 世纪先进制造技术丛书》编委会

《21世纪先进制造技术丛书》序

21世纪，先进制造技术呈现出精微化、数字化、信息化、智能化和网络化的显著特点，同时也代表了技术科学综合交叉融合的发展趋势。高技术领域如光电子、纳电子、机器视觉、控制理论、生物医学、航空航天等学科的发展，为先进制造技术提供了更多更好的新理论、新方法和新技术，出现了微纳制造、生物制造和电子制造等先进制造新领域。随着制造学科与信息科学、生命科学、材料科学、管理科学、纳米科技的交叉融合，产生了仿生机械学、纳米摩擦学、制造信息学、制造管理学等新兴交叉科学。21世纪地球资源和环境面临空前的严峻挑战，要求制造技术比以往任何时候都更重视环境保护、节能减排、循环制造和可持续发展，激发了产品的安全性和绿色度、产品的可拆卸性和再利用、机电装备的再制造等基础研究的开展。

《21世纪先进制造技术丛书》旨在展示先进制造领域的最新研究成果，促进多学科多领域的交叉融合，推动国际间的学术交流与合作，提升制造学科的学术水平。我们相信，有广大先进制造领域的专家、学者的积极参与和大力支持，以及编委们的共同努力，本丛书将为发展制造科学，推广先进制造技术，增强企业创新能力做出应有的贡献。

先进机器人和先进制造技术一样是多学科交叉融合的产物，在制造业中的应用范围很广，从喷漆、焊接到装配、抛光和修理，成为重要的先进制造装备。机器人操作是将机器人本体及其作业任务整合为一体的学科，已成为智能机器人和智能制造研究的焦点之一，并在机械装配、多指抓取、协调操作和工件夹持等方面取得显著进展，因此，本系列丛书也包含先进机器人的有关著作。

最后，我们衷心地感谢所有关心本丛书并为丛书出版尽力的专家们，感谢科学出版社及有关学术机构的大力支持和资助，感谢广大读者对丛书的厚爱。

熊有伦

华中科技大学

2008 年 4 月

前　　言

针对搅拌摩擦焊机器人在结构设计中可能存在的问题和难点，本书从理论分析和工程应用上对可能影响机器人焊接性能的因素开展了大量的分析和研究工作。由于搅拌摩擦焊机器人体积庞大、结构复杂，自身工况条件极其恶劣，传统的基于普通机床的结构设计思路和方法不再适合。本书通过分析搅拌摩擦焊机器人的机构构型和功能特点及其在实际应用中的焊接工况，建立了一套针对大型重载高精度设备的结构设计分析流程；对整机的运动学和动力学进行建模与仿真，获得了机器人在五种典型焊接工况下的运动性能和受载情况；建立了轴承、丝杠螺母和导轨滑块结合部的刚度模型，并将其结果数据用于整机的静动态特性建模和仿真中，最终得到了搅拌摩擦焊机器人在最恶劣工况下焊接的焊缝精度，有力地指导了整个机器人的结构设计工作。

本书的主要研究内容如下。

第 1 章　绪论。介绍了搅拌摩擦焊机器人研究的背景及意义，阐述了搅拌摩擦焊的原理及特点。综述了国内外搅拌摩擦焊设备的研究现状，并对现阶段搅拌摩擦焊设备的结构样式和功能特点做了归纳与总结。通过对大型重载设备的理论研究热点进行梳理，提出了搅拌摩擦焊机器人在结构设计过程中的理论研究问题和难点，最后给出了本书的主要研究内容。

第 2 章　搅拌摩擦焊机器人多体系统建模与仿真。首先，介绍了拟研究的搅拌摩擦焊机器人的结构样式、功能特点和五种典型工况；之后，分别建立了搅拌摩擦焊机器人的运动学和动力学模型，得到了各自的运动学和动力学方程。通过典型工况下的仿真分析，得到了机器人的各关节空间和搅拌头工具末端的各参数变量仿真曲线，为后续整机的静动态特性分析创造了条件。

第 3 章　搅拌摩擦焊机器人结合部建模和刚度分析。由于搅拌摩擦焊机器人的 XYZ 轴主要是轴承、丝杠螺母和直线导轨结合部，它们的共同特点是通过滚珠和滚道之间的接触来进行载荷传递，因此，本章首先建立了赫兹点接触的理论模型，并求解了接触区的弹性趋近量和接触应力。通过角接触球轴承的静刚度试验，验证了有限元分析方法的准确性。其中，角接触球轴承的动刚度分析又确保了另两种结合部在低速状态下可以近似等效成静刚度计算的可行性。所取得的分析数据和曲线可以使人们对搅拌摩擦焊机器人结合部的刚度性能做出定量评价，为整机有限元模型的正确建立和计算奠定了基础。

第 4 章 搅拌摩擦焊机器人机械结构设计。本章以搅拌摩擦焊机器人的技术指标为目标，以高精度、高刚度、大负载、结构紧凑为设计约束，详细阐述了搅拌摩擦焊机器人的 XYZ 轴、AB 轴和主轴系统的结构设计过程。

根据搅拌摩擦焊机器人的五种典型工况，给出了 8 自由度搅拌摩擦焊机器人机械系统的方案原理，根据方案原理给出了切实可行的系统组成结构，进而完成系统中各个子系统的原理设计、方案设计及详细设计。

第 5 章 搅拌摩擦焊机器人动态优化设计。以组成结构的外部框架和内部单元为出发点，分别对搅拌摩擦焊机器人 XYZ 轴组件的底座、立柱和滑枕大件结构进行了拓扑优化和尺寸优化，研究了它们的材料选用、几何外形与力学性能之间的关系。综合考虑结构的质量、位移和固有频率等约束条件，合理配置材料的分布、结构框架尺寸和基本单元样式以改善其静动态特性。最终通过仿真分析，从微观和宏观上验证了所设计出的产品具有较优的力学性能。

第 6 章 搅拌摩擦焊机器人静动态特性研究。建立了搅拌头的力学模型并进行了焊接过程的数值仿真，获得了作用于搅拌头上的各种机械载荷，比较了机器人在空载运行工况和五种典型工况下的静力分析结果，获得了整机的刚度和强度数据。通过模态试验手段，对整机以及各大件结构进行了模态测试，并与分析结果进行了对比。最后，将考虑了结合部刚度阻尼以及滑枕结构柔性的搅拌摩擦焊机器人的刚柔耦合系统进行了最恶劣工况下的焊接仿真，得到了各工况下的测量曲线。通过分析焊接曲线的误差得到了实际焊缝的焊接精度，最终证实了搅拌摩擦焊机器人总体设计的可行性。

本书以解决大型航天搅拌摩擦焊机器人动态仿真分析及优化设计问题为目标，研究大型重载航天搅拌摩擦焊机器人研发设计的基础理论、基本方法及常用软件，得到了国家自然科学基金青年基金项目“重载灵巧高刚度搅拌摩擦焊机器人动态特性分析及优化设计”(51505470) 和中国科学院青年创新促进会项目的资助。在全书内容研究及编写过程中，特别感谢中国科学院沈阳自动化研究所空间自动化技术研究室的老师武加峰、宛敏红、田远征、杨广新与研究生王巍、武廷课的大力配合及辛勤工作。

由于作者水平有限，书中难免存在不妥之处，恳请读者不吝指正。

作 者

2018 年 7 月

目　录

第1章 绪 论

1.1 搅拌摩擦焊的背景及意义

搅拌摩擦焊 (friction stir welding, FSW) 技术最早是由英国焊接研究所 (The Welding Institute, TWI, Cambridge UK) 发明的一项革命性固相连接工艺，它可以在未完全融熔状态下实现材料的固相连接 [1,2]，如图 1-1 所示。搅拌摩擦焊技术在其发明之后的 20 年里，已经被应用到基础研究和工业制造的各个领域，并受到来自各个国家科研机构和企业单位的广泛关注。在国外，利用这项技术所生产的产品已经达到规模化和工业化的水平。

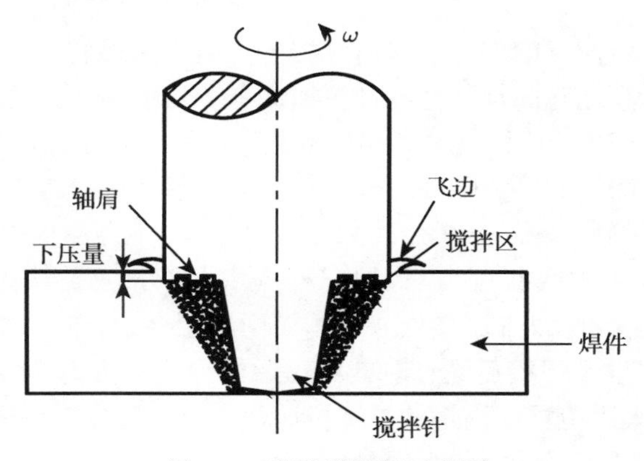

图 1-1 搅拌摩擦焊示意图

目前，已经有多个国家如英国、美国、法国、德国、瑞典、日本和中国等把搅拌摩擦焊技术应用在各个制造领域 [3-9]，如图 1-2 所示。搅拌摩擦焊在世界工业领域的应用简述如下：

(1) 航天。运载火箭燃料贮箱、发动机承力框架、铝合金容器、航天飞机外贮箱、载人返回舱等。

(2) 航空。飞机蒙皮、加强件之间连接、框架连接、飞机门结构件、起落架舱盖、外挂燃料箱等。

(3) 船舶和海洋工业。快艇、甲板、侧板、防水隔板、船体外壳、船用冷冻器、帆船桅杆等。

(4) 车辆工业。高速列车、轨道货车、地铁车厢、轻轨电车。

(5) 汽车工业。发动机引擎、底盘支架、轮毂、车门、车体、升降平台、燃料箱、逃生工具等。

(6) 其他工业。发动机壳体、冰箱冷却板、电器分封装、天然气液化气贮箱、轻合金容器、家庭装饰、镁合金制品等。

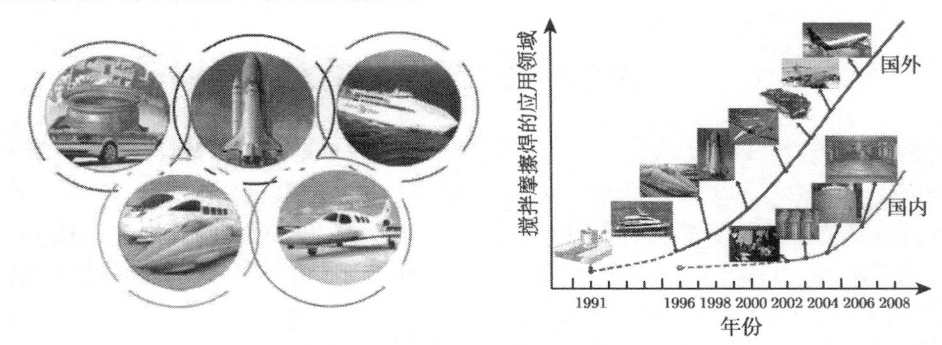

图 1-2 搅拌摩擦焊的应用领域

试验证实，利用搅拌摩擦焊技术所焊接的焊缝在机械特性上比用其他焊接工艺所焊接的焊缝甚至比它的母材性能都更加优良 [10,11]。在力学性能上，搅拌摩擦焊的焊接接头比传统焊接所采用的熔化极氩弧焊和钨极氩弧焊接头性能更加优良。数据显示，搅拌摩擦焊的接头强度最高可比氩弧焊接头强度高 20%，延伸率是氩弧焊的 2 倍，断裂韧度最高也比氩弧焊高 30% 以上。搅拌摩擦焊的接头内部组织是细小的锻造晶粒区，更加稳定。除此之外，与其他焊接工艺相比，搅拌摩擦焊焊后的工件变形小，残余应力低。图 1-3 显示了两种铝合金材料 T4 和 T6 在采用搅拌摩擦焊技术焊接以及焊接后经过时效处理后的焊缝接头力学性能与母材的强度数据。结果表明，采用搅拌摩擦焊的焊缝拉伸强度比较基本接近母材，而经过时效后更加接近或超过了母材的拉伸强度 [12]。

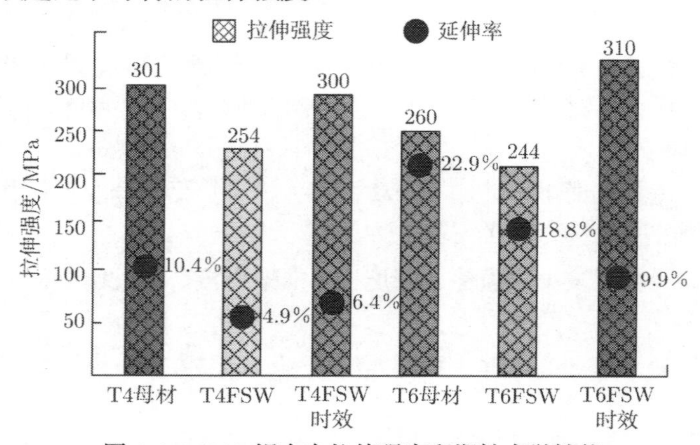

图 1-3 6082 铝合金拉伸强度和塑性力学性能

搅拌摩擦焊技术采用的是固态焊接工艺，因此在其焊接的过程中不会产生裂纹、气孔和夹渣等缺陷。与传统熔化焊接相比，它更加绿色环保，在焊接过程中不会产生烟雾、弧光和飞溅物。此外，该种焊接工艺经济方便，不需要焊丝和保护气的填充以及焊前开破口、去毛刺等特殊的预处理。搅拌摩擦焊的具体优点 [13,14] 阐述如下：

(1) 焊接质量均匀一致，焊接过程不需要特殊的专门培训，易于掌握；

(2) 根据焊接本体的设计不同，单侧最大焊接厚度能达到 15mm；

(3) 焊接开始前，焊口部位不需要开破口、去毛刺等特殊预处理，只需简单清洗和打磨；

(4) 不需要焊丝和保护气的填充；

(5) 焊接功率低，对于铝合金单侧焊接 12mm 厚度只需要 3W；

(6) 焊缝残余应力低，无凸起、焊滴和局部变形的发生；

(7) 绿色环保，有效保护使用者，无强光、电弧、烟雾和异味，与其他设备的使用不发生冲突；

(8) 焊区的温度相比熔化焊要低，不会造成孔洞和烧伤现象的发生。

尽管搅拌摩擦焊具有上述众多优点，但是要想实现高质量的焊接，必须依赖一个性能优越的机械本体。焊接设备本体的动态特性对焊缝质量起着决定性的作用。在整个焊接过程中，搅拌头肩部和焊接表面要充分接触；搅拌头主轴要时刻垂直于待焊接工件的表面；搅拌区域温度或搅拌力及扭矩要合理控制 [15]。所有这些要素都是在焊接本体良好的协调作用下完成的。目前，现有搅拌摩擦焊设备多是基于数控机床改造而成的，只能适用于规则焊件的连接，功能单一，缺少工艺柔性，难以实现复杂工件的焊接。而对于航空、航天领域需要焊接的大型薄壁曲面，焊缝多呈现为三维空间内的复杂曲线 [16,17]。由于焊接设备自身机构的限制，其路径规划和程序编制相当烦琐，有的甚至无法执行，有的即使可以实现焊接，但与其相配套的搅拌摩擦焊工艺的开发也极其困难。面对上述应用的困难，一种新型的机器人化搅拌摩擦焊设备应运而生。

机器人是一种先进的机电一体化高度集成的产物，它可以通过程序的编制来进行重复性的工作，能够实现不同的作业任务。与传统机床样式的重载焊接设备相比，搅拌摩擦焊机器人自由度配置更加合理，运动操纵更加灵活，工艺柔性更好 [18,19]。机床样式和机器人化的搅拌摩擦焊设备在焊缝形式、焊接功能、工艺柔性和工装卡具方面的优缺点比较，详见表 1-1。从表中可以看到，机器人化的搅拌摩擦焊设备工作空间大、焊缝适应性强，具有操作灵活和智能性强等众多优点。

本书针对搅拌摩擦焊机器人在总体设计过程中存在的问题，将多体系统运动学和动力学、弹性力学有限元、动态优化设计和刚柔耦合理论引入搅拌摩擦焊机器人本体的研发和设计过程中，其理论研究意义在于：

表 1-1　机床样式和机器人化的搅拌摩擦焊设备性能比较

项目	焊缝形式	焊接功能	工艺柔性	工装卡具
机床样式	规则	单一	差	复杂、昂贵
机器人化	复杂空间三维曲线	多样 (点焊、塞焊)	好	易于制造

(1) 面向我国航空航天领域对先进焊接技术的迫切需求。这种需求主要体现在对高强轻质铝合金的焊接上，由于受制于国产航空发动机推力的不足，这就需要寻找一种轻质的材料来用于焊接航天飞机、宇宙飞船和火箭的蒙皮结构，以扩充机身和箭身的体积。而搅拌摩擦焊技术是焊接铝合金材料的首选焊接工艺，在保证焊接质量的同时又绿色环保。

(2) 焊缝接头的力学性能得到了显著提升。搅拌摩擦焊的接头强度高、抗冲击耐疲劳，其各项性能指标都优于传统的熔化焊接。除此之外，该种焊接工艺焊缝质量均匀一致性好，工艺比较稳定。目前，该种技术已经涵盖了国民经济的各个领域，产生了巨大的学术价值和经济价值。

(3) 通过对其焊接机理的分析，增强焊接设备本体的静动态特性。为了确保搅拌摩擦焊机器人工作时具有足够的强度和刚度，通过机器人的总体构型设计、复杂结构件的最优材料分布和模态频率匹配等措施，为不同材料的焊接作业设计切实可行的运行工况，同时分析各部件的变形、应力和振动响应最小来保证搅拌摩擦焊机器人工作过程中的安全可靠。

(4) 探索大型复杂设备的动态设计与优化分析方法。机器人的焊接精度受制于焊接设备本体的动态特性，因此针对复杂重载设备开展一系列的设计、分析和优化工作以增强焊接设备本体的静动态性能，可大大缩短研发周期和减少研发成本。最重要的是寻找到一套适用于重载复杂结构件的综合动态优化设计流程，用于指导整个机器人的研发设计，减轻自重并提高焊缝的焊接精度。

总之，本书所进行的理论推导、仿真分析和试验验证工作很好地解决了搅拌摩擦焊机器人在总体设计中存在的多体系统运动学和动力学、传动副结合部的刚度、基于多元约束的结构优化以及整机的静动态特性研究等问题，全面提升了大型重载强扰动搅拌摩擦焊设备的设计理念，这些工作对于机器人化搅拌摩擦焊设备的现代化设计和研发具有重要的理论与实际指导意义。同时，项目的成功实施，迎合了国家“十三五”期间的发展规划纲要，极大地提升了我国高端装备制造业的水平和国际竞争力，满足了东北老工业基地振兴对战略技术的需求，有着显著的社会经济效益。

1.2　搅拌摩擦焊的原理及特点

搅拌摩擦焊是利用高速旋转的搅拌头，将其插入被焊工件的接缝处，使工件材料与轴肩摩擦接触并软化，最终完成整条焊缝的固相连接，其焊接原理如图 1-4 所示 [20]。

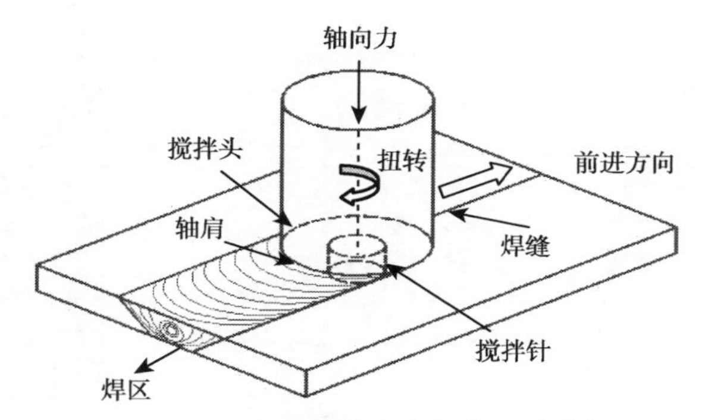

图 1-4　搅拌摩擦焊的焊接原理 [20]

搅拌摩擦焊接过程可大致分为以下四个阶段 [21]：首先，搅拌头在轴向力的作用下，将其机械式地插入被焊工件的接缝处；接着，在扭矩的作用下，搅拌头开始旋转并使其与被焊工件产生摩擦，从而使焊缝连接部位的材料温度升高并发生塑性化；然后，当焊头达到预定的深度之后停止插入，在进给力的作用下，开始沿工件的焊接线方向发生移动；最后，受搅拌工具旋转和移动的作用，高度塑性化的材料从工件的一端移动到另一端并不断地被搅拌，并在搅拌头轴肩锻造力的作用下在其运动方向的后方形成致密的焊缝。

与传统意义上的熔化焊接相比，搅拌摩擦焊有两大显著特点：超重载和强扰动。超重载是由搅拌摩擦焊的焊接机理决定的，它不同于普通切削和钻削机床是靠刀刃来去除材料的，因此切削阻力小、摩擦小。而搅拌摩擦焊是利用搅拌头机械式地插入被焊工件的接缝，并且焊接是发生在材料的塑性变形阶段，因此载荷条件极其恶劣。强扰动是由被焊工件的材质不均匀以及作用在搅拌头上的载荷周期性变化所致。正是如此，它需要焊接本体要有足够好的静动态特性，以确保焊后焊缝的精度和良好的力学性能 [22]。

1.3　搅拌摩擦焊设备现状介绍

搅拌摩擦焊的发展大致可归结为如下三个阶段，如表 1-2 所示。从表中可以发现，搅拌摩擦焊设备的研发还处于发展阶段，尽管现在已经出现了许多新型的搅拌摩擦焊设备，但离要求还有一定的差距。这主要体现在设备的工艺柔性、本体的动态特性、结构的尺寸参数以及焊接的工装工艺上。预计到 2020 年，搅拌摩擦焊的焊接工艺将会走向成熟阶段，这个阶段显著的标志就是焊接设备本体的动态性能已经得到了极大的改善，能够很好地保证搅拌头的焊接精度。除此之外，搅拌摩擦焊的工艺参数研究也相当完善，已经完全掌握了现在在各个应用领域上所使用的材料。

表 1-2　搅拌摩擦焊设备发展历程

刚刚起步阶段（1991～2000 年）	步入发展阶段（2001 年至今）	走向成熟阶段（预计 2020 年以后）
设备样式单一； 应用领域有限； 工作空间狭小； 设备动态性能差； 工艺不成熟； 工装卡具复杂	出现特种式和机器人式； 面向航空、航天和电力电子行业； 工艺柔性好，适应三维空间曲线焊接； 动态性能有了很大改善，振动得到抑制； 能够对多种牌号的钢、铜、铝合金和镁合金进行焊接	设备样式多种多样； 军事、商用和民用各领域； 工艺柔性好、工作空间大； 设备动态性能优良，易于控制； 掌握大部分合金的焊接工艺； 设备结构尺寸参数合理优化

1.3.1　国外搅拌摩擦焊设备

国外搅拌摩擦焊设备的机构样式和主要任务描述如表 1-3 所示。

表 1-3　国外搅拌摩擦焊设备

序号	年份	国家	机构	名称	样式	任务描述
1	1991	英国	TWI	RoboStir	龙门式	1～25mm 铝板
2	1991	瑞典	Sapa	Sa-FSW	卧式	渔船中空铝合金焊接
3	1992	英国	ESAB	SuperStir™	龙门式	不超过 100mm 铝板
4	1992	美国	GSC	GS-4	立式	直径 5m 圆筒铝板纵缝焊
5	1993	美国	MTI	ISTIR-10	起重式	0.04～1.5in 铝板
6	1994	法国	ESA	F-FSW	卧式	航空铝合金件焊接
7	1995	意大利	ESA	It-FSW	立式	航空铝合金件焊接
8	1996	德国	ESA	Go-FSW	立式	航空铝合金件焊接
9	1997	美国	NTE	H30K	卧式	大尺寸铝合金筒体纵缝
10	2000	澳大利亚	Audalaide	Au-FSW	便携式	游船曲面薄板焊接
11	2002	美国	Boeing	Be-FSW	立式	火箭、导弹筒体焊接
12	2003	美国	NTE	G40K-5AX	龙门式	不超过 5in 铝合金
13	2004	日本	HITACHI	Swing-Stir	机器人式	薄壁铝合金点焊
14	2005	美国	NASA	UW-FSW	特种式	火箭筒体纵、环和瓜瓣焊
15	2006	韩国	Winxen	WX-FSW	机器人式	薄壁铝合金点焊
16	2007	日本	Kawasaki	K-FSW	机器人式	厚铝合金结构件点焊
17	2008	美国	GSC	GS-2B	卧式	直径 5m 圆筒铝板环缝焊
18	2009	英国	ESAB	Rosio™	机器人式	铝镁合金点焊和缝焊

注：1in=2.54cm。

1991 年英国焊接研究所最早发明了这种先进的固态焊接工艺，在之后的近 20 年里该种焊接工艺被广泛应用在航空航天、国防现代化装配、车辆船舶和机械电子等方面，涵盖了军事、商用和民用等应用领域。到目前为止，该种焊接工艺已经达到了规模化的应用，所生产出来的产品已经通过了各项试验的考核，其焊缝性能和焊接质量被业界广泛认可。为了大力普及这种优秀的焊接工艺，英、美、日、中等国家研究了各种各样的搅拌摩擦焊设备以满足不同应用领域和不同焊接任务的需求 [23,24]。

目前，在国际上具有代表性的搅拌摩擦焊设备科研机构以及他们所研制的新一代的搅拌摩擦焊设备结构样式、参数指标和任务类型简述如下。

1) 英国 ESAB 研制的搅拌摩擦焊设备

图 1-5(a) 为英国 ESAB 公司研发的 SuperStir™ 搅拌摩擦焊设备。这台设备装备有真空夹紧工作台，可以焊接非线性接头。具体的工作参数为：焊接铝板最大厚度 25mm；工作空间为 5m×8m×1m；最大压紧力 60kN；最大主轴转速 500r/min。

图 1-5(b) 英国为 ESAB 公司最新研制的 Rosio™ 搅拌摩擦焊机器人。该设备是在 6 自由度串联工业机器人的本体基础上再加上末端的搅拌头组件组成的。它既具有数控机床的在线编程功能又具有工业机器人的柔性，工作空间大、高负载、高刚度、易于操作、能够适应复杂三维焊缝的焊接。

(a) SuperStir™龙门式

(b) Rosio™机器人式

图 1-5 英国 ESAB 研制的搅拌摩擦焊设备

2) 美国 NASA 研制的搅拌摩擦焊设备

图 1-6 为美国国家航空航天局 (National Aeronautics and Space Administration, NASA) 用于大火箭主体焊接的搅拌摩擦焊设备。该设备重约 100lb (1lb≈453.59g)，采用 5 轴联动控制能够实现复杂空间曲面的焊接。该设备 2009 年春天开始运行，迄今为止已经实现了多个火箭或导弹蒙皮结构的焊接。这些焊缝形式多为环形、椭圆弧形以及竖直焊缝。它采用的是伺服电机和液压驱动混合动力，因此其焊接负载最高可达 15000lb 或更多。

3) 美国 Boeing 公司研制的搅拌摩擦焊设备

美国 Boeing 公司与英国焊接研究所合作，成功地利用搅拌摩擦焊技术 (图 1-7) 完成了压力容器罐体的连接。1999 年 8 月 17 日美国的 Delta-II 火箭中间舱段的连接就是采用的搅拌摩擦焊技术并成功发射，该项技术于 2001 年 4 月 7 日也成功应用在运载“火星探索号”的压力容器焊接上，这也是搅拌摩擦焊技术首次应用在该焊接领域，其中采用搅拌摩擦焊技术连接的燃料贮箱工作温度可达 $-195 \sim 183$℃。

图 1-6　美国 NASA 研制的搅拌摩擦焊设备

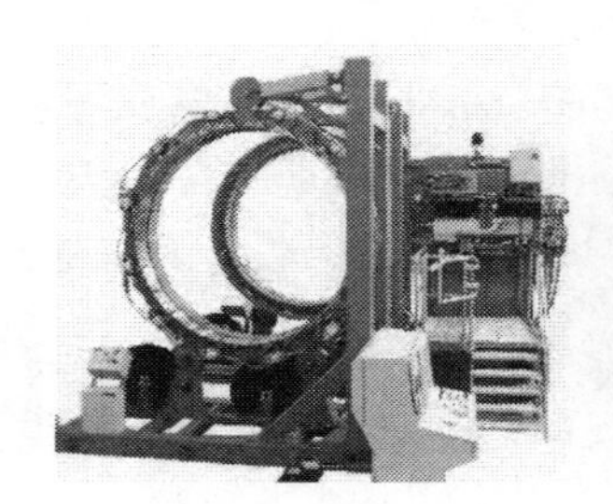

图 1-7　美国 Boeing 公司研制的搅拌摩擦焊设备

4) 欧洲 ESA 研制的搅拌摩擦焊设备

图 1-8 是欧洲航天局 (European Space Agency, ESA) 研制的搅拌摩擦焊设备。研究单位有德国、法国和意大利等国家的先进科研机构，用于航空航天应用上的火箭与宇宙飞船等设备的焊接及维修，已经取得了良好的效果。

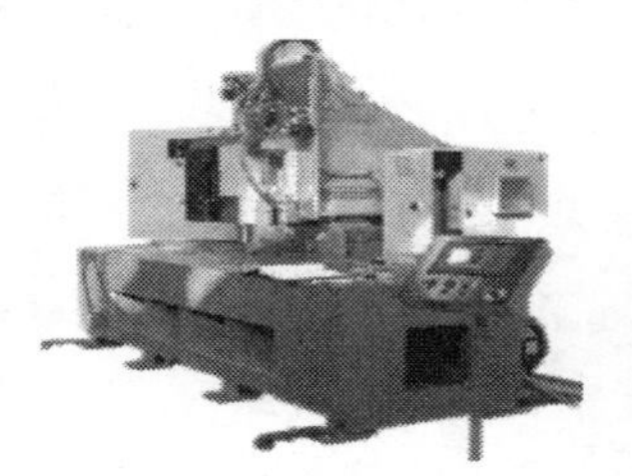
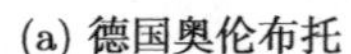

(a) 德国奥伦布托

(b) 意大利阿莱尼亚

图 1-8　欧洲 ESA 研制的搅拌摩擦焊设备

5) 日本和韩国研制的搅拌摩擦焊设备

图 1-9(a) 为日本 HITACHI 公司研制的搅拌摩擦焊设备。该设备既可以实现连续焊缝焊接又能进行点焊。焊接设备的特点是具有一系列标准通用的机械本体；具有 CAD/CAM 和 CNC 功能、操作简单，便于使用；带有焊缝跟踪系统和自动换刀工具库，并具有数据存取系统。

图 1-9(b) 为韩国 Winxen 公司研制的搅拌摩擦机器人连接系统。它的特点是重量轻，可实现高准确度向上/向下运动，具有压力/位置伺服系统的控制算法，可通过软件进行数据采集。

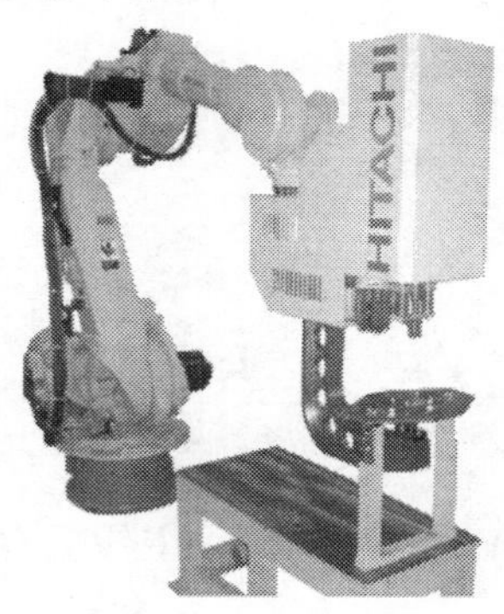

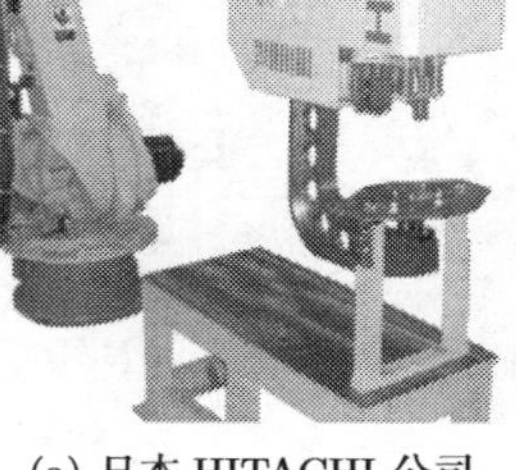

(a) 日本 HITACHI 公司

(b) 韩国 Winxen 公司

图 1-9 日本和韩国研制的搅拌摩擦焊设备

除此之外，还有其他一些公司和大学，如美国的 MTS/MTI/NTE/FSL 公司、瑞典的 Sapa 公司、澳大利亚的 Audalaide 机构以及日本大阪大学、美国威斯康星大学麦迪逊分校等也对搅拌摩擦焊设备进行了研究。

1.3.2 国内搅拌摩擦焊设备

国内从事搅拌摩擦焊设备的研究机构较少，且起步较晚。目前仅有一些高校和科研院所正在开展。2002 年 9 月，中国航空工业第一集团公司北京航空制造工程研究所 (航空 625 所) 以 “中国搅拌摩擦焊中心” 为主体注册成立了中国第一家从事搅拌摩擦焊技术研发和推广的专业化公司 —— 北京赛福斯特技术有限公司 (下面简称 “CFSW 公司”)。

该公司作为国内唯一的专业化搅拌摩擦焊技术公司，在搅拌摩擦焊焊接机理、焊接工艺、搅拌头开发以及设备研制等方面做了大量卓有成效的工作，取得了多项关键技术突破，所涉及的材料包括铝、镁和铜等合金以及异种金属的焊接，开发了 8 个系列 20 余套搅拌摩擦焊系统，为来自航天、兵器、船舶、电力等行业的客户提供了最佳的解决方案 [25]。

2003 年 3 月 4 日，由中国搅拌摩擦焊中心设计、制造的中国第一台 FSW-3LM-003 型搅拌摩擦焊设备通过了出厂预验收，如图 1-10 所示。2003 年 3 月 11 日该设备正式通过了用户 —— 哈尔滨工业大学的现场验收，现在已经用来作为哈尔滨工业大学先进焊接与连接国家重点实验室的新技术装备来开展相关科学研究工作。这台搅拌摩擦焊设备的验收和交付，象征着自 2002 年 4 月 18 日中国搅拌摩擦焊中心成立以来，搅拌摩擦焊技术在中国搅拌摩擦焊中心的成熟、发展和起飞。

图 1-10　我国第一台 FSW-3LM-003 型搅拌摩擦焊设备

国内搅拌摩擦焊设备主要来自于 CFSW 公司的产品，主要机构样式和产品型号描述如下。

1) 立式搅拌摩擦焊设备

FSW2-4TS-006 型二维曲线搅拌摩擦焊设备 (图 1-11(a)) 与常用搅拌摩擦焊设备相比增加了旋转轴，当焊接前进方向改变时能够保持主轴与待焊工件平面的夹角恒定，可以实现平面曲线焊缝的搅拌摩擦焊连接；可进行长度小于 500mm 的铝合金平板的对接，以及小于 3mm 厚度的铝合金板材的搭接、角接等；可用于平面二维曲线以及小型筒形件的纵缝、环缝焊接。

FSW-2LS-012 型搅拌摩擦焊设备 (图 1-11(b)) 是 CFSW 公司为国内一家航天客户设计制造的大型筒体纵缝搅拌摩擦焊专用设备。该设备主要针对直径范围为 2800~3500mm，且长度在 2000mm 以内的大型铝合金筒体纵缝焊接的专用搅拌摩擦焊设备。针对工业生产需要，采用了三菱 PLC 控制系统，对零件焊接过程进行了预编程，操作简单，并集成了监视系统可对焊接过程进行监控。通过主轴扭矩检测反馈，实现焊接过程闭环控制，保证了焊接质量。

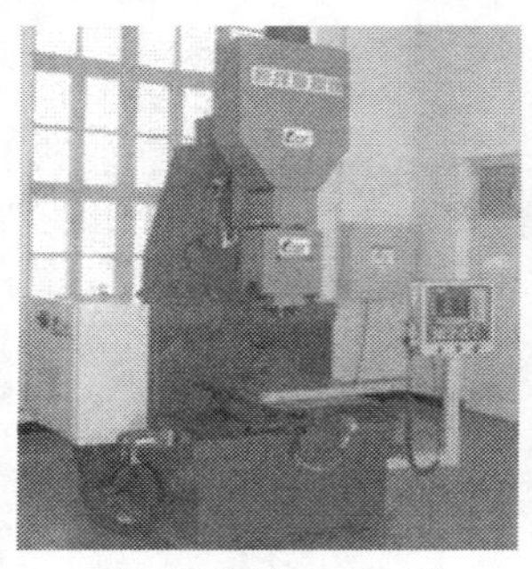

(a) FSW2-4TS-006 型

(b) FSW-2LS-012 型

图 1-11　CFSW 公司立式搅拌摩擦焊设备

2) 卧式搅拌摩擦焊设备

FSW-2SLM-1040 型搅拌摩擦焊设备 (图 1-12(a)) 可用于长度 6000mm 以内平板铝合金纵缝焊接，单道最大焊接厚度达 40mm，双面焊可实现 70mm 厚的铝合金搅拌摩擦焊连接。闭环控制系统：恒扭矩控制 (液压)。

FSW-2LH-2006 型搅拌摩擦焊设备 (图 1-12(b)) 主要用于船舶制造、轨道交通等行业宽幅结构件的拼接，单道可完成厚 2~6mm、长 12m 型材的拼接，配备辊道支架，可实现型材的无限制宽度拼接。

(a) FSW-2SLM-1040 型

(b) FSW-2LH-2006 型

图 1-12 CFSW 公司卧式搅拌摩擦焊设备

3) 悬臂式搅拌摩擦焊设备

FSW-7DLZ-008 型曲线搅拌摩擦焊设备 (图 1-13(a)) 主要针对直径 4m 以下铝合金筒体封底曲线焊缝的焊接。该设备针对特定产品，使用 8 轴进行系统控制，同时实现 4 轴联动控制和在线实时液动补偿伺服控制，实现空间抛物线轨迹的拟合跟踪以进行搅拌摩擦焊连接，最大焊接厚度为 8mm。

FSW-2XB-020 型悬臂式搅拌摩擦焊设备 (图 1-13(b)) 是 CFSW 公司设计制造的第一台搅拌摩擦焊设备，也是中国地区的第一台搅拌摩擦焊设备。该设备采用先进的西门子 Win AC 控制系统，计算机操作界面，提供丰富的数据采集接口及强大的编程能力，操作简单；主要用于大型筒体结构件纵缝的连接，配合相应的夹具，可以实现厚 20mm、直径大于 2000mm、长度小于 1500mm 铝合金筒体纵缝的高效率搅拌摩擦焊连接。

(a) FSW-7DLZ-008 型

(b) FSW-2XB-020 型

图 1-13 CFSW 公司悬臂式搅拌摩擦焊设备

国内搅拌摩擦焊设备的特点如表 1-4 所示。

表 1-4　国内搅拌摩擦焊设备

设备样式	设备型号	研制机构	设备用途及特点
龙门式	FSW-3LM-3012 FSW-RS1-020 FSW-RH31-015	CFSW	多用于科学研究，设备配备有工作台，满足焊接平板件的需求
静龙门式	FSW-3LM-025 FSW-3LM-020	CFSW	配备不同工装，可以用于铝合金纵缝结构和环缝结构的搅拌摩擦焊接
立式	FSW-4TS-006 FSW-2LS-012 FSW-RT31-003	CFSW	面向国内航天客户设计，针对直径范围为 2800～3500mm，且长度在 2000mm 以内的大型铝合金筒体纵缝的焊接
卧式	FSW-6DVM-020 FSW-3TT-1008 FSW-2LH-2006	CFSW	主要应用于海底石油管道缺陷的修补、航天航空应用上铝合金筒体纵缝环缝焊接及大厚度平板纵缝对接
悬臂式	FSW-2XB-020 UFSW-2005	CFSW	用于大型筒体纵缝，配合相应夹具，可以实现厚 20mm、直径大于 2000mm、长度小于 1500mm 铝合金筒体纵缝的高效率搅拌摩擦焊连接
动力柱式	FSW-7DLZ-008	CFSW	空间曲线搅拌摩擦焊设备，用于燃料贮箱搅拌摩擦焊焊接，针对直径 4m 以下的铝合金筒体封底曲线焊缝的焊接

1.3.3　国内外搅拌摩擦焊设备特点归纳

现有的搅拌摩擦焊设备，巧妙利用了机床领域和机器人领域的研究成果，设备形式主要有框形龙门式、直角坐标式、串联机械臂式、并联机械臂式和组合式等，对这些比较典型设备的构型和特点进行了分析与归纳，如表 1-5 所示。

表 1-5　国内外搅拌摩擦焊设备特点总结

设备形式	系统特点	设备示例
框形龙门式	常见形式，类似龙门机床。支撑件由床身、横梁及双立柱组合而成，形成框式结构，刚度较高，结构庞大，可用于大型规则焊件的焊接	 英国ESAB 的 SuperStir™ 型搅拌摩擦焊设备

续表

设备形式	系统特点	设备示例
直角坐标式	常见形式，类似立式机床。支撑件是床身（或底座）、单立柱和悬臂的组合，占地面积小，机床的高度相对较大，但刚度小，容易产生振动，该类设备多由铣床改造（或仿照铣床研制）而成，用于工艺研究及小型构件焊接	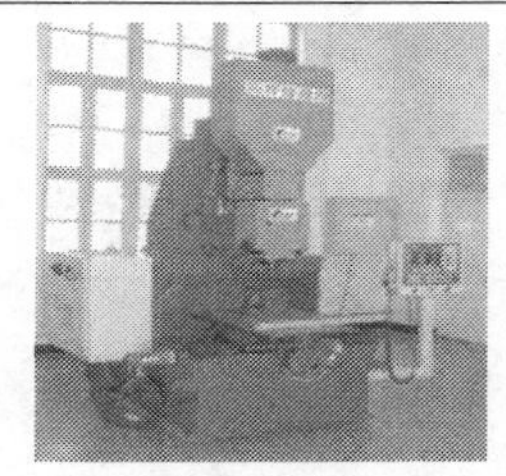 中国搅拌摩擦焊中心的 FSW2-4TS-006 型设备
串联机械臂式	串联机器人方式，工作空间大，工作灵活性好，刚度相对较小，承载能力较差，本体质量大	 日本 HITACHI 的 Swing 搅拌摩擦焊设备
并联机械臂式	并联机器人方式，结构紧凑，刚度高，承载能力大，完全对称的并联机构，具有较好的各向同性，工作空间较小	 美国FSL 公司的 IRB940 设备
组合式	融合了机床和机器人的特点，具有直线运动、转动等多个不同形式的自由度，工作空间大，工艺柔性好，结构复杂，多为某重点型号航空航天产品或军工产品定制	 NASA 通用搅拌摩擦焊设备

前两种设备形式主要是机床样式，有成熟的设备设计与制造工艺，与框形龙门

式相比，其他几种样式占地面积均较小，但刚度相对较差；直角坐标式可以在纵、横、垂直三个方向运动，但受力时横梁相当于悬臂梁，横梁越长可加工的工件尺寸越大，但是横梁根部的弯矩也越大。串联机器人和并联机器人也被用于搅拌摩擦焊工艺的操作机，但受刚度和操作空间的限制，多应用于精密、小型、薄壁零件的焊接。针对一些大型航天、航空领域构件，需要为重点型号任务研制专机，这些设备多是机床技术和机器人技术巧妙组合的产物。

1.4 大型重载设备的相关理论研究现状

1.4.1 多体系统的运动学与动力学

目前，大型重载设备机械本体的研发工作主要包括机构设计和结构设计两个方面。其中设备的机构形式对于整机的工作空间和力学性能都会产生重要的影响。目前，在大型重载设备的结构设计中广泛采用的构型有直角坐标式、关节式和特种式三种。其中，直角坐标式又分立式、卧式和龙门式等构型。关节式包括串联和并联两种。特种式是一种混合构型，它综合了上述两种机构形式的优点，但是设计相当复杂，考虑的因素也较多。

通过文献调研和分析，得出上述三种不同机构形式作为机械本体的优缺点，如表 1-6 所示。

表 1-6 不同机构构型的优缺点比较

机构形式	优点	缺点	科研机构
串联关节式	结构紧凑、运动灵活、工作空间范围广，质量小、体积小，易于移动作业	关节柔性大、结构刚度有限；承载能力不强，不适用于大负载、高速作业场合	ABB、FANUC、Kawasaki、HITACHI、东南大学、浙江大学、新松机器人自动化股份有限公司等
直角坐标式	整体结构承载能力强，刚度好，适用于重载高速作业场合	体积大，质量大，工作空间小，适用于不经常移动的作业场合	GsC、MTI、Winxen、CFSW、上海交通大学、哈尔滨工业大学等
特种式	综合了二者的优点，工艺柔性好，刚度高，承载能力强	控制系统复杂，工装卡具需要专门开发，相关工艺还不成熟	NASA、CFSW 公司 (航空 625 所) 等

对于大型重载设备运动学与动力学相关方面的研究比较多，目前也比较成熟。其中运动学主要包括正反解和工作空间两个部分的分析。研究运动学正解的方法有 D-H 法、改进的 D-H 法和局部指数积法。运动学反解的方法有解析法和数值法。研究工作空间的方法有几何法和遍历法等。求解动力学的方法也很多，主要有牛顿法–欧拉法、拉格朗日法、补偿迭代法和凯恩方程等。有关该方向的主要研究内容和相关研究机构，如表 1-7 所示。

表 1-7 运动学和动力学研究现状

研究方向	主要研究内容	研究机构
运动学分析	为了不使串联机械臂在运动学的反解过程中产生奇异，采用了旋量理论，通过四元素法来求解计算 [26]	土耳其伊斯坦布尔大学
	对 4 自由度的并联 Stewart 机床进行了正解，并绘制了其工作空间，研究了机械臂的可达性和灵巧性 [27,28]	日本东北大学
	利用 MATLAB 中的开源机器人工具箱，并结合矩阵变换关系和雅可比矩阵，分别求解了 Puma560 机械臂的正反运动学和工作空间问题 [29]	中国科学院沈阳自动化研究所
	对一种串联的 6R“钱江一号” 焊接机械臂分别进行了正反运动学求解，研究了机械臂的灵巧作业空间 [30]	浙江大学
	采用坐标变换和齐次变换矩阵的思路，得到了 4 自由度串联码垛机器人的末端工作空间，以及研究了码垛工具的工作速度、加速度与关节各变量之间的关系 [31]	北京航空航天大学
动力学分析	采用牛顿–欧拉法对一种 165kg 的 6 自由度串联关节式的点焊机器人进行了动力学建模，获得了焊头受力与关节电机输出转矩之间的关系 [32]	中国科学院沈阳自动化研究所
	采用有限元分析方法，通过对自行设计的气浮平台进行模态分析和频响分析，找到了整个结构的薄弱部分和最大响应点的位置，有效地避免了振动产生 [33]	上海交通大学
	采用拉格朗日法对一种 RPS 并联平台建立了动力学模型，研究了各条支链上连杆的受力和末端作业工具的受力	武汉大学
	采用哈密顿方法对一种专用的 6 自由度串联机械臂进行了动力学建模和求解，所求得的动力学参数可以很好地用于机械臂的控制 [34,35]	华南理工大学

搅拌摩擦焊机器人属于串联机械臂式的构型，因此这里采用 D-H 法和拉格朗日法对其进行运动学和动力学建模比较方便快捷。

1.4.2 机械结合部的等效建模方法

结合部是指在一台设备中，零件与零件之间的连接部分。它们又可以分成固定结合部和运动结合部。其中固定结合部有螺栓连接、焊接和铆接结合部等。而运动结合部的种类繁多，如在机械设计中广泛使用的传动副，以及滚珠丝杠、导轨滑块和螺栓连接结合部等。由于机械结合部是机械设备中的薄弱环节，尤其是大型重载设备，结合部的刚度和动态性能对整个设备的刚度和振动特性将会产生恶劣影响。对于结合部等效刚度模型的建立，国内外的相关学者开展了大量的研究工作，其主要目的是针对特定的结合部类型，如何找到一种有效的刚度替代模型。对于刚度模型的研究主要包括有限元方法、试验方法和理论推导方法等。而近些年来，研究人员对计算精度的要求越来越高，传统的理论推导方法有自己的局限性，使得刚度计算的结果不够精确。而试验方法虽然能够保证结果的精确，但是所花费的代价太大。因此，人们开始用有限元方法来平衡二者之间的关系。

搅拌摩擦焊机器人在设计过程中大量地使用了进给系统的结合部样式，如角接触球轴承、滚珠丝杠和导轨滑块结合部。这些结合部都属于可动结合部，为了后续整机的动态特性分析中使用这些结合部的刚度，本书主要针对这三种典型的可动结合部开展了等效刚度建模的综述。

由于这三种典型的结合部都是滚珠与滚道之间相接触，它们之间满足赫兹接触理论。一种方法是将滚珠和滚道之间的接触简化成一根弹簧单元，而弹簧单元的刚度数值可以通过赫兹接触理论计算求得。对于轴承结合部，可以用 4 根弹簧单元来进行模拟；对于丝杠结合部，由于它只承受轴向力，只需要轴向的弹簧来模拟轴向刚度即可；而对于导轨滑块，由于沿导轨方向不承载，它需要在导轨的横向和垂向用弹簧来模拟。

这三种典型结合部用弹簧单元来等效的刚度模型，如图 1-14 所示。

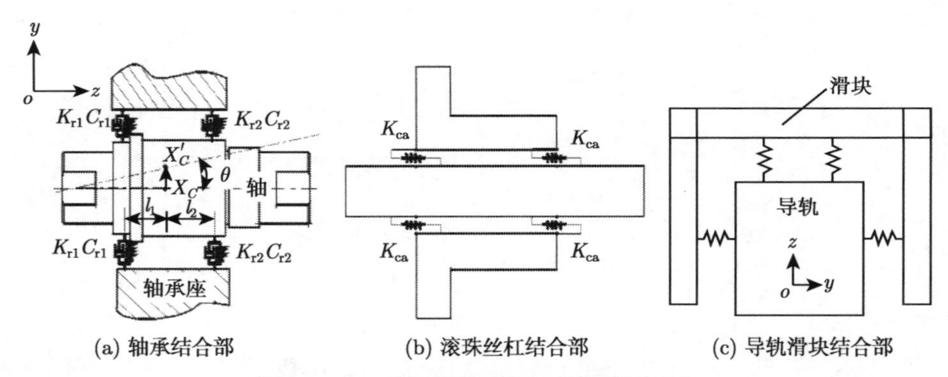

(a) 轴承结合部　　(b) 滚珠丝杠结合部　　(c) 导轨滑块结合部

图 1-14　三种机械结合部的等效模型建立

随着结合部的力学性能和产生的影响越来越受到人们的重视，国内外有关结合部的研究现状 [36-45]，如表 1-8 所示。这里以本书主要进行研究的三种可动典型结合部进行综述。

滚动轴承在机械系统的设计中是应用最常见的一类结合部样式，例如，在转子系统动力学中，不同支撑刚度的轴承对整个转子系统的动力学会产生重要影响。随着现阶段我国大型加工制造设备逐渐向高速高精度方向发展，轴承的静刚度不再满足动力学研究的需求，而需要在高转速下来开展轴承的动刚度计算方法研究 [46]。在搅拌摩擦焊机器人的搅拌头位置，主轴的转速空载最高达到了 5000r/min，并且在不同的焊接工况和焊接时刻，轴承的转速也不尽相同。因此，需要求解轴承精确动刚度来为后面机器人整机的静动态特性分析打下基础。

表 1-8 结合部力学性能研究现状

结合部类型	主要研究内容	研究人员
轴承结合部	主要是采用赫兹接触理论来分析轴承在受到径向力和轴向力同时作用的情况下，整个轴承的载荷与位移的变化关系曲线，并求得了轴承的寿命计算公式	Lundberg 和 Palmgren
	基于套圈的控制理论，建立了角接触球轴承的动刚度求解方法和计算流程，考虑了轴承高速转动过程中滚珠所受到的离心力和陀螺力矩的作用	Jones
	为了方便不同应用场合对轴承刚度的调用，利用 MATLAB 和 FORTRAN 两种语言进行了编程	刘卫群等
	针对航天领域上对轴承的特殊需求，设计并加工制造了一款满足航天要求的轴承，其刚度和各项力学性能经过了试验验证	樊幼温
滚珠丝杠结合部	研究了滚珠和滚道型面的理论，建立了滚道型面的曲面方程，并用于滚珠–滚道的赫兹点接触理论中，使得丝杠的轴向刚度计算更加精确	Hung
	搭建了一套滚珠丝杠副的轴向刚度测试试验台，并采用相关的仪器设备进行了轴向刚度的测试	Cuttino
	研究了滚珠丝杠副的轴向刚度与外载的变化关系，并绘制了在不同预紧力作用下，轴向刚度随外载的变化关系曲线，并与经验公式进行了对比	Chin 和 Jen
	对滚珠丝杠副中的滚珠循环运动进行了运动学和动力学的分析，研究了滚珠的运动对丝杠轴向刚度的影响	宋现春
导轨滑块结合部	采用赫兹接触理论，将导轨滑块中滚珠和滚道的接触简化成弹簧单元，最终建立了整个导轨滑块结合部的刚度等效计算模型 [47]	Ohta 和 Tanaka
	计算了导轨滑块内部的滚珠在预紧力的作用下，整个导轨滑块副的刚度模型，并考虑了滑块裙部的变形对刚度的作用，设计了滑块刚度计算的试验台，验证了推导模型的正确性 [48]	陈汀和黄其柏
	采用 Bush 单元对整个导轨滑块副进行了建模，并赋予了相应方向上的刚度数据 [49]	张耀满等
	采用了美国 NASA 开发的 MD_Patran 和 MD_Nastran 结构有限元分析软件，建立了导轨滑块副的有限元模型，并进行了横向刚度和垂向刚度的仿真分析和试验验证 [50]	戴磊等

滚珠丝杠副主要用于进给系统中，它可以将螺旋运动转换成直线运动来达到物品运送和刀具进给的目的。滚珠丝杠副同样是滚珠和滚道之间点接触来承载的，

但是滚珠丝杠副在轴向方向上的载荷除了自身承载之外还靠两端支撑位置的成对安装角接触球轴承来承受。对于垂向负载，滚珠丝杠副并不能承受多大的载荷，这主要是由于丝杠的刚性远远小于滚珠丝杠和螺母之间的滚珠和滚道相接触处的刚度 [51]。在进行滚珠丝杠副建模时，它的几何参数对其轴向刚度有着重要的影响，如接触角、螺旋角和节距等。国内外有很多研究机构和相应的研究人员开展了刚度建模方面的研究工作，最有代表性的还是基于赫兹接触理论的研究。另外，有关滚珠丝杠副振动特性的研究也日益兴起。

导轨滑块副是与滚珠丝杠副联合使用的，对进给系统结合部来说，它主要承受 2 个方向上的力和 3 个方向上的力矩载荷。因此，导轨滑块副有 5 个刚度，分别是 2 个线刚度和 3 个角刚度。其中，导轨滑块的数量和位置是根据负载的大小、质心位置以及末端负载的大小来综合考虑的。因此，导轨滑块的各向刚度对搅拌摩擦焊机器人的静动态性能会产生重要影响。国内外有关导轨滑块副的刚度建模方法主要基于赫兹接触理论、有限元方法和试验方法。研究导轨滑块副的刚度计算，对于机器人整机的静动态特性的研究和焊接精度仿真具有重要的应用价值。

1.4.3　结构的静动态特性分析

重载设备的静动态特性分析主要研究的是整机的各项力学性能，包括设备在作业过程中工具末端的静变形、整机的各阶模态频率和振型以及在给定输入激励作用下各个关键部位的振动响应 [52]。相应的分析类型分别为静力分析、模态分析和频率响应分析。结构分析的目的是验证结构设计方案是否可行，以及为接下来结构的改进和优化提出建设性的意见。

在进行整机的静动态性能分析时，上述的结合部刚度会对结果产生重要影响。因此，在进行搅拌摩擦焊机器人整机的有限元建模过程中，需要将各个结合部的刚度随外载的变化关系提取出来，并将其输入各结合部的刚度单元中，以使其最终的仿真结果更加精确。

搅拌摩擦焊机器人的静动态特性分析常用的方法是有限元方法，它的基本思路是首先将整个机器人的各部分结构进行单元离散，然后根据材料力学和弹性力学的基本理论通过求解单个单元的应力、应变与外载之间的关系，最后通过刚度单元矩阵和质量单元矩阵的组集得到整个机器人的各参变量随外部载荷的变化关系。除此之外，试验方法能够检测有限元分析结果的正确性，实际工程应用中多采用有限元方法和试验方法相结合来开展大型重载设备的各项静动态性能研究，已经取得了众多的研究成果 [53-62]。

在大型重载设备的静动态特性研究方面，相关的科研机构和研究人员的主要工作如表 1-9 所示。

表 1-9 结构的静动态特性研究现状

研究人员	主要研究内容	研究机构
Jiang	通过采用拓扑优化的手段，对一台重型机床进行了方案改进。在整机的静动态特性分析过程中，考虑了结合部的影响	美国密歇根大学
Zatarain	通过采用 MD_Nastran 和 Ideas 两个软件，建立了某一型号机床的有限元模型，并进行了动力学分析	西班牙伊巴大学
Elbestawi	建立高速重载具有铣削和磨削两个功能的机床动力学模型，通过试验测得机床有限元分析的载荷输入条件，最终基于此进行了整机的静动态特性分析，有效验证了结构设计的正确性	加拿大麦克马斯特大学
吉村允孝	针对结合部在机床整机的静动态特性分析中的重要性，分别将结合部的刚度和阻尼利用试验进行了数值获取，并将其加进整机的有限元分析中，使得仿真结果更加可信和真实	日本京都大学
熊万里等	建立了一款高速电主轴的转子系统动力学模型，分析了转子系统的振动响应，发现轴承支撑的刚度对整个系统的动态性能有重要影响 [63]	湖南大学
周德廉等	对一款内圆磨床，采用大型有限元分析软件 ANSYS 建立了整机的有限元模型，获得了工具末端的振动响应，充分体现了有限元方法对重载设备分析的便利性 [64]	东南大学
童忠钫和张杰	通过模态试验方法，对自行搭建的试验台进行了结合部的刚度识别研究，将所获得数据与理论计算结果进行了对比，得到了二者之间的误差 [65]	浙江大学
张学良等	通过数值计算方法，采用人工神经网络法对机床设备中的导轨滑块副进行了振动微分方程的建立，并将其六个方向上的刚度矩阵代入传递矩阵模型中，开展了机床动态响应的数值解法研究 [66]	西北工业大学

1.4.4 参数化建模与结构优化

在进行大型重载设备的结构设计过程中，有许多大型结构件比较复杂，内部需要开孔或需要填充相应的支撑结构，这些大件结构的刚度和基频较差会引起整机的静动态性能明显下降，严重的会导致工具末端的作业精度急剧下降 [67]。因此，在进行重载设备的大件结构设计工作时需要找到一种切实有效的优化设计方法和流程，使得在零件层面上的设计过程中就能够保证其具有优良的静动态性能。在此基础上，将这些复杂大件组装成整机之后的静动态性能就会得到有效的保障。

目前，复杂大件结构的优化设计方法主要是基于参数化模型并结合相应的优化算法来进行的，通过设定结构设计中的可变设计变量和结构响应的目标函数，最终采用多目标和多工况的加权优化算法来使得大件结构的设计方案更加合理。具体的结构优化类型有拓扑优化、形状优化、形貌优化和尺寸优化等，这些优化类型有各自的应用场合。对于搅拌摩擦焊机器人的各个大件，如底座、立柱、滑枕等结构可通过拓扑优化和尺寸优化的方法保证最终的设计方案具有最优的力学性能。

拓扑优化的基本流程是找到一种假想的密度可变的材料，将其作为设计变量用于整个优化分析流程中。通过设定结构的边界约束响应、载荷条件和目标函数最终得到多工况下各个目标的极值响应，最终得到了材料密度在 0~1 区间的分布，也就是最佳的材料分布路径。而尺寸优化是以结构的外形以及内部相应筋板和支撑的尺寸作为设计变量，同样是以结构的刚度、质量和基频等作为目标函数，最终通过多工况加权来得到整个结构的最优设计方案。在这方面，国内外许多学者做了很多工作并取得了大量的成果 [68-71]。具体研究内容如表 1-10 所示。

表 1-10 参数化建模和优化设计研究现状

研究人员	主要研究内容	研究机构
Affi 等	针对四杆机构的机构参数优化问题展开了相关研究，采用了多目标遗传算法对机构的尺寸参数进行了优化，最终设计的四杆机构运动性能有了很大改善 [72]	突尼斯莫纳斯提尔大学
Garus	采用优化理论建立了水下机器人的推进器控制策略模型，使得机器人的运动轨迹和避障性能得到了提升 [73]	波兰海军学院
Augusto 等	在质量、变形、基频和应力等多约束条件和多目标优化问题中，采用了一种 Pareto 前沿的优化方法，找到了各个优化目标的灵敏度，指导了整个结构的设计工作 [74]	巴西圣保罗大学
毛海军等	利用大型有限元分析软件 ANSYS 的可编程语言功能，将 BP 神经网络算法融入机床的动力学建模工作中。通过反复选取机床上不同节点的响应数据，得到了优化问题完整的样本空间，最终进行了基于不同目标的优化迭代计算 [75]	东南大学
丛明等	对某一型号的数控机床拖板在 PRO/E 软件中进行了参数化建模工作，根据机床任务的需求将其重要的尺寸转成设计变量并导入到 ANSYS_Workbench 软件中进行有限元分析，并采用了基于目标响应面法的尺寸优化，得到了最优的设计参数 [76]	大连理工大学
刘江和唐传军	考虑了机床结合部的刚度，将刚度数值作为设计变量来分析其对机床整机静动态性能的影响 [77]	北京科技大学

1.5 本章小结

本章介绍了搅拌摩擦焊机器人研究的背景和意义，阐述了搅拌摩擦焊的原理和特点。对国内外搅拌摩擦焊设备的研究现状进行了大量调研，并对现阶段搅拌摩擦焊设备的结构样式和功能特点做了归纳和总结。通过对国内外大型搅拌摩擦焊设备的研究热点进行梳理，找到了搅拌摩擦焊机器人在结构设计过程中的理论研究问题和难点，最后引出了本书的主要研究内容。

第 2 章　搅拌摩擦焊机器人多体系统建模与仿真

2.1　引　　言

20 世纪 60 年代以来，多体系统的理论一直是研究复杂机械系统和数学建模的重要手段。国内外众多学者已经开展了大量的研究工作，所研究的对象涉及工程机械、机器人、轨道车辆以及医疗器械等各个领域 [78-82]。多体系统理论所研究的内容主要包括运动学和动力学两大方面。在运动学中，主要研究多体系统的构型配置、自由度求解、工作空间可达性和灵巧性以及各个参数随时间的变化关系。而动力学主要研究工具末端的受载与关节空间的变换关系，最终得到各个关节和工具上的力与力矩。通过多体系统运动学和动力学的分析，人们能对复杂机械系统的运动和力的性能给出合理的评价，有力地指导了整个机械设计工作 [83]。

本章针对拟研究的大型重载高精度搅拌摩擦焊机器人，对其整体结构的组成和各项设计指标进行完整的阐述。在此基础上，通过机器人焊接过程中的五种典型工况详细介绍机器人的焊接作业过程，以及各部分组件的功能作用。通过对该机器人的构型分析、自由度配置和功能描述，深入剖析机器人的各部分结构和用途。要想使设计出的机器人能很好地符合实际焊接要求的各项技术指标，必须对整机的运动学和动力学进行分析，这主要包括运动学正反解和雅可比矩阵。其中，运动学正解以机器人自身的关节信息确定机器人的位姿情况，而运动学反解以机器人姿态确定各个关节的信息。雅可比矩阵将作业末端的变量信息与关节空间的各变量信息相衔接。动力学模型可以得到各关节的受载表达式，用于评估机器人的驱动性能，从而有助于选型和设计工作 [84-86]。最后，基于上述的理论推导分别进行搅拌摩擦焊机器人的运动学和动力学建模与仿真。

2.2　拟研究的搅拌摩擦焊机器人简介

2.2.1　机器人的系统构成

最新研制的搅拌摩擦焊机器人主要由 XYZ 轴、AB 轴、搅拌头和转台四部分组成，如图 2-1 所示。机器人的焊接本体主要由 XYZ 轴、AB 轴和搅拌头三部分组成，其中 XYZ 轴包括滚珠丝杠和直线导轨组成的传动系统、由钢丝绳配重块组成的重力补偿系统和利用杠杆原理设计的质心补偿机构；AB 轴包括涡轮–蜗杆驱动系统和搅拌头组件部分；转台 (C 轴) 有一个回转自由度，通过专用的工装卡具使待焊工件牢牢地固定于转台的台面上。转台具有分度、定位和锁紧功能，能够满足不同焊接工况的焊接要求。整个机器人共有 7 个自由度，分别是 XYZ 轴的 3 个移动自由度、AB 轴的 2 个转动自由度以及搅拌头的伸缩和回转 2 个自由度；其中搅拌头的回转自由度对自身的运动学模型并不产生影响。

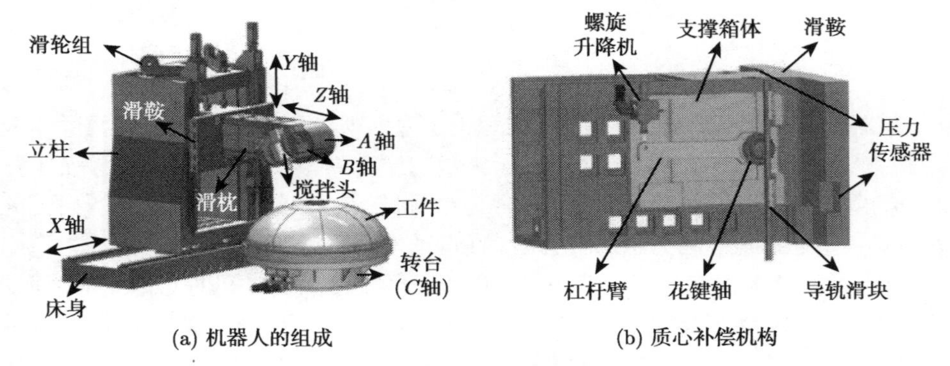

(a) 机器人的组成　　(b) 质心补偿机构

图 2-1　搅拌摩擦焊机器人

机器人的床身、立柱和滑鞍等大件结构主要采用灰铸铁来进行铸造加工，滑枕等主要承载结构件，由于其悬臂构型，采用了合金钢来进行焊接制造，以确保整机的刚度。除去转台，整个机器人的质量约 71t，整机外包络尺寸约为 1.8m×1.8m×1.6m。

重力补偿系统主要是用于平衡搅拌摩擦焊机器人在 Y 轴方向上的负载，通过采用配重块来平衡滑鞍和滑枕等大件结构的质量。整个平衡系统由两个配重块、两套滑轮组和钢丝绳组件组成。每个配重块的质量约 3t，通过钢丝绳连接并悬挂于立柱两侧的导槽内，钢丝绳的另一端连接于滑鞍上端面。当机器人的 Y 轴组件上下运动时，两个配重块在立柱的导槽内也上下运动，从而减轻了 Y 轴电机的驱动负担。

质心补偿机构主要用于补偿滑枕外伸时重力所导致的“低头”现象。它有两套相同的机构，分别安装在滑鞍两侧，并通过导轨滑块与立柱相连。在机器人焊接过程中，它们与滑鞍和滑枕组件一起沿竖直方向上下运动。质心补偿机构主要由压力传感器、螺旋升降机、杠杆放大机构和花键轴等组成，它的补偿过程可以分为以下几步：

(1) 搅拌摩擦焊机器人滑枕外伸，此时安装于滑鞍上下端面的压力传感器数值发生改变。

(2) 通过标定计算，可以将传感器数值的偏差转换成螺旋升降机的伸长量，使其顶紧杠杆臂。

(3) 杠杆放大机构将螺旋升降机的顶紧力转化成扭矩作用在花键轴上，产生的反作用力通过支撑箱体传给导轨和滑块，最终通过立柱卸载。

(4) 花键轴的扭矩传递给滑鞍，通过作用在滑鞍上的反力矩来补偿滑枕质心移动所导致的倾覆力矩作用，从而在一定程度上排除了重力的影响，保证了焊缝的焊接精度。

2.2.2 机器人的功能与指标

搅拌摩擦焊机器人的主要功能是能够实现 8 轴联动，其中前 5 轴为机器人操作臂系统，2 轴用于实现末端搅拌头的进给与回转，最后 1 轴为转台用以实现加工件的旋转运动。拟设计的搅拌摩擦焊机器人的各项技术指标，包括其工作空间、各运动轴的速度和最大末端负载以及搅拌摩擦焊机器人的焊接精度要求等，如表 2-1～ 表 2-3 所示。最终，要保证机器人搅拌头末端搅拌针轴肩端面上的任意点在沿焊缝法线方向上的最大误差小于等于 ± 0.1mm。

表 2-1 搅拌摩擦焊机器人的工作空间

项目	参数
工作台面直径/mm	Φ3500
X 轴方向行程/mm	3500
Y 轴方向行程/mm	1800
Z 轴方向行程/mm	1600
摆动轴 A 轴/(°)	$-5 \sim +105$
摆动轴 B 轴/(°)	$-15 \sim +15$
工作台回转轴 C 轴/(°)	$0 \sim 360$
搅拌头主轴进给行程/mm	50
搅拌头主轴回转行程/mm	$0 \sim 360$

表 2-2 搅拌摩擦焊机器人的运动与负载指标

运动轴	空载快移速度	满载快移速度	载荷情况
X	3m/min	0～1.25m/min	(1) 最大插入阻力：5000kgf; (2) 最大进给推进力：1500kgf; (3) 最大搅拌力矩：450N·m; (4) 搅拌头的横向波动力：5000N
Y	3m/min	0～1.25m/min	
Z	3m/min	0～1.25m/min	
A	5r/min	2r/min	
B	5r/min	2r/min	
C	3r/min(双向)	1r/min(双向)	

注：1kgf=9.80665N。

表 2-3 搅拌摩擦焊机器人的焊接精度要求

项目	参数	备注
整体刚度	搅拌针轴肩端面上任一测点沿焊缝法线方向上的位移小于等于 ±0.1mm	搅拌头承受最大的插入力、进给力、阻力矩和扰动力的工况

搅拌摩擦焊机器人总体设计的工程目标是面向我国现阶段迫切需求的大飞机、大火箭以及现代化国防技术装备，能够满足它们对复杂空间三维曲面焊接的需求，这些需求主要体现在制造装备的高精度、高刚度、大负载和大工作空间等方面。

2.2.3 机器人的五种典型工况

依据焊接任务的不同类型，搅拌摩擦焊机器人的焊接工况可分为五种，分别是圆筒环缝焊、圆筒纵缝焊、瓜底环缝焊、瓜顶环缝焊和瓜瓣焊。各个工况的定义如下。

(1) 圆筒环缝焊：主要完成火箭或导弹筒体沿圆周方向上的焊接，焊接过程中 XAB 轴固定不动，焊具姿态保持水平，Y 轴和 Z 轴提供偏差补偿功能。因此，圆筒环缝焊工况需要机器人提供 YZ 轴与转台轴联动的功能。

(2) 圆筒纵缝焊：主要完成火箭或导弹筒体沿圆柱面母线方向上的焊接，焊接过程中，AB 轴和转台固定不动，搅拌头沿竖直焊缝自下向上运动 (Y 轴正向)，X 轴和 Z 轴提供偏差补偿。因此，圆筒纵缝焊工况需要机器人提供 XYZ 轴联动的功能。

(3) 瓜底环缝焊：主要完成火箭或导弹瓜瓣与筒体过渡段之间的焊接，焊接时 XB 轴固定不动，Y 轴和 Z 轴提供位置偏差补偿，A 轴提供姿态偏差补偿。因此，该工况需要机器人的 YZ 轴与转台轴的联动功能。

(4) 瓜顶环缝焊：主要完成火箭或导弹瓜瓣与顶盖之间的焊接，该种焊接工况与瓜底环缝焊工况类似，同样需要机器人的 YZ 轴与转台轴的联动功能。

(5) 瓜瓣焊：主要是对球体或椭球体构件的瓜瓣与瓜瓣之间的焊接，焊接轨迹为从下向上，搅拌头轴线方向沿被焊工件曲面的法向方向。YZ 轴与 A 轴的插补运动实现搅拌头的瓜瓣轨迹运动。实际中焊缝在 X 方向会有偏差，所以 X 轴需提供偏差补偿功能。因此，瓜瓣焊工况需要机器人提供 $XYZA$ 轴联动的功能。

结合上述五种典型工况，可以实现对火箭筒体或飞机导弹蒙皮结构的固态连接。搅拌摩擦焊机器人的五种典型工况如图 2-2 所示。在每种典型工况下，机器人各个运动轴的工作模式和联动情况如表 2-4 所示。对于不规则焊缝，由于整个机器人具有 7 个自由度，它可以实现空间任意复杂曲面的焊接，如航天飞机的蒙皮、宇宙飞船的 “人形” 门架以及空间站舱段的出舱孔等。

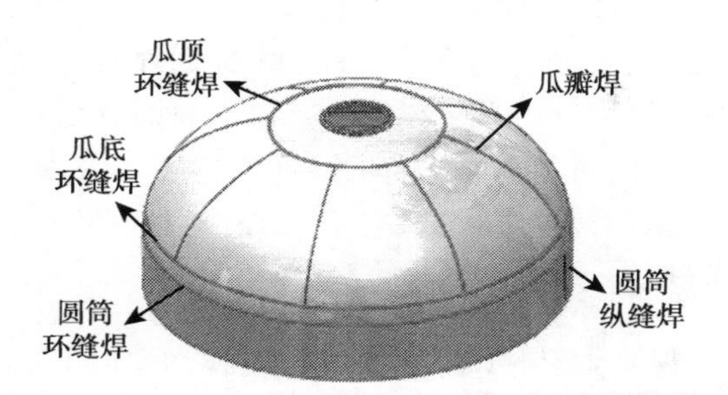

图 2-2 搅拌摩擦焊机器人的五种典型工况

表 2-4 典型工况下机器人各个运动轴的工作模式和联动情况

工况	固定轴	运动轴	补偿轴
圆筒环缝焊	XAB	C	YZ
圆筒纵缝焊	ABC	Y	XZ
瓜底环缝焊	XB	C	YZA
瓜顶环缝焊	XB	C	YZA
瓜瓣焊	BC	YZA	X

2.3 搅拌摩擦焊机器人运动学研究

2.3.1 机器人的正向运动学

搅拌摩擦焊机器人的机构简图，如图 2-3 所示。

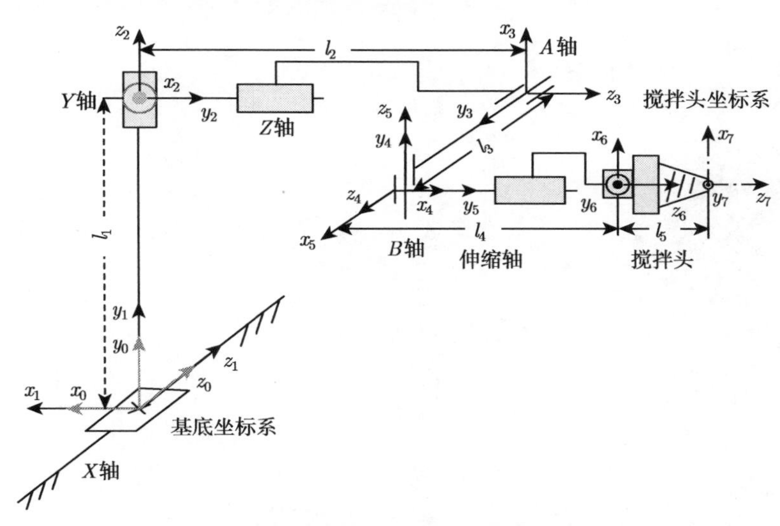

图 2-3 搅拌摩擦焊机器人机构简图

图 2-3 中，圆代表坐标轴的正方向为垂直于纸面向外，$x_7y_7z_7$ 是搅拌头坐标系，$x_0y_0z_0$ 是基座坐标系，其余为运动轴坐标系。为了验证所建立运动学方程的正确性，选取如下初始位置；同时为了保证末端搅拌头满足 $\vec{n}$、$\vec{o}$、$\vec{a}$ 方向，建立如图 2-3 所示的 $x_7y_7z_7$ 搅拌头末端焊具坐标系。根据上述图 2-3 所示的机构简图，得出相应的连杆参数和关节变量，如表 2-5 所示。

表 2-5　搅拌摩擦焊机器人各连杆参数和关节变量 D-H 参数

连杆 i	α_{i-1}	a_{i-1}	θ_i	d_i	关节类型	关节变量
1	0°	0	0°	$d_1(0)$	移动	d_1, d_2, d_3, d_6 θ_4, θ_5
2	−90°	0	90°	$d_2(l_1)$	移动	取值范围
3	−90°	0	−90°	$d_3(l_2)$	移动	$-1.75\text{m} \leqslant d_1 \leqslant 1.75\text{m}$
4	−90°	0	$\theta_4(-90°)$	l_3	转动	$0 \leqslant d_2 \leqslant 1.8\text{m}$
5	−90°	0	$\theta_5(-90°)$	0	转动	$0 \leqslant d_3 \leqslant 1.6\text{m}$ $0 \leqslant d_6 \leqslant 0.05\text{m}$
6	−90°	0	−90°	$d_6(l_4)$	移动	$-195° \leqslant \theta_4 \leqslant -85°$
7- 搅拌头	0°	0	0°	l_5	—	$-105° \leqslant \theta_5 \leqslant -75°$

根据表 2-5 中的 D-H 参数，按照从左向右原则建立搅拌摩擦焊机器人的运动学方程。连杆变换 ${}^{i-1}_{\ \ i}T$ 可以看成是坐标系 $\{i\}$ 经过以下四个子变换得到的：

(1) 绕 x_{i-1} 轴转 α_{i-1} 角；

(2) 沿 x_{i-1} 轴移动 a_{i-1}；

(3) 沿 z_i 轴转 θ_i 角；

(4) 沿 z_i 轴移动 d_i。

因此，得到单关节的连杆坐标系变换矩阵通式如下：

$$ {}^{i-1}_{\ \ i}T = \text{Rot}(x, \alpha_{i-1})\text{Trans}(x, a_{i-1})\text{Rot}(z, \theta_i)\text{Trans}(z, d_i) \tag{2-1} $$

$$ {}^{i-1}_{\ \ i}T = \text{Screw}(x, a_{i-1}, \alpha_{i-1})\text{Screw}(z, d_i, \theta_i) \tag{2-2} $$

将各个连杆变换矩阵 ${}^{i-1}_{\ \ i}T(i = 1, 2, \cdots, 7)$ 相乘，得到搅拌摩擦焊机器人搅拌头工具末端的变换矩阵，它是 7 个关节变量 d_1、d_2、d_3、θ_4、θ_5、d_6、θ_7 的函数，表示末端搅拌头坐标系相对于基坐标系 $\{0\}$ 的描述，为

$$ {}^0_7T = {}^0_1T\,{}^1_2T\,{}^2_3T\,{}^3_4T\,{}^4_5T\,{}^5_6T\,{}^6_7T \tag{2-3} $$

将连杆变换矩阵 ${}^{i-1}_{\ \ i}T$ 的通式，整理如下：

$$ {}^{i-1}_{\ \ i}T = \begin{bmatrix} \cos\theta_i & -\sin\theta_i & 0 & a_{i-1} \\ \sin\theta_i\cos\alpha_{i-1} & \cos\theta_i\cos\alpha_{i-1} & -\sin\alpha_{i-1} & -d_i\sin\alpha_{i-1} \\ \sin\theta_i\sin\alpha_{i-1} & \cos\theta_i\sin\alpha_{i-1} & \cos\alpha_{i-1} & d_i\cos\alpha_{i-1} \\ 0 & 0 & 0 & 1 \end{bmatrix} \tag{2-4} $$

将表 2-5 中的各连杆参数和关节参数代入式 (2-4) 中，得

$$
{}_1^0T=\begin{bmatrix}1&0&0&0\\0&1&0&0\\0&0&1&d_1\\0&0&0&1\end{bmatrix},\quad {}_2^1T=\begin{bmatrix}0&-1&0&0\\0&0&1&d_2\\-1&0&0&0\\0&0&0&1\end{bmatrix},\quad {}_3^2T=\begin{bmatrix}0&1&0&0\\0&0&1&d_3\\1&0&0&0\\0&0&0&1\end{bmatrix}
$$

$$
{}_4^3T=\begin{bmatrix}\cos\theta_4&-\sin\theta_4&0&0\\0&0&1&l_3\\-\sin\theta_4&-\cos\theta_4&0&0\\0&0&0&1\end{bmatrix},\quad {}_5^4T=\begin{bmatrix}\cos\theta_5&-\sin\theta_5&0&0\\0&0&1&0\\-\sin\theta_5&-\cos\theta_5&0&0\\0&0&0&1\end{bmatrix}
$$

$$
{}_6^5T=\begin{bmatrix}0&1&0&0\\0&0&1&d_6\\1&0&0&0\\0&0&0&1\end{bmatrix},\quad {}_7^6T=\begin{bmatrix}1&0&0&0\\0&1&0&0\\0&0&1&l_5\\0&0&0&1\end{bmatrix} \tag{2-5}
$$

因此，该搅拌摩擦焊机器人的运动学方程如式 (2-6) 所示：

$$
{}_7^0T=\begin{bmatrix}\mathrm{c}\theta_4&\mathrm{s}\theta_4\mathrm{c}\theta_5&-\mathrm{s}\theta_4\mathrm{s}\theta_5&-l_5\mathrm{s}\theta_4\mathrm{s}\theta_5-d_6\mathrm{s}\theta_4\mathrm{s}\theta_5-d_3\\-\mathrm{s}\theta_4&\mathrm{c}\theta_4\mathrm{c}\theta_5&-\mathrm{c}\theta_4\mathrm{s}\theta_5&-l_5\mathrm{c}\theta_4\mathrm{s}\theta_5-d_6\mathrm{c}\theta_4\mathrm{s}\theta_5+d_2\\0&\mathrm{s}\theta_5&\mathrm{c}\theta_5&l_5\mathrm{c}\theta_5+d_6\mathrm{c}\theta_5-l_3+d_1\\0&0&0&1\end{bmatrix} \tag{2-6}
$$

式中，$\mathrm{c}\theta$ 代表 $\cos\theta$；$\mathrm{s}\theta$ 代表 $\sin\theta$。

将每个关节的连杆参数和初始关节变量值代入矩阵 ${}_7^0T$ 中，即可得到搅拌头工具末端的位置和姿态。整理后 ${}_7^0T$ 的表达式如下：

$$
{}_7^0T=\begin{bmatrix}0&0&-1&-l_5-l_4-l_2\\1&0&0&l_1\\0&-1&0&-l_3\\0&0&0&1\end{bmatrix} \tag{2-7}
$$

经验证，与图 2-3 所示位置吻合，运动学方程正确。

2.3.2 机器人的逆向运动学

搅拌摩擦焊机器人运动学的逆解就是已知工作空间内末端搅拌头的位置 $\vec{p}$ 和姿态 $\vec{n}\,\vec{o}\,\vec{a}$，反过来求出关节空间范围里各个关节变量 d_1、d_2、d_3、θ_4、θ_5、d_6 的数值。逆运动学的求解方法主要有解析法和数值法等，这里主要采用反变换法 (代数法) 和 Pieper 准则法来进行求解。

从搅拌摩擦焊机器人的运动学方程 (2-7) 可以看出，它的姿态矩阵是解耦的，转动关节变量 θ_4 和 θ_5 唯一确定了搅拌头工具末端的姿态。另外，可以看到它的位置向量有 4 个未知数，分别是 d_1、d_2、d_3 和 d_6，一般来说，三个方程求解 4 个未知数会有无穷多组解。但是，根据搅拌摩擦焊接的工艺要求，搅拌头伸缩轴的伸缩量 d_6 是根据被焊工件不同的厚度而唯一确定的，也就是说关节变量 d_6 不是任意变化的量，它是有约束限制的，对于具体应用在某一种工件的焊接上，d_6 是定值。因此，就可以通过求解由 3 个未知数联立的方程组来唯一确定各个移动关节变量的数值。

1. *反变换法*

采用反变换法可知搅拌头工具末端的位置和姿态如式 (2-8) 所示：

$$p=\begin{bmatrix} p_x \\ p_y \\ p_z \end{bmatrix},\quad {}_7^0R=\begin{bmatrix} n_x & o_x & a_x \\ n_y & o_y & a_y \\ n_z & o_z & a_z \end{bmatrix} \tag{2-8}$$

那么，改成用齐次坐标形式表示的搅拌头工具末端的位姿矩阵如式 (2-9) 所示：

$${}_7^0T=\begin{bmatrix} n_x & o_x & a_x & p_x \\ n_y & o_y & a_y & p_y \\ n_z & o_z & a_z & p_z \\ 0 & 0 & 0 & 1 \end{bmatrix} \tag{2-9}$$

将搅拌摩擦焊机器人的运动学方程 (2-7) 与式 (2-9) 进行对比，可以得到

$$\begin{cases} \theta_4=-\arcsin n_y \\ \theta_5=\arcsin o_z \end{cases} \tag{2-10}$$

因此，若已知的搅拌摩擦焊机器人搅拌头工具坐标系 $o_7\text{-}x_7y_7z_7$ 相对于红色的基座坐标系 $o_0\text{-}x_0y_0z_0$ 的姿态变换矩阵 ${}_7^0R$，即可求出 AB 轴的角度值。

再根据焊接工艺不同、被焊接件的厚度不同而唯一确定 d_6 的数值，从而可以得到机器人的位置反解为

$$\begin{cases} d_1=p_z+l_3-(l_5+d_6)\cos\theta_5 \\ d_2=p_y+(l_5+d_6)\cos\theta_4\sin\theta_5 \\ d_3=-p_x-(l_5+d_6)\sin\theta_4\sin\theta_5 \end{cases} \tag{2-11}$$

2. Pieper *准则法*

Pieper 准则法是专门用于求解腕部 3 个相邻关节轴线相交于一点的情况。

如图 2-4 所示，搅拌摩擦焊机器人的腕关节位于 B 轴，A 轴和伸缩轴都与 B 轴相交于一点。该点在基坐标系中的位置为

$$^{0}p_{40} = {}^{0}_{3}T\,^{3}p_{40}$$

$$^{3}p_{40} = \begin{bmatrix} 0 \\ l_3 \\ 0 \end{bmatrix},\quad {}^{0}_{3}T = {}^{0}_{1}T\,^{1}_{2}T\,^{2}_{3}T = \begin{bmatrix} 0 & 0 & -1 & -d_3 \\ 1 & 0 & 0 & d_2 \\ 0 & -1 & 0 & d_1 \\ 0 & 0 & 0 & 1 \end{bmatrix},\quad ^{0}p_{40} = \begin{bmatrix} -d_3 \\ d_2 \\ d_1 - l_3 \end{bmatrix} \tag{2-12}$$

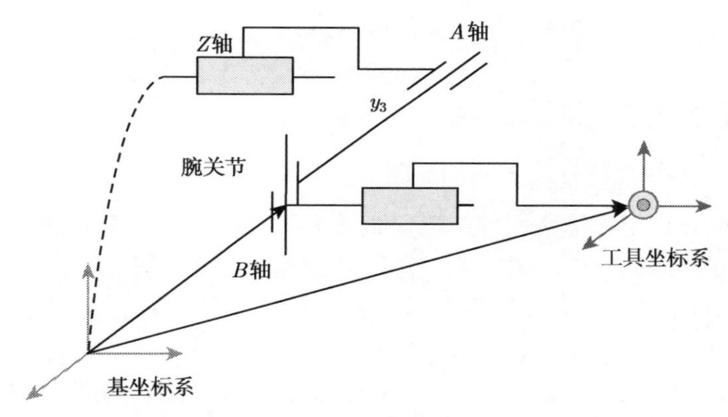

图 2-4 腕关节机构简图

再由坐标变换公式：

$$^{0}p_{70} = {}^{0}p_{40} + {}^{0}_{4}R\,^{4}p_{70}$$

即得

$$^{0}p_{70} = \begin{bmatrix} -(l_5 + d_6)\sin\theta_4\sin\theta_5 - d_3 \\ -(l_5 + d_6)\sin\theta_5\cos\theta_4 + d_2 \\ (l_5 + d_6)\cos\theta_5 - l_3 + d_1 \end{bmatrix} \tag{2-13}$$

腕部姿态的反解可由下面的公式给出：

$$^{3}_{7}R = {}^{0}_{3}R^{-1}\,{}^{0}_{7}R,\quad {}^{0}_{3}R^{-1} = {}^{0}_{3}R^{\mathrm{T}},\quad {}^{0}_{3}R = \begin{bmatrix} 0 & 0 & -1 \\ 1 & 0 & 0 \\ 0 & -1 & 0 \end{bmatrix}$$

$$^{3}_{7}R = \begin{bmatrix} -\mathrm{s}\theta_4 & \mathrm{c}\theta_4\mathrm{c}\theta_5 & \mathrm{s}\theta_4\mathrm{s}\theta_5 \\ 0 & -\mathrm{s}\theta_5 & -\mathrm{c}\theta_5 \\ -\mathrm{c}\theta_4 & -\mathrm{s}\theta_4\mathrm{s}\theta_5 & \mathrm{s}\theta_4\mathrm{s}\theta_5 \end{bmatrix} \tag{2-14}$$

设搅拌头的姿态为

$$
{}_7^0R = \begin{bmatrix} n_x & o_x & a_x \\ n_y & o_y & a_y \\ n_z & o_z & a_z \end{bmatrix} \tag{2-15}
$$

所以，${}_7^3R$ 为

$$
{}_7^3R = \begin{bmatrix} n_y & o_y & a_y \\ -n_z & -o_z & -a_z \\ -n_x & -o_x & -a_x \end{bmatrix} \tag{2-16}
$$

由此可得

$$
\begin{cases} \theta_4 = -\arcsin(n_y) \\ \theta_5 = \arcsin(o_z) \end{cases} \tag{2-17}
$$

将式 (2-17) 代入式 (2-13) 中即可求得关节变量 d_1、d_2、d_3。

2.3.3 雅可比矩阵及连杆速度和加速度

雅可比矩阵是用于描述搅拌摩擦焊机器人搅拌头工具末端的操作空间速度与关节空间速度之间的线性映射关系，它可以看成从关节空间向操作空间运动速度的传动比。除此之外，雅可比矩阵还用来表示两个空间之间力和力矩的传递关系。雅可比矩阵的求法有矢量积法和微分变换法。

采用矢量积法来计算雅可比矩阵。由于前 3 个关节是移动关节，后 3 个关节是转动关节，其雅可比矩阵具有如下形式：

$$
{}_7^0J(q) = \begin{bmatrix} {}^0z_1 & {}^0z_2 & {}^0z_3 & {}^0z_4 \times {}^0({}^4p_7) & {}^0z_5 \times {}^0({}^5p_7) & {}^0z_6 \\ 0 & 0 & 0 & {}^0z_4 & {}^0z_5 & 0 \end{bmatrix} \tag{2-18}
$$

式中，${}_7^0J(q)$ 为手爪坐标系 7 相对于基坐标系 0 的雅可比矩阵在基坐标系中的表示；${}^0({}^ip_7)$ 为手爪坐标系 7 的原点相对于坐标系 i 的位置矢量在基坐标系 0 中的表示 $(i = 4, 5)$；${}^0z_i$ 为坐标系 i 的 Z 轴单位向量在基坐标系 0 中的表示；${}^0({}^ip_7) = {}_i^0R\,{}^ip_7(i = 4, 5)$；${}^ip_7$ 由相应的 ${}_7^iT$ 获得，${}^0z_i$ 由相应的 ${}_i^0R$ 获得。

由运动学方程可知

$$
{}_1^0R = \begin{bmatrix} 1 & 0 & 0 \\ 0 & 1 & 0 \\ 0 & 0 & 1 \end{bmatrix}, \quad {}_2^0R = \begin{bmatrix} 0 & -1 & 0 \\ 0 & 0 & 1 \\ -1 & 0 & 0 \end{bmatrix}, \quad {}_3^0R = \begin{bmatrix} 0 & 0 & -1 \\ 1 & 0 & 0 \\ 0 & -1 & 0 \end{bmatrix}
$$

$$
{}_4^0R = \begin{bmatrix} \sin\theta_4 & \cos\theta_4 & 0 \\ \cos\theta_4 & -\sin\theta_4 & 0 \\ 0 & 0 & -1 \end{bmatrix}, \quad {}_5^0R = \begin{bmatrix} \sin\theta_4\cos\theta_5 & -\sin\theta_4\sin\theta_5 & \cos\theta_4 \\ \cos\theta_4\cos\theta_5 & -\cos\theta_4\sin\theta_5 & -\sin\theta_4 \\ \sin\theta_5 & \cos\theta_5 & 0 \end{bmatrix}
$$

$$
{}_6^0R = \begin{bmatrix} \cos\theta_4 & \sin\theta_4\cos\theta_5 & -\sin\theta_4\sin\theta_5 \\ -\sin\theta_4 & \cos\theta_4\cos\theta_5 & -\cos\theta_4\sin\theta_5 \\ 0 & \sin\theta_5 & \cos\theta_5 \end{bmatrix}
$$

$$
{}^0z_1 = \begin{bmatrix} 0 \\ 0 \\ 1 \end{bmatrix},\quad {}^0z_2 = \begin{bmatrix} 0 \\ 1 \\ 0 \end{bmatrix},\quad {}^0z_3 = \begin{bmatrix} -1 \\ 0 \\ 0 \end{bmatrix},\quad {}^0z_4 = \begin{bmatrix} 0 \\ 0 \\ -1 \end{bmatrix}
$$

$$
{}^0z_5 = \begin{bmatrix} \cos\theta_4 \\ -\sin\theta_4 \\ 0 \end{bmatrix},\quad {}^0z_6 = \begin{bmatrix} -\sin\theta_4\sin\theta_5 \\ -\cos\theta_4\sin\theta_5 \\ \cos\theta_5 \end{bmatrix}
$$

$$
{}^4p_7 = \begin{bmatrix} -(l_5+d_6)\sin\theta_5 \\ 0 \\ -(l_5+d_6)\cos\theta_5 \end{bmatrix},\quad {}^5p_7 = \begin{bmatrix} 0 \\ l_5+d_6 \\ 0 \end{bmatrix} \tag{2-19}
$$

所以，有

$$
{}^0\left({}^4p_7\right) = {}_4^0R\,{}^4p_7 = \begin{bmatrix} -(l_5+d_6)\sin\theta_4\sin\theta_5 \\ -(l_5+d_6)\cos\theta_4\sin\theta_5 \\ (l_5+d_6)\cos\theta_5 \end{bmatrix}
$$

$$
{}^0\left({}^5p_7\right) = {}_5^0R\,{}^5p_7 = \begin{bmatrix} -(l_5+d_6)\sin\theta_4\sin\theta_5 \\ -(l_5+d_6)\cos\theta_4\sin\theta_5 \\ (l_5+d_6)\cos\theta_5 \end{bmatrix}
$$

$$
{}^0z_4 \times {}^0\left({}^4p_7\right) = \begin{bmatrix} -(l_5+d_6)\cos\theta_4\sin\theta_5 \\ (l_5+d_6)\sin\theta_4\sin\theta_5 \\ 0 \end{bmatrix}
$$

$$
{}^0z_5 \times {}^0\left({}^5p_7\right) = \begin{bmatrix} -(l_5+d_6)\sin\theta_4\cos\theta_5 \\ -(l_5+d_6)\cos\theta_4\cos\theta_5 \\ -(l_5+d_6)\sin\theta_5 \end{bmatrix} \tag{2-20}
$$

最后求得的雅可比矩阵如下：

$$
J(d\&q) = \begin{bmatrix} 0 & 0 & -1 & -(l_5+d_6)\cos\theta_4\sin\theta_5 & -(l_5+d_6)\sin\theta_4\cos\theta_5 & -\sin\theta_4\sin\theta_5 \\ 0 & 1 & 0 & (l_5+d_6)\sin\theta_4\sin\theta_5 & -(l_5+d_6)\cos\theta_4\cos\theta_5 & -\cos\theta_4\sin\theta_5 \\ 1 & 0 & 0 & 0 & -(l_5+d_6)\sin\theta_5 & \cos\theta_5 \\ 0 & 0 & 0 & 0 & \cos\theta_4 & 0 \\ 0 & 0 & 0 & 0 & -\sin\theta_4 & 0 \\ 0 & 0 & 0 & -1 & 0 & 0 \end{bmatrix} \tag{2-21}
$$

搅拌摩擦焊机器人各连杆的运动通常是用连杆坐标系原点的速度和加速度，以及连杆坐标系的角速度和角加速度来表示的。通过对连杆坐标系进行坐标变换和理论推导，可以得到以下各式。

(1) 转动关节连杆速度的递推公式：

$$\begin{cases} {}^{i+1}v_{i+1} = {}^{i+1}_{i}R({}^{i}v_i + {}^{i}\omega_i \times {}^{i}p_{i+1}) \\ {}^{i+1}\omega_{i+1} = {}^{i+1}_{i}R{}^{i}\omega_i + \dot{\theta}_{i+1}{}^{i+1}z_{i+1} \end{cases} \tag{2-22}$$

(2) 转动关节连杆加速度的递推公式：

$$\begin{cases} {}^{i+1}\dot{v}_{i+1} = {}^{i+1}_{i}R\left[{}^{i}\dot{v}_i + {}^{i}\dot{\omega}_i \times {}^{i}p_{i+1} + {}^{i}\omega_i \times ({}^{i}\omega_i \times {}^{i}p_{i+1})\right] \\ {}^{i+1}\dot{\omega}_{i+1} = {}^{i+1}_{i}R{}^{i}\dot{\omega}_i + {}^{i+1}_{i}R{}^{i}\omega_i \times \dot{\theta}_{i+1}{}^{i+1}z_{i+1} + \ddot{\theta}_{i+1}{}^{i+1}z_{i+1} \end{cases} \tag{2-23}$$

(3) 移动关节连杆速度的递推公式：

$$\begin{cases} {}^{i+1}v_{i+1} = {}^{i+1}_{i}R({}^{i}v_i + {}^{i}\omega_i \times {}^{i}p_{i+1}) + \dot{d}_{i+1}{}^{i+1}z_{i+1} \\ {}^{i+1}\omega_{i+1} = {}^{i+1}_{i}R{}^{i}\omega_i \end{cases} \tag{2-24}$$

(4) 移动关节连杆加速度的递推公式：

$$\begin{cases} {}^{i+1}\dot{v}_{i+1} = {}^{i+1}_{i}R\left[{}^{i}\dot{v}_i + {}^{i}\dot{\omega}_i \times {}^{i}p_{i+1} + {}^{i}\omega_i \times ({}^{i}\omega_i \times {}^{i}p_{i+1})\right] \\ \qquad\qquad + 2{}^{i+1}\omega_{i+1} \times \dot{d}_{i+1}{}^{i+1}z_{i+1} + \ddot{d}_{i+1}{}^{i+1}z_{i+1} \\ {}^{i+1}\dot{\omega}_{i+1} = {}^{i+1}_{i}R{}^{i}\dot{\omega}_i \end{cases} \tag{2-25}$$

(5) 连杆上任一点 c 的速度和加速度递推公式：

$$\begin{cases} {}^{i}\omega_c = {}^{i}\omega_i \\ {}^{i}v_c = {}^{i}v_i + {}^{i}\omega_i \times {}^{i}p_c \\ {}^{i}\dot{\omega}_c = {}^{i}\dot{\omega}_i \\ {}^{i}\dot{v}_c = {}^{i}\dot{v}_i + {}^{i}\dot{\omega}_i \times {}^{i}p_c + {}^{i}\omega_i \times ({}^{i}\omega_i \times {}^{i}p_c) \end{cases} \tag{2-26}$$

根据式 (2-22)~式 (2-26)，可以得到搅拌摩擦焊机器人各连杆的速度和加速度的推导公式。

(1) 基座：

$${}^{0}v_0 = {}^{0}\dot{v}_0 = {}^{0}\omega_0 = {}^{0}\dot{\omega}_0 = 0 \tag{2-27}$$

(2) 连杆 1：

$${}^{1}\omega_1 = {}^{1}\dot{\omega}_1 = 0, \quad {}^{1}v_1 = \begin{bmatrix} 0 & 0 & \dot{d}_1 \end{bmatrix}^{\mathrm{T}}, \quad {}^{1}\dot{v}_1 = \begin{bmatrix} 0 & 0 & \ddot{d}_1 \end{bmatrix}^{\mathrm{T}} \tag{2-28}$$

(3) 连杆 2:

$$
{}^2\omega_2 = {}^2\dot{\omega}_2 = 0,\quad {}^2v_2 = \begin{bmatrix} -\dot{d}_1 & 0 & \dot{d}_2 \end{bmatrix}^{\mathrm{T}},\quad {}^2\dot{v}_2 = \begin{bmatrix} -\ddot{d}_1 & 0 & \ddot{d}_2 \end{bmatrix}^{\mathrm{T}} \tag{2-29}
$$

(4) 连杆 3:

$$
{}^3\omega_3 = {}^3\dot{\omega}_3 = 0,\quad {}^3v_3 = \begin{bmatrix} \dot{d}_2 & -\dot{d}_1 & \dot{d}_3 \end{bmatrix}^{\mathrm{T}},\quad {}^3\dot{v}_3 = \begin{bmatrix} \ddot{d}_2 & -\ddot{d}_1 & \ddot{d}_3 \end{bmatrix}^{\mathrm{T}} \tag{2-30}
$$

(5) 连杆 4:

$$
{}^4\omega_4 = \begin{bmatrix} 0 \\ 0 \\ \dot{\theta}_4 \end{bmatrix},\quad {}^4\dot{\omega}_4 = \begin{bmatrix} 0 \\ 0 \\ \ddot{\theta}_4 \end{bmatrix},\quad {}^4v_4 = \begin{bmatrix} \dot{d}_2\cos\theta_4 - \dot{d}_3\sin\theta_4 \\ -\dot{d}_2\sin\theta_4 - \dot{d}_3\cos\theta_4 \\ -\dot{d}_1 \end{bmatrix}
$$

$$
{}^4\dot{v}_4 = \begin{bmatrix} \ddot{d}_2\cos\theta_4 - \ddot{d}_3\sin\theta_4 \\ -\ddot{d}_2\sin\theta_4 - \ddot{d}_3\cos\theta_4 \\ -\ddot{d}_1 \end{bmatrix} \tag{2-31}
$$

(6) 连杆 5:

$$
{}^5\omega_5 = \begin{bmatrix} -\sin\theta_5\dot{\theta}_4 \\ -\cos\theta_5\dot{\theta}_4 \\ \dot{\theta}_5 \end{bmatrix},\quad {}^5\dot{\omega}_5 = \begin{bmatrix} -\sin\theta_5\ddot{\theta}_4 - \cos\theta_5\dot{\theta}_4\dot{\theta}_5 \\ -\cos\theta_5\ddot{\theta}_4 + \sin\theta_5\dot{\theta}_4\dot{\theta}_5 \\ \ddot{\theta}_5 \end{bmatrix}
$$

$$
{}^5v_5 = \begin{bmatrix} \cos\theta_5(\dot{d}_2\cos\theta_4 - \dot{d}_3\sin\theta_4) + \dot{d}_1\sin\theta_5 \\ -\sin\theta_5(\dot{d}_2\cos\theta_4 - \dot{d}_3\sin\theta_4) + \dot{d}_1\cos\theta_5 \\ -\dot{d}_2\sin\theta_4 - \dot{d}_3\cos\theta_4 \end{bmatrix}
$$

$$
{}^5\dot{v}_5 = \begin{bmatrix} \cos\theta_5(\ddot{d}_2\cos\theta_4 - \ddot{d}_3\sin\theta_4) + \ddot{d}_1\sin\theta_5 \\ -\sin\theta_5(\ddot{d}_2\cos\theta_4 - \ddot{d}_3\sin\theta_4) + \ddot{d}_1\cos\theta_5 \\ -\ddot{d}_2\sin\theta_4 - \ddot{d}_3\cos\theta_4 \end{bmatrix} \tag{2-32}
$$

(7) 连杆 6:

$$
{}^6\omega_6 = \begin{bmatrix} \dot{\theta}_5 \\ -\sin\theta_5\dot{\theta}_4 \\ -\cos\theta_5\dot{\theta}_4 \end{bmatrix},\quad {}^6\dot{\omega}_6 = \begin{bmatrix} \ddot{\theta}_5 \\ -\sin\theta_5\ddot{\theta}_4 - \cos\theta_5\dot{\theta}_4\dot{\theta}_5 \\ -\cos\theta_5\ddot{\theta}_4 + \sin\theta_5\dot{\theta}_4\dot{\theta}_5 \end{bmatrix}
$$

$$
{}^6v_6 = \begin{bmatrix} -\dot{d}_2\sin\theta_4 - \dot{d}_3\cos\theta_4 - d_6\sin\theta_5\dot{\theta}_4 \\ \cos\theta_5(\dot{d}_2\cos\theta_4 - \dot{d}_3\sin\theta_4) + \dot{d}_1\sin\theta_5 - d_6\dot{\theta}_5 \\ -\sin\theta_5(\dot{d}_2\cos\theta_4 - \dot{d}_3\sin\theta_4) + \dot{d}_1\cos\theta_5 + \dot{d}_6 \end{bmatrix}
$$

$$
{}^6\dot{v}_6 = \begin{bmatrix} -\ddot{d}_2\mathrm{s}\theta_4 - \ddot{d}_3\mathrm{c}\theta_4 - d_6(\mathrm{s}\theta_5\ddot{\theta}_4 + 2\mathrm{c}\theta_5\dot{\theta}_4\dot{\theta}_5) - 2\mathrm{s}\theta_5\dot{\theta}_4\dot{d}_6 \\ \ddot{d}_1\mathrm{s}\theta_5 + \ddot{d}_2\mathrm{c}\theta_4\mathrm{c}\theta_5 - \ddot{d}_3\mathrm{s}\theta_4\mathrm{c}\theta_5 + d_6(\mathrm{s}\theta_5\mathrm{c}\theta_5\dot{\theta}_4^2 - \ddot{\theta}_5) - 2\dot{\theta}_5\dot{d}_6 \\ \ddot{d}_1\mathrm{c}\theta_5 - \ddot{d}_2\mathrm{c}\theta_4\mathrm{s}\theta_5 + \ddot{d}_3\mathrm{s}\theta_4\mathrm{s}\theta_5 - \dot{d}_6(\dot{\theta}_5^2 + (\mathrm{s}\theta_5)^2\dot{\theta}_4^2) + \ddot{d}_6 \end{bmatrix} \tag{2-33}
$$

(8) 搅拌头末端 o_7：

$$
{}^6\omega_{o7} = {}^6\omega_6 = \begin{bmatrix} \dot{\theta}_5 \\ -\sin\theta_5\dot{\theta}_4 \\ -\cos\theta_5\dot{\theta}_4 \end{bmatrix}, \quad {}^6\dot{\omega}_{o7} = {}^6\dot{\omega}_6 = \begin{bmatrix} \ddot{\theta}_5 \\ -\sin\theta_5\ddot{\theta}_4 - \cos\theta_5\dot{\theta}_4\dot{\theta}_5 \\ -\cos\theta_5\ddot{\theta}_4 + \sin\theta_5\dot{\theta}_4\dot{\theta}_5 \end{bmatrix} \tag{2-34}
$$

$$
{}^6v_{o7} = \begin{bmatrix} -\dot{d}_2\sin\theta_4 - \dot{d}_3\cos\theta_4 - d_6\sin\theta_5\dot{\theta}_4 - l_5\sin\theta_5\dot{\theta}_4 \\ \cos\theta_5(\dot{d}_2\cos\theta_4 - \dot{d}_3\sin\theta_4) + \dot{d}_1\sin\theta_5 - (d_6 + l_5)\dot{\theta}_5 \\ -\sin\theta_5(\dot{d}_2\cos\theta_4 - \dot{d}_3\sin\theta_4) + \dot{d}_1\cos\theta_5 + \dot{d}_6 \end{bmatrix}
$$

$$
{}^6\dot{v}_{o7} = \begin{bmatrix} -\ddot{d}_2\mathrm{s}\theta_4 - \ddot{d}_3\mathrm{c}\theta_4 - d_6(\mathrm{s}\theta_5\ddot{\theta}_4 + \mathrm{c}\theta_5\dot{\theta}_4\theta_5 + \mathrm{c}\theta_5\dot{\theta}_4\dot{\theta}_5) - 2\mathrm{s}\theta_5\dot{\theta}_4\dot{d}_6 - l_5\mathrm{s}\theta_5\ddot{\theta}_4 \\ \ddot{d}_1\mathrm{s}\theta_5 + \ddot{d}_2\mathrm{c}\theta_4\mathrm{c}\theta_5 - \ddot{d}_3\mathrm{s}\theta_4\mathrm{c}\theta_5 + d_6(\mathrm{s}\theta_5\mathrm{c}\theta_5\theta_4\dot{\theta}_4 - \ddot{\theta}_5) - 2\dot{\theta}_5\dot{d}_6 - l_5\ddot{\theta}_5 + l_5\mathrm{s}\theta_5\mathrm{c}\theta_5\dot{\theta}_4^2 \\ \ddot{d}_1\mathrm{c}\theta_5 - \ddot{d}_2\mathrm{c}\theta_4\mathrm{s}\theta_5 + \ddot{d}_3\mathrm{s}\theta_4\mathrm{s}\theta_5 - d_6(\theta_5\dot{\theta}_5 + \mathrm{s}^2\theta_5\theta_4\dot{\theta}_4) + \ddot{d}_6 + l_5\dot{\theta}_5^2 - l_5\mathrm{s}^2\theta_5\dot{\theta}_4^2 \end{bmatrix} \tag{2-35}
$$

上述递推得到的各个连杆的速度、加速度、角速度和角加速度都是相对于连杆本身坐标系表示的。现将这些速度和加速度相对于总体笛卡儿坐标系 {0} 表示，则需要左乘一个旋转变换矩阵 ${}^0_iR$，即

$$
{}^0\omega_i = {}^0_iR\,{}^i\omega_i, \quad {}^0\dot{\omega}_i = {}^0_iR\,{}^i\dot{\omega}_i, \quad {}^0v_i = {}^0_iR\,{}^iv_i, \quad {}^0\dot{v}_i = {}^0_iR\,{}^i\dot{v}_i, \quad i = 1, 2, \cdots, 6 \tag{2-36}
$$

因此，将各个连杆坐标系的 ${}^i\omega_i$ 和 ${}^iv_i$ 代入上述式 (2-27)～式 (2-35) 中，得到各个连杆的速度和加速度在基坐标系下的表示。

(1) 基座：

$$
{}^0v_0 = {}^0\dot{v}_0 = {}^0\omega_0 = {}^0\dot{\omega}_0 = 0 \tag{2-37}
$$

(2) 连杆 1：

$$
{}^0\omega_1 = {}^0\dot{\omega}_1 = 0, \quad {}^0v_1 = \begin{bmatrix} 0 & 0 & \dot{d}_1 \end{bmatrix}^{\mathrm{T}}, \quad {}^0\dot{v}_1 = \begin{bmatrix} 0 & 0 & \ddot{d}_1 \end{bmatrix}^{\mathrm{T}} \tag{2-38}
$$

(3) 连杆 2：

$$
{}^0\omega_2 = {}^0\dot{\omega}_2 = 0, \quad {}^0v_2 = \begin{bmatrix} 0 & \dot{d}_2 & \dot{d}_1 \end{bmatrix}^{\mathrm{T}}, \quad {}^0\dot{v}_2 = \begin{bmatrix} 0 & \ddot{d}_2 & \ddot{d}_1 \end{bmatrix}^{\mathrm{T}} \tag{2-39}
$$

(4) 连杆 3：

$$
{}^0\omega_3 = {}^0\dot{\omega}_3 = 0, \quad {}^0v_3 = \begin{bmatrix} -\dot{d}_3 & \dot{d}_2 & \dot{d}_1 \end{bmatrix}^{\mathrm{T}}, \quad {}^0\dot{v}_3 = \begin{bmatrix} -\ddot{d}_3 & \ddot{d}_2 & \ddot{d}_1 \end{bmatrix}^{\mathrm{T}} \tag{2-40}
$$

(5) 连杆 4:

$$
{}^0\omega_4 = \begin{bmatrix} 0 \\ 0 \\ -\dot{\theta}_4 \end{bmatrix}, \quad {}^0\dot{\omega}_4 = \begin{bmatrix} 0 \\ 0 \\ -\ddot{\theta}_4 \end{bmatrix}, \quad {}^0v_4 = \begin{bmatrix} -\dot{d}_3 \\ \dot{d}_2 \\ \dot{d}_1 \end{bmatrix}, \quad {}^0\dot{v}_4 = \begin{bmatrix} -\ddot{d}_3 \\ \ddot{d}_2 \\ \ddot{d}_1 \end{bmatrix} \tag{2-41}
$$

(6) 连杆 5:

$$
{}^0\omega_5 = \begin{bmatrix} \cos\theta_4\dot{\theta}_5 \\ -\sin\theta_4\dot{\theta}_5 \\ -\dot{\theta}_4 \end{bmatrix}, \quad {}^0\dot{\omega}_5 = \begin{bmatrix} -\sin\theta_4\dot{\theta}_4\dot{\theta}_5 + \cos\theta_4\ddot{\theta}_5 \\ -\cos\theta_4\dot{\theta}_4\dot{\theta}_5 - \sin\theta_4\ddot{\theta}_5 \\ -\ddot{\theta}_4 \end{bmatrix}
$$

$$
{}^0v_5 = \begin{bmatrix} -\dot{d}_3 \\ \dot{d}_2 \\ \dot{d}_1 \end{bmatrix}, \quad {}^0\dot{v}_5 = \begin{bmatrix} -\ddot{d}_3 \\ \ddot{d}_2 \\ \ddot{d}_1 \end{bmatrix} \tag{2-42}
$$

(7) 连杆 6:

$$
{}^0\omega_6 = \begin{bmatrix} \cos\theta_4\dot{\theta}_5 \\ -\sin\theta_4\dot{\theta}_5 \\ -\dot{\theta}_4 \end{bmatrix}, \quad {}^0\dot{\omega}_6 = \begin{bmatrix} -\sin\theta_4\dot{\theta}_4\dot{\theta}_5 + \cos\theta_4\ddot{\theta}_5 \\ -\cos\theta_4\dot{\theta}_4\dot{\theta}_5 - \sin\theta_4\ddot{\theta}_5 \\ -\ddot{\theta}_4 \end{bmatrix}
$$

$$
{}^0v_6 = \begin{bmatrix} -\dot{d}_3 - d_6\sin\theta_5\cos\theta_4\dot{\theta}_4 - d_6\sin\theta_4\cos\theta_5\dot{\theta}_5 - \dot{d}_6\sin\theta_4\sin\theta_5 \\ \dot{d}_2 + d_6\sin\theta_4\sin\theta_5\dot{\theta}_4 - d_6\cos\theta_4\cos\theta_5\dot{\theta}_5 - \cos\theta_4\sin\theta_5\dot{d}_6 \\ \dot{d}_1 - d_6\sin\theta_5\dot{\theta}_5 + \cos\theta_5\dot{d}_6 \end{bmatrix}
$$

$$
{}^0\dot{v}_6 = \begin{bmatrix} -\ddot{d}_3 + d_6\mathrm{s}\theta_4\mathrm{s}\theta_5\dot{\theta}_4^2 - d_6\mathrm{c}\theta_4\mathrm{s}\theta_5\ddot{\theta}_4 - 2d_6\mathrm{c}\theta_4\mathrm{c}\theta_5\dot{\theta}_4\dot{\theta}_5 + d_6\mathrm{s}\theta_4\mathrm{s}\theta_5\dot{\theta}_5^2 \\ -d_6\mathrm{s}\theta_4\mathrm{c}\theta_5\ddot{\theta}_5 - 2\mathrm{c}\theta_4\mathrm{s}\theta_5\dot{\theta}_4\dot{d}_6 - 2\mathrm{s}\theta_4\mathrm{c}\theta_5\dot{\theta}_5\dot{d}_6 - \mathrm{s}\theta_4\mathrm{s}\theta_5\ddot{d}_6 \\ \ddot{d}_2 + 2d_6\mathrm{s}\theta_4\mathrm{c}\theta_5\dot{\theta}_4\dot{\theta}_5 + d_6\mathrm{c}\theta_4\mathrm{s}\theta_5\dot{\theta}_4^2 + d_6\mathrm{s}\theta_4\mathrm{s}\theta_5\ddot{\theta}_4 + d_6\mathrm{c}\theta_4\mathrm{s}\theta_5\dot{\theta}_5^2 \\ -d_6\mathrm{c}\theta_4\mathrm{c}\theta_5\ddot{\theta}_5 + 2\mathrm{s}\theta_4\mathrm{s}\theta_5\dot{\theta}_4\dot{d}_6 - 2\mathrm{c}\theta_4\mathrm{c}\theta_5\dot{\theta}_5\dot{d}_6 - \mathrm{c}\theta_4\mathrm{s}\theta_5\ddot{d}_6 \\ \ddot{d}_1 - d_6\mathrm{c}\theta_5\dot{\theta}_5^2 - d_6\mathrm{s}\theta_5\ddot{\theta}_5 - 2\mathrm{s}\theta_5\dot{\theta}_5\dot{d}_6 + \mathrm{c}\theta_5\ddot{d}_6 \end{bmatrix} \tag{2-43}
$$

(8) 搅拌头末端 o_7:

$$
{}^0\omega_{o7} = {}^0\omega_6 = \begin{bmatrix} \cos\theta_4\dot{\theta}_5 \\ -\sin\theta_4\dot{\theta}_5 \\ -\dot{\theta}_4 \end{bmatrix}, \quad {}^0\dot{\omega}_{o7} = {}^0\dot{\omega}_6 = \begin{bmatrix} -\sin\theta_4\dot{\theta}_4\dot{\theta}_5 + \cos\theta_4\ddot{\theta}_5 \\ -\cos\theta_4\dot{\theta}_4\dot{\theta}_5 - \sin\theta_4\ddot{\theta}_5 \\ -\ddot{\theta}_4 \end{bmatrix}
$$

$$
{}^0v_{o7} = \begin{bmatrix} -\dot{d}_3 - (d_6 + l_5)\sin\theta_5\cos\theta_4\dot{\theta}_4 - (d_6 + l_5)\sin\theta_4\cos\theta_5\dot{\theta}_5 - \sin\theta_4\sin\theta_5\dot{d}_6 \\ \dot{d}_2 + (d_6 + l_5)\sin\theta_4\sin\theta_5\dot{\theta}_4 - (d_6 + l_5)\cos\theta_4\cos\theta_5\dot{\theta}_5 - \cos\theta_4\sin\theta_5\dot{d}_6 \\ \dot{d}_1 - (d_6 + l_5)\sin\theta_5\dot{\theta}_5 + \cos\theta_5\dot{d}_6 \end{bmatrix}
$$

$$
{}^{0}\dot{v}_{o7}=\begin{bmatrix}
-\ddot{d}_3+(d_6+l_5)\mathrm{s}\theta_4\mathrm{s}\theta_5\dot{\theta}_4^2-(d_6+l_5)\mathrm{c}\theta_4\mathrm{s}\theta_5\ddot{\theta}_4-2(d_6+l_5)\mathrm{c}\theta_4\mathrm{c}\theta_5\dot{\theta}_4\dot{\theta}_5\\
+(d_6+l_5)\mathrm{s}\theta_4\mathrm{s}\theta_5\dot{\theta}_5^2-(d_6+l_5)\mathrm{s}\theta_4\mathrm{c}\theta_5\ddot{\theta}_5\\
-2\mathrm{c}\theta_4\mathrm{s}\theta_5\dot{\theta}_4\dot{d}_6-2\mathrm{s}\theta_4\mathrm{c}\theta_5\dot{\theta}_5\dot{d}_6-\mathrm{s}\theta_4\mathrm{s}\theta_5\ddot{d}_6\\
\ddot{d}_2+2(d_6+l_5)\mathrm{s}\theta_4\mathrm{c}\theta_5\dot{\theta}_4\dot{\theta}_5+(d_6+l_5)\mathrm{c}\theta_4\mathrm{s}\theta_5\dot{\theta}_4^2+(d_6+l_5)\mathrm{s}\theta_4\mathrm{s}\theta_5\ddot{\theta}_4\\
+(d_6+l_5)\mathrm{c}\theta_4\mathrm{s}\theta_5\dot{\theta}_5^2-(d_6+l_5)\mathrm{c}\theta_4\mathrm{c}\theta_5\ddot{\theta}_5+2\mathrm{s}\theta_4\mathrm{s}\theta_5\dot{\theta}_4\dot{d}_6\\
-2\mathrm{c}\theta_4\mathrm{c}\theta_5\dot{\theta}_5\dot{d}_6-\mathrm{c}\theta_4\mathrm{s}\theta_5\ddot{d}_6\\
\ddot{d}_1-(d_6+l_5)\mathrm{c}\theta_5\dot{\theta}_5^2-(d_6+l_5)\mathrm{s}\theta_5\ddot{\theta}_5-2\mathrm{s}\theta_5\dot{\theta}_5\dot{d}_6+\mathrm{c}\theta_5\ddot{d}_6
\end{bmatrix}
\tag{2-44}
$$

把搅拌头末端坐标系 $\{7\}$ 原点的线速度和角速度组合起来，并用两个矩阵相乘的形式来表示，相乘的矩阵中有一个矩阵恰好是关节速度的列向量，即

$$
\begin{bmatrix} {}^{0}v_{o7} \\ {}^{0}\omega_{o7} \end{bmatrix} = {}^{0}J(d\&q)\begin{bmatrix} \dot{d}_1 & \dot{d}_2 & \dot{d}_3 & \dot{\theta}_4 & \dot{\theta}_5 & \dot{d}_6 \end{bmatrix}^{\mathrm{T}} \tag{2-45}
$$

因此，可以得到式 (2-45) 中 ${}^{0}J(d\&q)$ 的表达式，即

$$
{}^{0}J(d\&q)=\begin{bmatrix}
0 & 0 & -1 & -(l_5+d_6)\cos\theta_4\sin\theta_5 & -(l_5+d_6)\sin\theta_4\cos\theta_5 & -\sin\theta_4\sin\theta_5\\
0 & 1 & 0 & (l_5+d_6)\sin\theta_4\sin\theta_5 & -(l_5+d_6)\cos\theta_4\cos\theta_5 & -\cos\theta_4\sin\theta_5\\
1 & 0 & 0 & 0 & -(l_5+d_6)\sin\theta_5 & \cos\theta_5\\
0 & 0 & 0 & 0 & \cos\theta_4 & 0\\
0 & 0 & 0 & 0 & -\sin\theta_4 & 0\\
0 & 0 & 0 & -1 & 0 & 0
\end{bmatrix}
\tag{2-46}
$$

通过与式 (2-21) 进行对比，可以发现两式正好相等，它是相对于基坐标系的雅可比矩阵。因此，这里用速度递推方法得到的搅拌摩擦焊机器人相对于基坐标系的雅可比矩阵与前面用矢量积法所得到的结果是一致的，这也再次验证了前面所推导的搅拌摩擦焊机器人雅可比矩阵的正确性。

2.3.4　机器人典型工况下的运动学仿真

搅拌摩擦焊机器人的任务主要概括为以下五种典型工况，它们分别是：圆筒环缝焊、圆筒纵缝焊、瓜瓣焊、瓜底环缝焊和瓜顶环缝焊。这里，每一种典型工况都要求机器人的不同运动轴参与运动，并且在每一种典型工况内都有一最恶劣的构型与其对应。

机器人焊接的起始位置如图 2-5 所示。机器人初始位置的确定是由瓜瓣焊的焊接工况以及被焊接工件的尺寸决定的。其中，X 轴滚珠丝杠上的螺母距 X 轴减速机输出端面的距离为 1000mm；Y 轴滑鞍距立柱下端内侧面的距离为 258mm；Z 轴初始时减速机输出端面距立柱后面的距离为 1297mm；A 轴在水平面内无旋转；B 轴在垂直面内也无转角。

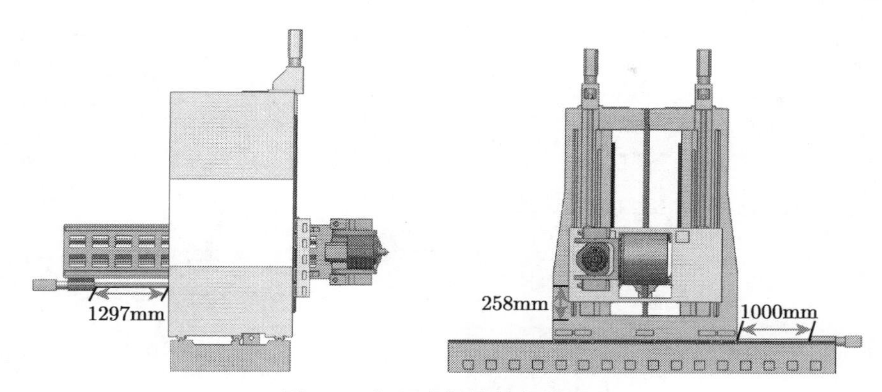

图 2-5 机器人焊接的起始位置

在搅拌摩擦焊机器人瓜瓣焊工况下，其末端搅拌针的焊接路径为一半椭圆弧，具体尺寸如图 2-6 所示。焊接的起始位置距转台上面的垂直距离为 500mm，焊接的终点位置截面圆的直径为 577mm。其中被焊工件是一半椭圆球，长半轴长为 1669mm。

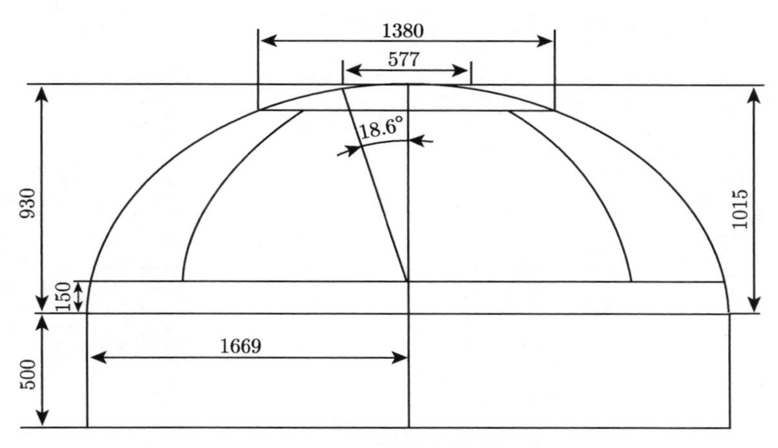

图 2-6 焊接路径示意图

整个焊接过程中，X 轴电机伺服不动，其转速为 0；Y 轴和 Z 轴之间做关联运动，Y 轴上升，Z 轴伸出。Y-Z 轴电机侧的角速度变化曲线如图 2-7(a) 和 (b) 所示。A 轴要随着焊接路径的变化时刻指向被焊椭球形工件的径向，A 轴电机的角速度变化曲线如图 2-7(c) 所示。B 轴在焊接的过程中保持不变，伺服电机转速为 0r/min。插入轴在焊接的过程中也保持输出转速为 0r/min，被伺服住。搅拌头转速为 1000r/min，沿焊缝移动的速率为 20mm/s，以保证焊接的质量。

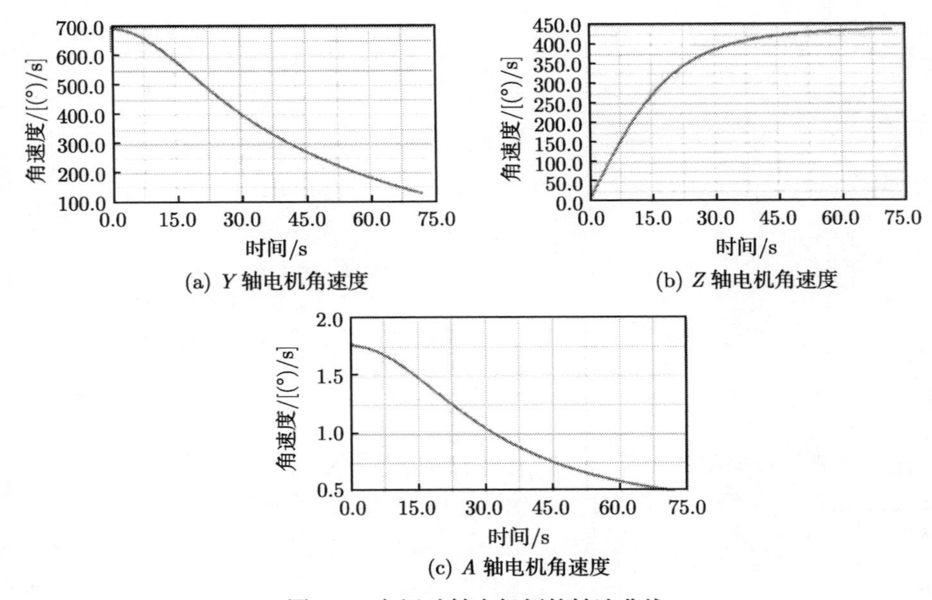

(a) Y 轴电机角速度

(b) Z 轴电机角速度

(c) A 轴电机角速度

图 2-7　各运动轴电机侧的转速曲线

搅拌头相对于机器人底座基坐标系的姿态角变化曲线，如图 2-8 所示。

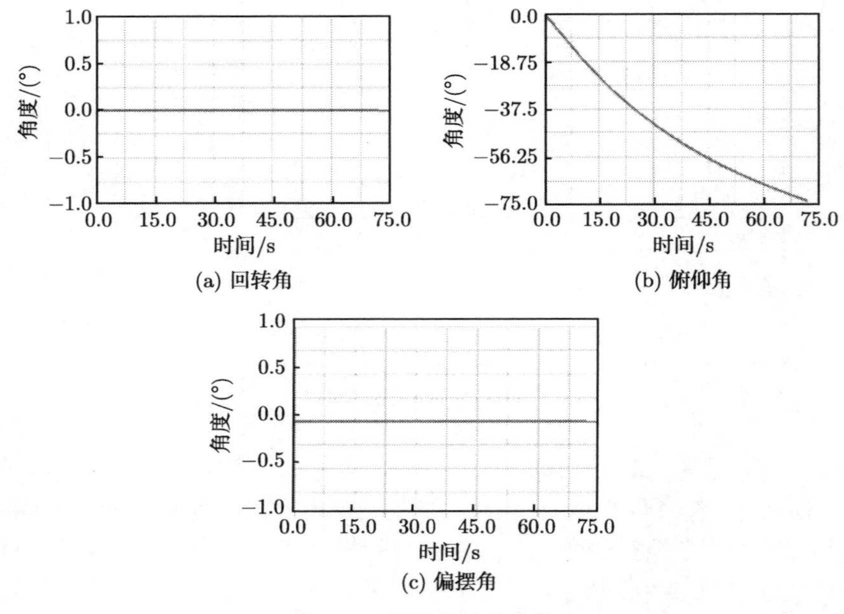

(a) 回转角

(b) 俯仰角

(c) 偏摆角

图 2-8　搅拌头的方位角

2.4 搅拌摩擦焊机器人动力学研究

2.4.1 机器人连杆的质心坐标和速度

搅拌摩擦焊机器人的动力学计算简图如图 2-9 所示。

(1) 在 $o_1\text{-}x_1y_1z_1$ 坐标系中，立柱的等效质心在 P_1 点，其坐标为 ${}^1P_1=(d_{ax}, d_{ay}, 0)^{\mathrm{T}}$，有

$$
{}^0P_1={}^0_1T\,{}^1P_1=\begin{bmatrix}1&0&0&0\\0&1&0&0\\0&0&1&d_1\\0&0&0&1\end{bmatrix}\begin{bmatrix}d_{ax}\\d_{ay}\\0\\1\end{bmatrix}=\begin{bmatrix}d_{ax}\\d_{ay}\\d_1\\1\end{bmatrix}
$$

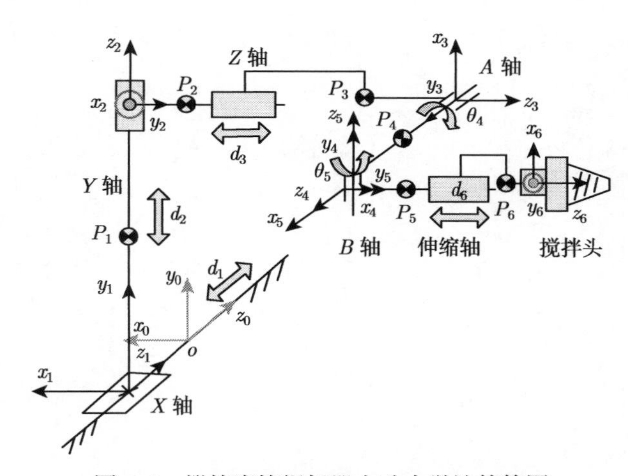

图 2-9 搅拌摩擦焊机器人动力学计算简图

(2) 在 $o_2\text{-}x_2y_2z_2$ 坐标系中，滑鞍的等效质点在 P_2 点，其坐标为 ${}^2P_2=(0, d_{by}, d_{bg})^{\mathrm{T}}$，有

$$
\begin{aligned}
{}^0P_2={}^0_2T\,{}^2P_2&=\begin{bmatrix}1&0&0&0\\0&1&0&0\\0&0&1&d_1\\0&0&0&1\end{bmatrix}\begin{bmatrix}0&-1&0&0\\0&0&1&d_2\\-1&0&0&0\\0&0&0&1\end{bmatrix}\begin{bmatrix}0\\d_{by}\\d_{bg}\\1\end{bmatrix}\\
&=\begin{bmatrix}0&-1&0&0\\0&0&1&d_2\\-1&0&0&d_1\\0&0&0&1\end{bmatrix}\begin{bmatrix}0\\d_{by}\\d_{bg}\\1\end{bmatrix}=\begin{bmatrix}-d_{by}\\d_{bg}+d_2\\d_1\\1\end{bmatrix}
\end{aligned}
$$

(3) 在 o_3-$x_3y_3z_3$ 坐标系中，滑枕等效质心在 P_3 点，其坐标为 ${}^3P_3=(d_{cx},0,d_{cg})^{\mathrm{T}}$，有

$$
{}^0P_3={}^0_3T\,{}^3P_3=\begin{bmatrix}0&-1&0&0\\0&0&1&d_2\\-1&0&0&d_1\\0&0&0&1\end{bmatrix}\begin{bmatrix}0&1&0&0\\0&0&1&d_3\\1&0&0&0\\0&0&0&1\end{bmatrix}\begin{bmatrix}d_{cx}\\0\\d_{cg}\\1\end{bmatrix}
$$

$$
=\begin{bmatrix}0&0&-1&-d_3\\1&0&0&d_2\\0&-1&0&d_1\\0&0&0&1\end{bmatrix}\begin{bmatrix}d_{cx}\\0\\d_{cg}\\1\end{bmatrix}\begin{bmatrix}-d_{cz}-d_3\\d_{cx}+d_2\\d_1\\1\end{bmatrix}
$$

(4) 在 o_4-$x_4y_4z_4$ 坐标系中，A 轴的等效质心在 P_4 点，其坐标为 ${}^4P_4=(0,0,d_{dz})^{\mathrm{T}}$，有

$$
{}^0P_4={}^0_4T\,{}^4P_4=\begin{bmatrix}0&0&-1&-d_3\\1&0&0&d_2\\0&-1&0&d_1\\0&0&0&1\end{bmatrix}\begin{bmatrix}\cos\theta_4&-\sin\theta_4&0&0\\0&0&1&l_3\\-\sin\theta_4&-\cos\theta_4&0&0\\0&0&0&1\end{bmatrix}
$$

$$
=\begin{bmatrix}\sin\theta_4&\cos\theta_4&0&-d_3\\\cos\theta_4&-\sin\theta_4&0&d_2\\0&0&-1&-l_3+d_1\\0&0&0&1\end{bmatrix}\begin{bmatrix}0\\0\\d_{dz}\\1\end{bmatrix}=\begin{bmatrix}-d_3\\d_2\\-d_{dz}-l_3+d_1\\1\end{bmatrix}
$$

(5) 在 o_5-$x_5y_5z_5$ 坐标系中，B 轴的等效质心在 P_5 点，其坐标为 ${}^5P_5=(d_{ex},d_{ey},0)^{\mathrm{T}}$，有

$$
{}^0P_5={}^0_5T\,{}^5P_5=\begin{bmatrix}\sin\theta_4&\cos\theta_4&0&-d_3\\\cos\theta_4&-\sin\theta_4&0&d_2\\0&0&-1&-l_3+d_1\\0&0&0&1\end{bmatrix}\begin{bmatrix}\cos\theta_5&-\sin\theta_5&0&0\\0&0&1&0\\-\sin\theta_5&-\cos\theta_5&0&0\\0&0&0&1\end{bmatrix}
$$

$$
=\begin{bmatrix}\sin\theta_4\cos\theta_5&-\sin\theta_4\sin\theta_5&\cos\theta_4&-d_3\\\cos\theta_4\cos\theta_5&-\cos\theta_4\sin\theta_5&-\sin\theta_4&d_2\\\sin\theta_5&\cos\theta_5&0&-l_3+d_1\\0&0&0&1\end{bmatrix}\begin{bmatrix}0\\d_{ey}\\0\\1\end{bmatrix}
$$

$$
= \begin{bmatrix} -d_{ey}\sin\theta_5 - d_3 \\ -d_{ey}\cos\theta_4\sin\theta_5 + \dot{d}_2 \\ d_{ey}\cos\theta_5 - l_3 + \dot{d}_1 \\ 1 \end{bmatrix}
$$

(6) 在 $o_6\text{-}x_6y_6z_6$ 坐标系中，搅拌头的等效质点在 P_6 点，其坐标为 ${}^6P_6 = (0,0,d_{fz})^{\mathrm{T}}$，有

$$
{}^0P_6 = {}^0_6T\,{}^6P_6 = \begin{bmatrix} \sin\theta_4\cos\theta_5 & -\sin\theta_4\sin\theta_5 & \cos\theta_4 & -d_3 \\ \cos\theta_4\cos\theta_5 & -\cos\theta_4\sin\theta_5 & -\sin\theta_4 & d_2 \\ \sin\theta_5 & \cos\theta_5 & 0 & -l_3 + d_1 \\ 0 & 0 & 0 & 1 \end{bmatrix} \begin{bmatrix} 0 & 1 & 0 & 0 \\ 0 & 0 & 1 & d_6 \\ 1 & 0 & 0 & 0 \\ 0 & 0 & 0 & 1 \end{bmatrix}
$$

$$
= \begin{bmatrix} \cos\theta_4 & \sin\theta_4\cos\theta_5 & -\sin\theta_4\sin\theta_5 & -d_6\sin\theta_4\sin\theta_5 - d_3 \\ -\sin\theta_4 & \cos\theta_4\cos\theta_5 & -\cos\theta_4\sin\theta_5 & -d_6\cos\theta_4\sin\theta_5 + d_2 \\ 0 & \sin\theta_5 & \cos\theta_5 & d_6\cos\theta_5 - l_3 + d_1 \\ 0 & 0 & 0 & 1 \end{bmatrix}
$$

$$
= \begin{bmatrix} -d_{fz}\sin\theta_4\sin\theta_5 - d_6\sin\theta_4\sin\theta_5 - d_3 \\ -d_{fz}\cos\theta_4\sin\theta_5 - d_6\cos\theta_4\sin\theta_5 + d_2 \\ d_{fz}\cos\theta_5 + d_6\cos\theta_5 - l_3 + d_1 \\ 1 \end{bmatrix}
$$

对于上述 $P_1 \sim P_6$ 点，各质点的速度为

$$
{}^0V_{P_1} = \begin{bmatrix} 0 \\ 0 \\ \dot{d}_1 \end{bmatrix}, \quad {}^0V_{P_1}^2 = \dot{d}_1^2, \quad {}^0V_{P_2} = \begin{bmatrix} 0 \\ \dot{d}_2 \\ \dot{d}_1 \end{bmatrix}, \quad {}^0V_{P_2}^2 = \dot{d}_1^2 + \dot{d}_2^2, \quad {}^0V_{P_3} = \begin{bmatrix} -\dot{d}_3 \\ \dot{d}_2 \\ \dot{d}_1 \end{bmatrix}
$$

$$
{}^0V_{P_3}^2 = \dot{d}_1^2 + \dot{d}_2^2 + \dot{d}_3^2, \quad {}^0V_{P_4} = \begin{bmatrix} -\dot{d}_3 \\ \dot{d}_2 \\ \dot{d}_1 \end{bmatrix}, \quad {}^0V_{P_4}^2 = \dot{d}_1^2 + \dot{d}_2^2 + \dot{d}_3^2
$$

$$
{}^0V_{P_5} = \begin{bmatrix} -d_{ey}\cos\theta_4\sin\theta_5\dot{\theta}_4 - d_{ey}\sin\theta_4\cos\theta_5\dot{\theta}_5 - \dot{d}_3 \\ d_{ey}\sin\theta_4\sin\theta_5\dot{\theta}_4 - d_{ey}\cos\theta_4\cos\theta_5\dot{\theta}_5 + \dot{d}_2 \\ -d_{ey}\sin\theta_5\dot{\theta}_5 + \dot{d}_1 \end{bmatrix}
$$

$$
\begin{aligned} {}^0V_{P_5}^2 = {} & d_{ey}^2\sin^2\theta_5\dot{\theta}_4^2 + d_{ey}^2\dot{\theta}_5^2 + \dot{d}_2^2 + \dot{d}_3^2 + 2d_{ey}\cos\theta_4\sin\theta_5\dot{d}_3\dot{\theta}_4 + 2d_{ey}\sin\theta_4\cos\theta_5\dot{d}_3\dot{\theta}_5 \\ & + 2d_{ey}\sin\theta_4\sin\theta_5\dot{d}_2\dot{\theta}_4 - 2d_{ey}\cos\theta_4\cos\theta_5\dot{d}_2\dot{\theta}_5 - 2d_{ey}\sin\theta_5\dot{d}_1\dot{\theta}_5 + \dot{d}_1^2 \end{aligned}
$$

$$
{}^0V_{P_6}=\begin{bmatrix}-(d_{fz}+d_6)(\cos\theta_4\sin\theta_5\dot{\theta}_4+\sin\theta_4\cos\theta_5\dot{\theta}_5)-\dot{d}_6\sin\theta_4\sin\theta_5-\dot{d}_3\\(d_{fz}+d_6)(\sin\theta_4\sin\theta_5\dot{\theta}_4-\cos\theta_4\cos\theta_5\dot{\theta}_5)-\dot{d}_6\cos\theta_4\sin\theta_5+\dot{d}_2\\-(d_{fz}+d_6)\sin\theta_5\dot{\theta}_5+\dot{d}_1\end{bmatrix}
$$

$$
\begin{aligned}
{}^0V_{P_6}^2&=(d_{fz}+d_6)^2\sin^2\theta_5\dot{\theta}_4^2+(d_{fz}+d_6)^2\dot{\theta}_5^2+\dot{d}_1^2+\dot{d}_2^2+\dot{d}_3^2+\sin^2\theta_5\dot{d}_6^2\\
&\quad-2\cos\theta_4\sin\theta_5\dot{d}_2\dot{d}_6+2(d_{fz}+d_6)\sin\theta_4\sin\theta_5\dot{d}_2\dot{\theta}_4-2(d_{fz}+d_6)\cos\theta_4\cos\theta_5\dot{d}_2\dot{\theta}_5\\
&\quad+2(d_{fz}+d_6)\cos\theta_4\sin\theta_5\dot{d}_3\dot{\theta}_4+2(d_{fz}+d_6)\sin\theta_5\cos\theta_5\dot{\theta}_5\dot{d}_6\\
&\quad-2(d_{fz}+d_6)\sin\theta_5\dot{d}_1\dot{\theta}_5
\end{aligned}
$$

2.4.2 机器人的拉格朗日函数

(1) 求解系统的动能 K：

$$
K=\frac{1}{2}m_a{}^0V_{P_1}^2+\frac{1}{2}m_b{}^0V_{P_2}^2+\frac{1}{2}m_c{}^0V_{P_3}^2+\frac{1}{2}m_d{}^0V_{P_4}^2+\frac{1}{2}m_e{}^0V_{P_5}^2+\frac{1}{2}m_f{}^0V_{P_6}^2+\frac{1}{2}I_A\dot{\theta}_4^2+\frac{1}{2}I_B\dot{\theta}_5^2
$$

式中，I_A、I_B 分别是 A、B 轴的转动惯量。

$$
\begin{aligned}
K&=\frac{1}{2}m_a\dot{d}_1^2+\frac{1}{2}m_b(\dot{d}_1^2+\dot{d}_2^2)+\frac{1}{2}m_c(\dot{d}_1^2+\dot{d}_2^2+\dot{d}_3^2)+\frac{1}{2}m_d(\dot{d}_1^2+\dot{d}_2^2+\dot{d}_3^2)\\
&\quad+\frac{1}{2}m_e(\dot{d}_1^2+d_{ey}^2\sin^2\theta_5\dot{\theta}_4^2+d_{ey}^2\dot{\theta}_5^2+\dot{d}_2^2+\dot{d}_3^2-2d_{ey}\sin\theta_5\dot{d}_1\dot{\theta}_5\\
&\quad+2d_{ey}\sin\theta_4\sin\theta_5\dot{d}_2\dot{\theta}_4-2d_{ey}\cos\theta_4\cos\theta_5\dot{d}_2\dot{\theta}_5\\
&\quad+2d_{ey}\cos\theta_4\sin\theta_5\dot{d}_3\dot{\theta}_4+2d_{ey}\sin\theta_4\cos\theta_5\dot{d}_3\dot{\theta}_5)\\
&\quad+\frac{1}{2}m_f[\dot{d}_1^2+\dot{d}_2^2+\dot{d}_3^2+(d_{fz}+d_6)^2\sin^2\theta_5\dot{\theta}_4^2\\
&\quad+(d_{fz}+d_6)^2\dot{\theta}_5^2+\sin^2\theta_5\dot{d}_6^2-2\cos\theta_4\sin\theta_5\dot{d}_2\dot{d}_6\\
&\quad+2\sin\theta_4\sin\theta_5\dot{d}_3\dot{d}_6+2(d_{fz}+d_6)\sin\theta_4\sin\theta_5\dot{d}_2\dot{\theta}_4-2(d_{fz}+d_6)\cos\theta_4\cos\theta_5\dot{d}_2\dot{\theta}_5\\
&\quad+2(d_{fz}+d_6)\cos\theta_4\sin\theta_5\dot{d}_3\dot{\theta}_4+2(d_{fz}+d_6)\sin\theta_4\cos\theta_5\dot{d}_3\dot{\theta}_5\\
&\quad+2(d_{fz}+d_6)\sin\theta_5\cos\theta_5\dot{\theta}_5\dot{d}_6\\
&\quad-2(d_{fz}+d_6)\sin\theta_5\dot{d}_1\dot{\theta}_5]+\frac{1}{2}(m_a+m_b+m_c+m_d+m_e+m_f)\dot{d}_1^2\\
&\quad+\frac{1}{2}(m_b+m_c+m_d+m_e+m_f)\dot{d}_2^2\\
&\quad+\frac{1}{2}(m_c+m_d+m_e+m_f)\dot{d}_3^2+\frac{1}{2}\{[m_ed_{ey}^2+m_f(d_{fz}+d_6)^2\sin^2\theta_5]+I_A\}\dot{\theta}_4^2\\
&\quad+\frac{1}{2}\{[m_ed_{ey}^2+m_f(d_{fz}+d_6)^2]+I_B\}\dot{\theta}_5^2+\frac{1}{2}m_f\sin^2\theta_5\dot{d}_6^2\\
&\quad-[m_ed_{ey}+m_f(d_{fz}+d_6)]\sin\theta_5\dot{d}_1\dot{\theta}_5\\
&\quad+[m_ed_{ey}+m_f(d_{fz}+d_6)]\cos\theta_4\sin\theta_5\dot{d}_3\dot{\theta}_4+[m_ed_{ey}+m_f(d_{fz}+d_6)]\sin\theta_4\cos\theta_5\dot{d}_3\dot{\theta}_5
\end{aligned}
$$

$$+m_f\sin\theta_4\sin\theta_5\dot{d}_3\dot{d}_6+m_f(d_{fz}+d_6)\sin\theta_5\cos\theta_5\dot{\theta}_5\dot{d}_6$$

(2) 在 o_0-$x_0y_0z_0$ 坐标系中，以 $y_0=0$ 作为零势面，求解系统的势能 P:

$$\begin{aligned}P&=m_ag(Y_{{}^0P_1})+m_bg(Y_{{}^0P_2})+m_cg(Y_{{}^0P_3})+m_dg(Y_{{}^0P_4})+m_eg(Y_{{}^0P_5})+m_fg(Y_{{}^0P_6})\\&=m_agd_{ay}+m_bg(d_{bz}+d_2)+m_cg(d_{cx}+d_2)+m_dgd_2+m_eg(-d_{ey}\cos\theta_4\sin\theta_5+d_2)\\&\quad+m_fg(-d_{fz}\cos\theta_4\sin\theta_5-d_6\cos\theta_4\sin\theta_5+d_2)\\&=m_agd_{ay}+m_bgd_{bz}+m_bgd_2+m_cgd_{cx}+m_cgd_2+m_dgd_2-m_egd_{ey}\cos\theta_4\sin\theta_5\\&\quad+m_egd_2-m_fgd_{fz}\cos\theta_4\sin\theta_5-m_fgd_6\cos\theta_4\sin\theta_5+m_fgd_2\end{aligned}$$

(3) 机器人的拉格朗日函数 L 求解:

$$\begin{aligned}L&=K-P\\&=\frac{1}{2}(m_a+m_b+m_c+m_d+m_e+m_f)\dot{d}_1^2+\frac{1}{2}(m_b+m_c+m_d+m_e+m_f)\dot{d}_2^2\\&\quad+\frac{1}{2}(m_c+m_d+m_e+m_f)\dot{d}_3^2+\frac{1}{2}\{[m_ed_{ey}^2+m_f(d_{fz}+d_6)^2\sin^2\theta_5]+I_A\}\dot{\theta}_4^2\\&\quad+\frac{1}{2}\{[m_ed_{ey}^2+m_f(d_{fz}+d_6)^2]+I_B\}\dot{\theta}_5^2+\frac{1}{2}m_f\sin^2\theta_5\dot{d}_6^2\\&\quad-[m_ed_{ey}+m_f(d_{fz}+d_6)]\sin\theta_5\dot{d}_1\dot{\theta}_5+[m_ed_{ey}+m_f(d_{fz}+d_6)]\cos\theta_4\sin\theta_5\dot{d}_2\dot{\theta}_4\\&\quad-[m_ed_{ey}+m_f(d_{fz}+d_6)]\cos\theta_4\cos\theta_5\dot{d}_2\dot{\theta}_5-m_f\cos\theta_4\sin\theta_5\dot{d}_2\dot{d}_6\\&\quad+[m_ed_{ey}+m_f(d_{fz}+d_6)]\cos\theta_4\sin\theta_5\dot{d}_3\dot{\theta}_4\\&\quad+[m_ed_{ey}+m_f(d_{fz}+d_6)]\sin\theta_4\cos\theta_5\dot{d}_3\dot{\theta}_5+m_f\sin\theta_4\sin\theta_5\dot{d}_3\dot{d}_6\\&\quad+m_f(d_{fz}+d_6)\sin\theta_5\cos\theta_5\dot{\theta}_5\dot{d}_6-(m_b+m_c+m_d+m_e+m_f)gd_2-m_agd_{ay}\\&\quad-m_bgd_{bz}-m_cgd_{cx}+m_egd_{ey}\cos\theta_4\sin\theta_5+m_fgd_{fz}\cos\theta_4\sin\theta_5\\&\quad+m_fgd_6\cos\theta_4\sin\theta_5\end{aligned}$$

2.4.3 机器人的动力学方程

上面拉格朗日函数 L 中有 d_1、d_2、d_3、θ_4、θ_5、d_6 共 6 个关节变量，对该式求偏导并代入动力学方程即可得到搅拌摩擦焊机器人各关节的驱动力和驱动力矩，具体如下。

(1) X 轴驱动力:

$$\begin{aligned}T_1=\frac{\mathrm{d}}{\mathrm{d}t}\left(\frac{\partial l}{\partial\dot{d}_1}\right)-\frac{\partial l}{\partial d_1}&=(m_a+m_b+m_c+m_d+m_e+m_f)\ddot{d}_1\\&\quad-[m_ed_{ey}+m_f(d_{fz}+d_6)]\sin\theta_5\ddot{\theta}_5\\&\quad-[m_ed_{ey}+m_f(d_{fz}+d_6)]\cos\theta_5\dot{\theta}_5^2-m_f\sin\theta_5\dot{\theta}_5\dot{d}_6\end{aligned}$$

(2) Y 轴驱动力：

$$
\begin{aligned}
T_2 = {} & \frac{\mathrm{d}}{\mathrm{d}t}\left(\frac{\partial l}{\partial \dot{d}_2}\right) - \frac{\partial l}{\partial d_2} = (m_b + m_c + m_d + m_e + m_f)\ddot{d}_2 + m_f \sin\theta_4 \sin\theta_5 \dot{\theta}_4 \dot{d}_6 \\
& + [m_e d_{ey} + m_f(d_{fz} + d_6)] \cos\theta_4 \sin\theta_5 \dot{\theta}_4^2 + [m_e d_{ey} + m_f(d_{fz} + d_6)] \sin\theta_4 \sin\theta_5 \ddot{\theta}_4 \\
& - m_f \cos\theta_4 \cos\theta_5 \dot{\theta}_5 \dot{d}_6 + [m_e d_{ey} + m_f(d_{fz} + d_6)] \sin\theta_4 \cos\theta_5 \dot{\theta}_4 \dot{\theta}_5 \\
& + [m_e d_{ey} + m_f(d_{fz} + d_6)] \cos\theta_4 \sin\theta_5 \dot{\theta}_5^2 \\
& - [m_e d_{ey} + m_f(d_{fz} + d_6)] \cos\theta_4 \cos\theta_5 \ddot{\theta}_5 + m_f \sin\theta_4 \sin\theta_5 \dot{\theta}_4 \dot{d}_6 \\
& + m_f \cos\theta_5 \dot{\theta}_5 \dot{d}_6 + m_f \cos\theta_4 \sin\theta_5 \ddot{d}_6 + (m_b + m_c + m_d + m_e + m_f) g
\end{aligned}
$$

(3) Z 轴驱动力：

$$
\begin{aligned}
T_3 = {} & \frac{\mathrm{d}}{\mathrm{d}t}\left(\frac{\partial l}{\partial \dot{d}_3}\right) - \frac{\partial l}{\partial d_3} = (m_c + m_d + m_e + m_f)\ddot{d}_3 + m_f \cos\theta_4 \sin\theta_5 \dot{\theta}_4 \dot{d}_6 \\
& - [m_e d_{ey} + m_f(d_{fz} + d_6)] \sin\theta_4 \sin\theta_5 \dot{\theta}_4^2 + [m_e d_{ey} + m_f(d_{fz} + d_6)] \cos\theta_4 \cos\theta_5 \dot{\theta}_4 \dot{\theta}_5 \\
& + [m_e d_{ey} + m_f(d_{fz} + d_6)] \cos\theta_4 \sin\theta_5 \ddot{\theta}_4 + m_f \sin\theta_4 \cos\theta_5 \dot{\theta}_5 \dot{d}_6 \\
& + [m_e d_{ey} + m_f(d_{fz} + d_6)] \cos\theta_4 \cos\theta_5 \dot{\theta}_4 \dot{\theta}_5 - [m_e d_{ey} + m_f(d_{fz} + d_6)] \sin\theta_4 \sin\theta_5 \dot{\theta}_5^2 \\
& + [m_e d_{ey} + m_f(d_{fz} + d_6)] \sin\theta_4 \cos\theta_5 \ddot{\theta}_5 + m_f \cos\theta_4 \sin\theta_5 \dot{\theta}_4 \dot{d}_6 \\
& + m_f \sin\theta_4 \cos\theta_5 \dot{\theta}_5 \dot{d}_6 + m_f \sin\theta_4 \sin\theta_5 \ddot{d}_6
\end{aligned}
$$

(4) A 轴驱动力矩：

$$
\begin{aligned}
T_4 = {} & \frac{\mathrm{d}}{\mathrm{d}t}\left(\frac{\partial l}{\partial \dot{\theta}_4}\right) - \frac{\partial l}{\partial \theta_4} \\
= {} & 2m_f(d_{fz} + d_6) \sin^2\theta_5 \dot{\theta}_4 \dot{d}_6 + 2[m_e d_{ey}^2 + m_f(d_{fz} + d_6)^2] \sin\theta_5 \cos\theta_5 \dot{\theta}_4 \dot{\theta}_5 \\
& + \{[m_e d_{ey}^2 + m_f(d_{fz} + d_6)^2] \sin^2\theta_5 + I_A\}\ddot{\theta}_4 + [m_e d_{ey} + m_f(d_{fz} + d_6)] \sin\theta_4 \sin\theta_5 \ddot{d}_2 \\
& + [m_e d_{ey} + m_f(d_{fz} + d_6)] \cos\theta_4 \cos\theta_5 \ddot{d}_3 + m_e g d_{ey} \sin\theta_4 \sin\theta_5 \\
& + m_f g d_{fz} \sin\theta_4 \sin\theta_5 + m_f g d_6 \sin\theta_4 \sin\theta_5
\end{aligned}
$$

(5) B 轴驱动力矩：

$$
\begin{aligned}
T_5 = {} & \frac{\mathrm{d}}{\mathrm{d}t}\left(\frac{\partial l}{\partial \dot{\theta}_5}\right) - \frac{\partial l}{\partial \theta_5} \\
= {} & 2m_f(d_{fz} + d_6)\dot{d}_6 \dot{\theta}_5 + \{[m_e d_{ey}^2 + m_f(d_{fz} + d_6)^2] + I_B\}\ddot{\theta}_5 - m_f \sin\theta_5 \dot{d}_1 \dot{d}_6 \\
& - [m_e d_{ey} + m_f(d_{fz} + d_6)] \sin\theta_5 \ddot{d}_1 - [m_e d_{ey} + m_f(d_{fz} + d_6)] \cos\theta_4 \cos\theta_5 \ddot{d}_2 \\
& + [m_e d_{ey} + m_f(d_{fz} + d_6)] \sin\theta_4 \cos\theta_5 \ddot{d}_3
\end{aligned}
$$

$$
\begin{aligned}
&+ m_f(d_{fz}+d_6)\sin\theta_5\cos\theta_5\ddot{d}_6 - [m_e d_{ey}^2 + m_f(d_{fz}+d_6)^2]\sin\theta_5\cos\theta_5\dot{\theta}_4^2 \\
&- m_f\sin\theta_5\cos\theta_5\dot{d}_6^2 - m_e g d_{ey}\cos\theta_4\cos\theta_5 - m_f g d_{fz}\cos\theta_4\cos\theta_5 \\
&- m_f g d_6\cos\theta_4\cos\theta_5
\end{aligned}
$$

(6) 伸缩轴驱动力：

$$
\begin{aligned}
T_6 = &\frac{\mathrm{d}}{\mathrm{d}t}\left(\frac{\partial l}{\partial \dot{d}_6}\right) - \frac{\partial l}{\partial \theta_6} = m_f\sin\theta_5\cos\theta_5\dot{\theta}_5\dot{d}_6 + m_f\sin^2\theta_5\ddot{d}_6 - m_f\cos\theta_4\cos\theta_5\ddot{d}_2 \\
&+ m_f\sin\theta_4\sin\theta_5\ddot{d}_3 + m_f\sin\theta_5\cos\theta_5\dot{\theta}_5\dot{d}_6 + m_f(d_{fz}+d_6)\cos^2\theta_5\dot{\theta}_5^2 \\
&- m_f(d_{fz}+d_6)\sin^2\theta_5\dot{\theta}_5^2 + m_f(d_{fz}+d_6)\sin\theta_5\cos\theta_5\ddot{\theta}_5 - m_f(d_{fz}+d_6)\sin^2\theta_5\dot{\theta}_4^2 \\
&- m_f(d_{fz}+d_6)\dot{\theta}_5^2 + m_f\sin\theta_5\dot{d}_1\dot{\theta}_5 - m_f g\cos\theta_4\sin\theta_5
\end{aligned}
$$

2.4.4 机器人典型工况下的动力学仿真

搅拌摩擦焊机器人具有重载、高刚度、强扰动等特点，在机器人实际的焊接作业过程中，末端负载多种多样，不同工况所要求的驱动力矩也各不相同，这使在对元器件的选型、机器人本体的结构设计以及电机的选型方面大大提升了难度。因此，一种基于三维连续系统动力学模型的仿真方法对于确定出搅拌摩擦焊机器人的各关节约束反力和约束反力矩将极其必要。此外，基于三维实体模型的动力学仿真方法对于机器人本体的设计和结构优化将具有重要的意义。

1. 仿真模型的简化

搅拌摩擦焊机器人仿真计算模型主要由以下几部分组成，如图 2-10 所示。它们分别是 X 轴组件、Y 轴组件、Z 轴组件 (包括滑鞍和滑枕) 以及 AB 轴组件和搅拌头组件。

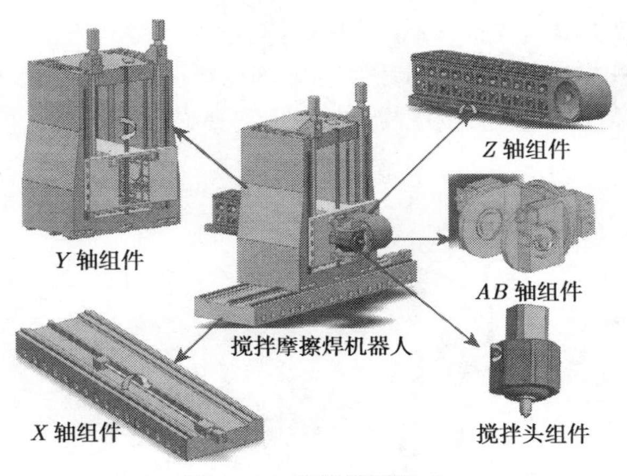

图 2-10 计算模型组成

这里，X-Y-Z 轴前 3 个关节分别为滚珠丝杠和直线导轨传动，AB 轴为转动关节。而搅拌头包括一个由螺旋副组成的插入轴和一个由旋转关节组成的搅拌轴。其中，X 轴螺旋副的导程是 12mm；Y 轴和 Z 轴螺旋副的导程为 20mm；焊接插入轴螺旋副的导程为 1mm。

为了能够顺利地进行仿真分析，有必要对模型进行简化与合并。模型简化的原则为：要尽可能少地破坏模型的原始结构，采用一些等效、近似的方法来模拟机器人真实的加工工况。这些具体包括以下方面。

(1) 为了避免过约束，确保仿真结果的正确。搅拌摩擦焊机器人的 Y 轴采用单丝杠驱动进行仿真。所得的结果减半便可算出实际双丝杠驱动下电机的驱动力矩及关节的力和力矩。

(2) 由于质心补偿机构是考虑了滑鞍的弹性变形而造成末端位移的变化，在多刚体系统的动力学仿真过程中，暂且不考虑该机构的输出力矩和力的变化。可以把这部分内容放在有限元分析中进行考虑，或者可以把该部分结构柔性化，并在 ADAMS 中进行刚柔耦合动力学仿真，这样也可以考虑该部分的影响。

(3) 对于重力补偿机构，结合机器人实际焊接过程，在滑鞍与钢丝绳连接的位置处施加方向竖直向上的两个空间固定、大小与配重块质量相当的恒力。对于立柱顶部滑轮组所受到的压力，可以在立柱顶部对应于滑轮组安装位置施加方向竖直向下、大小为配重块质量两倍的恒力，来模拟钢丝绳对立柱的正压力。

(4) 对于零件之间无相对运动的部分，进行了零件的简化与合并。

2. 仿真模型的输入条件

模型输入条件指的是三维实体模型的相关信息，主要包括：模型采用的单位制、模型的简化、仿真初始时刻的构型、各零部件的材质、机器人的质量和惯量信息等。搅拌摩擦焊机器人按照事先拟定的方案进行三维模型的建立，相关的结构查阅并参照机器人和机床行业的设计手册与相关样本，以便进行动力学仿真分析。单位制采用 mm-N-s，整机的质量约为 71t。在 ADAMS 仿真环境下，仿真分析模型如图 2-11 所示。

图 2-11 ADAMS 环境下的仿真分析模型

在进行仿真分析之前，对机器人的各个部分赋予相应的材料属性，如表 2-6 所示。

表 2-6 材料的物理属性

属性名称	合金钢	灰铸铁	单位
弹性模量	2×10^{11}	1.1×10^{11}	N/m^2
泊松比	0.3	0.28	—
抗剪模量	7.8×10^{10}	7.4×10^{10}	N/m^2
质量密度	7850	7200	kg/m^3
屈服强度	2.5×10^{8}	2.4×10^{8}	N/m^2

载荷输入条件指的是在每种典型工况作用下，机器人在焊接过程中所承受的力和力矩，包括它们的大小和方向。在搅拌摩擦焊机器人瓜瓣焊接过程中，其外部的载荷输入如图 2-12 所示。

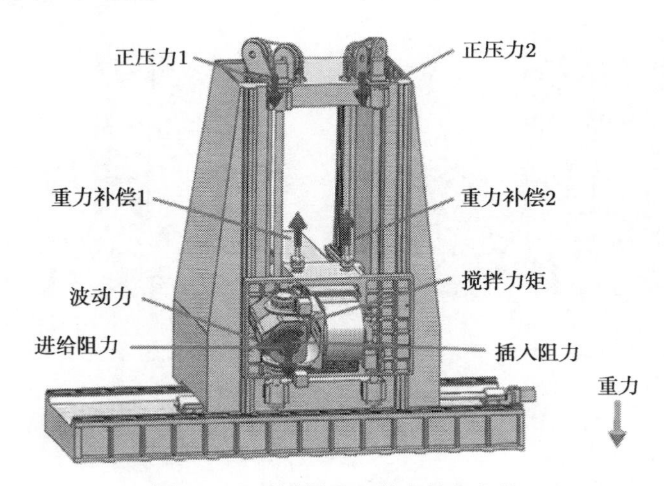

图 2-12 瓜瓣焊工况的力输入条件

其中，重力加速度为 $9.8m/s^2$；重力补偿 1 为 30000N；重力补偿 2 为 30000N；由重力补偿 1 引起的正压力 1 为 60000N；由重力补偿 2 引起的正压力 2 为 60000N；插入阻力为 38000N；进给阻力为 12000N；搅拌力矩为 270N·m。

这里，在搅拌摩擦焊机器人瓜瓣焊工况仿真过程中，由于被焊工件材料材质不均匀以及搅拌区域材料发生塑性化和产生摩擦的作用，搅拌针会受到一个随机的波动力，如图 2-13 所示。其中，波动力的峰值为 3670N，在 0~100s 的时间里，交替地作用于搅拌针的末端，并处于垂直于焊缝平面方向。

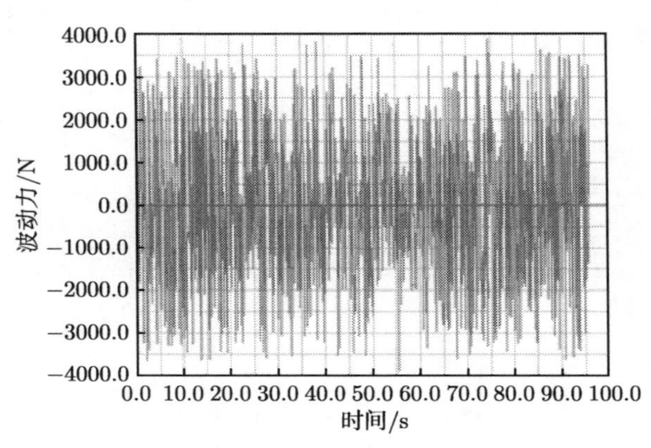

图 2-13　波动力曲线

整个瓜瓣焊接过程的动作流程，如图 2-14(a)~(d) 所示。

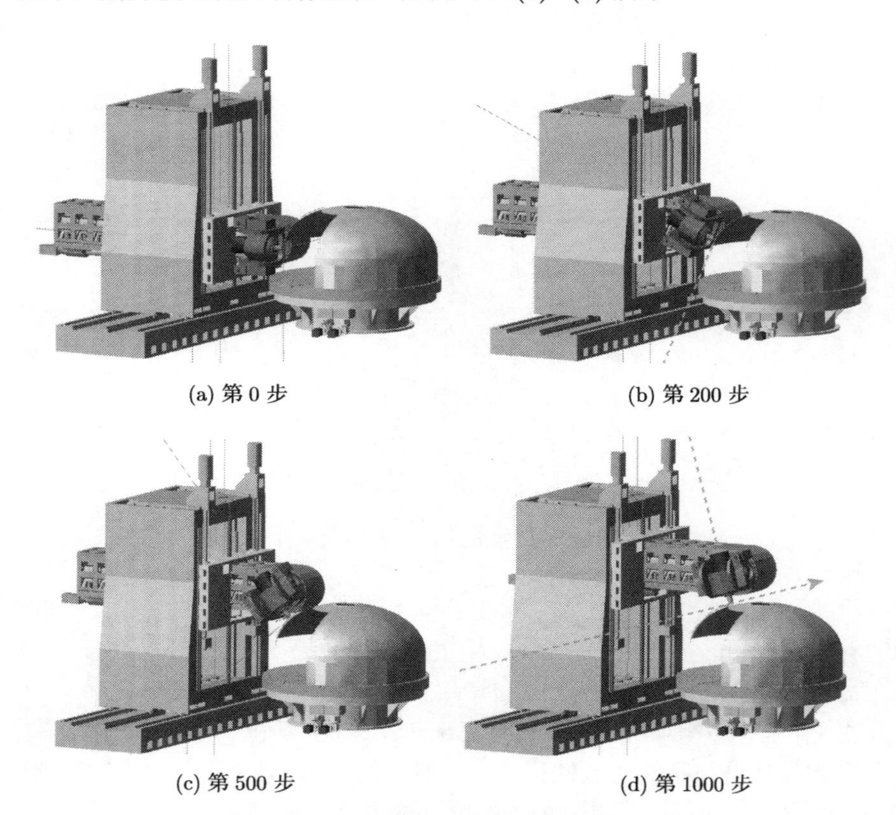

(a) 第 0 步　　(b) 第 200 步

(c) 第 500 步　　(d) 第 1000 步

图 2-14　瓜瓣焊工况的焊接流程

3. 动力学仿真结果

由于仿真分析可得到的曲线众多，这里只列出相关的一些仿真分析曲线，如图 2-15 和图 2-16 所示。

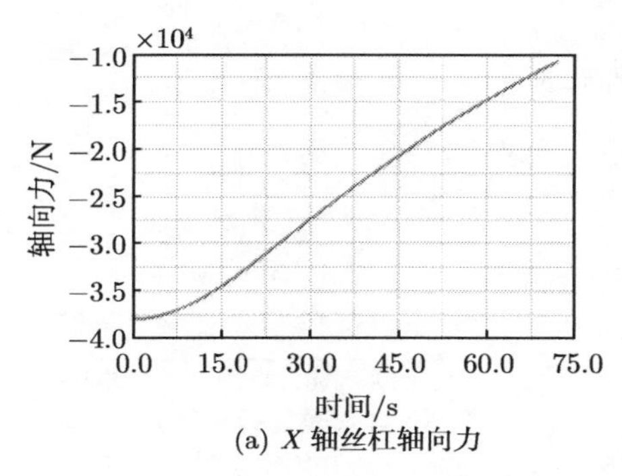

(a) X 轴丝杠轴向力

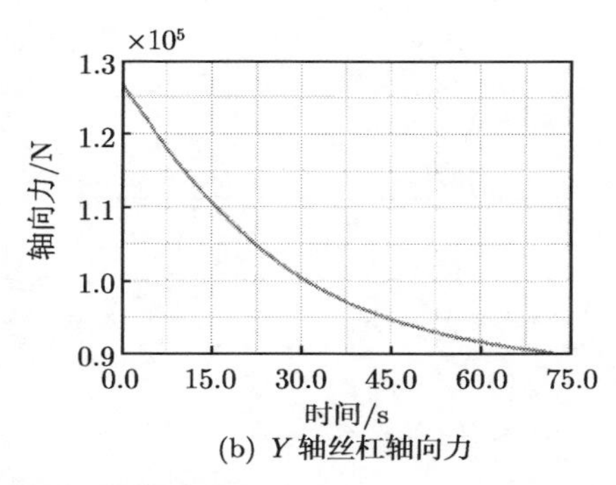

(b) Y 轴丝杠轴向力

图 2-15 环缝焊工况下各丝杠轴所承受的载荷

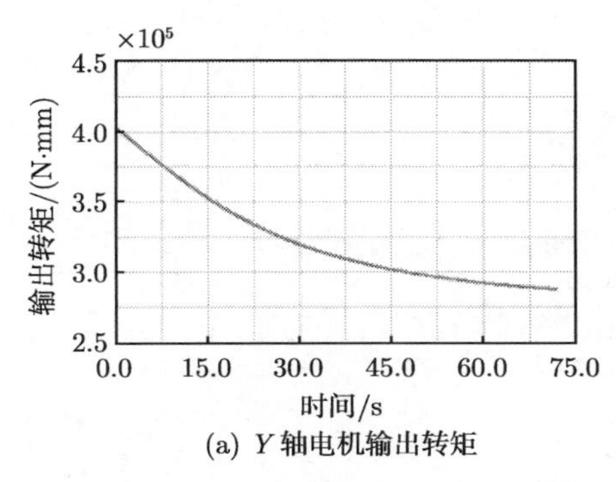

(a) Y 轴电机输出转矩

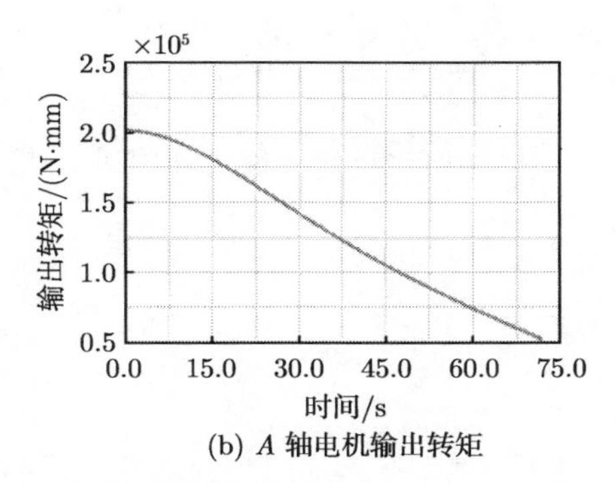

(b) A 轴电机输出转矩

图 2-16 瓜瓣焊工况下各运动轴电机的输出载荷

以上各关节电机力矩的仿真结果是关节宏观转动所需的驱动力矩，如果要计算相应电机的驱动力矩，需要根据传动比的大小，折算到电机实际的驱动力矩。电机的输出转矩可以为它的选型作为参考。

将上述五种典型工况下机器人的各关节电机输出转矩、约束反力、反力矩以及丝杠所承受的轴向力最大值提取出来并进行整理，如表 2-7~表 2-9 所示。

各关节电机端的输出力矩，如表 2-7 所示。

搅拌摩擦焊机器人关节上的力和力矩指的是作用于机器人进给系统结合部功能元件上的力和力矩，这些数据可以为这些元器件选型作为参考，具体如表 2-8 所示。

表 2-7 各关节电机端输出力矩

电机	输出力矩	单位
X 轴	122.91	N·m
Y 轴	375.65	N·m
Z 轴	168.49	N·m
A 轴	8625.27	N·m
B 轴	7389.05	N·m
插入轴	332.25	N·m
搅拌轴	270.25	N·m

表 2-8 各关节合力和合力矩

关节	合力	单位	合力矩	单位
X 轴	5.36×10^5	N	1.59×10^5	N·m
Y 轴	1.34×10^5	N	9.14×10^4	N·m
Z 轴	1.75×10^5	N	7.25×10^4	N·m
A 轴	5.60×10^4	N	5.21×10^4	N·m
B 轴	5.25×10^4	N	2.38×10^4	N·m
插入轴	5.31×10^4	N	8.94×10^2	N·m
搅拌轴	5.19×10^4	N	5.19×10^4	N·m

丝杠轴向力具体如表 2-9 所示。

表 2-9 丝杠轴向力

关节	丝杠轴向力	单位
X 轴	1.19×10^4	N
Y 轴	1.25×10^5	N
Z 轴	1.52×10^5	N
插入轴	5.03×10^4	N

上述分析所测得的结果经过简单的运算就可以计算出想要的数值，通过动力学仿真分析，可以更直观、更方便地计算出各个电机和关节上的力和力矩值，分析发现这些都在设计考虑的范围之内，从而可以确保所选的电机和各功能部件 (导轨、滑块和丝杠) 都在安全的范围之内。

2.5 本章小结

本章首先介绍了最新研发的搅拌摩擦焊机器人的机构形式、系统构成、功能指标以及常用的五种典型焊接工况，从而对大型重载高精度搅拌摩擦焊机器人有了全面的了解。采用 D-H 法，建立了搅拌摩擦焊机器人的运动学模型，进行了运动学的正反解和雅可比矩阵的推导，获得了机器人的运动学方程；通过拉格朗日法建立了搅拌摩擦焊机器人的动力学模型，得到各个连杆的质心位置和惯量信息，最终求得了机器人的动力学方程。针对机器人的运动学和动力学方程，分别对其进行了基于虚拟样机技术的仿真分析，采用多体系统动力学仿真分析软件 ADAMS 获得在设计过程中所关心的各项参数的变化规律，最终能更好地掌握整个机器人的运动规律和各关节的受载情况，为后续机器人整机的静动态特性分析和结构优化创造了条件。

第 3 章　搅拌摩擦焊机器人结合部建模和刚度分析

3.1　引　　言

结合部是指在机械结构中零部件相互接触，载荷相互传递的区域，它可以分成固定结合部和可动结合部。其中固定结合部包括螺栓连接、焊接和铆接结合部；而可动结合部包括轴承、丝杠、导轨滑块、齿轮和销钉连接结合部等。研究表明，重型机械设备的整机刚度有 30%～50%受制于结合部的刚度，并且在所有设备作业过程中产生的振动问题，几乎有 50%来自于结合部的刚度不匹配 [87-90]。因此，对结合部的刚度开展研究，对于重载设备的研发设计具有重要的指导意义。

早在 20 世纪中期，苏联的研究人员对影响机床加工精度的结合部振动问题进行了研究。到了 20 世纪 70～80 年代，英国的相关研究人员基于赫兹点接触理论就轴承这种常见的结合部开展了理论推导研究，并设计了小型的试验台通过回归分析验证了经验计算公式的正确性 [91,92]。但是当时计算机水平落后，使得轴承动刚度的求解需要耗费大量时间。到了 20 世纪后期，人们越来越意识到结合部的动态性能对重载设备加工精度的影响，因此开展了大量的试验测试工作，包括轴承的刚度、阻尼、模态频率和寿命等，积累了大量的试验数据。到了 21 世纪，随着电子计算机技术的飞速发展，研究人员开始采用基于赫兹接触理论精确的迭代算法和考虑多方面的几何因素来开展结合部刚度的精确计算研究，并且有限元技术也引入结合部的建模和仿真过程中，使得采用有限元方法分析结合部的刚度问题成为近年来的热点研究问题 [93,94]。

本章对搅拌摩擦焊机器人结构中存在的较多结合部类型进行了理论推导和有限元仿真分析，这些结合部包括轴承结合部、滚珠丝杠结合部和导轨滑块结合部。这些结合部在整个机器人的结构中广泛存在，并且数量众多。除此之外，在人们现实生活中所遇到的其他重载高精度设备中，这些结合部也都被广泛采用。因此，对这三种典型的结合部样式开展一系列的理论计算、仿真分析和试验验证工作更具有普遍意义，所取得的分析结果同样可以用于其他类似的重载设备结合部上。

结合部的刚度对于搅拌摩擦焊机器人的静动态特性都存在重要的影响，因此在进行后续的整机静动态特性仿真过程中需要这些结合部的刚度数据，而传统的方法多是将这些结合部在结合面采用共节点的方式，即焊接在一起来进行模拟。这些结合部都是有固定自由度的，它能够在沿自由度方向上发生特定的运动，当采用焊接方式进行模拟时，就改变了结合部真实的存在形式，这样就会无形之中大大地增加了结合部的各向刚度，因此也就导致了有限元分析的结果过于理想，最终误导设计人员对总体设计的掌握。因此，正确地得到不同结合部的刚度数据，对于搅拌摩擦焊机器人后续的静动态特性分析结果的准确性至关重要。

3.2 滚珠–滚道的赫兹点接触理论

3.2.1 基本假设

滚珠和滚道之间的赫兹点接触主要是为了求解相接触两物体之间的接触应力和弹性趋近量。最早在 20 世纪 80 年代由英国的物理学家赫兹率先研究了这两个问题的解法。他在求解过程中，令滚珠和滚道的接触区为一椭圆，并采用了如下三个基本假设来作为接触应力和接触变形的求解基础 [95,96]。

(1) 滚珠和滚道的材质均匀，它们之间的接触只发生在弹性变形阶段并符合弹性力学中的胡克定律。滚珠和滚道的材料一般采用的是优质轴承钢并进行了淬火热处理，因此它们的材质均匀，并且它们之间的接触不会发生塑性变形。

(2) 滚珠和滚道的外表面都非常光滑，两个物体之间不产生摩擦作用。当滚珠和滚道不承受载荷时，它们之间是点接触。当滚珠和滚道承受载荷时，两个物体的接触区由点变成椭圆。但是，它们属于滚动接触的运动形式，因此滚珠和滚道之间不会产生摩擦力。

(3) 滚珠和滚道承载时，它们之间的椭圆接触区的变形量远远小于它们各自结构的尺寸，这个比值可以忽略不计。该假设主要是为了简化计算流程而设立的，并且已经通过了试验验证。

3.2.2 滚珠–滚道的点接触理论模型

滚珠与滚道之间的接触区域及其应力分布，如图 3-1 所示。

根据赫兹点接触理论，接触区域位于滚珠和滚道相切位置的曲率半径方向，接触样式为椭圆形。根据其所承受载荷的大小，如果载荷撤掉后，滚珠与滚道都能够恢复到原始状态，则它们之间只发生弹性变形。如果载荷继续增大到一定程度，即使其移除后，滚珠和滚道之间因为出现压痕并且不能完全恢复到原始状态，则它们之间发生了塑性变形。轴承、丝杠和导轨滑块功能元器件内部的接触变形与上述类似。一般情况下，接触变形只发生在弹性极限范围内，接触区的应力分布为从椭圆中心向两侧递减，最大接触应力位于椭圆中心的轴线上。

在外界负载 Q 的作用下，将滚珠和滚道的接触区沿接触点的曲率半径方向投影得到一椭圆，设其长半轴的长为 a，短半轴的长为 b，则其接触应力沿半椭圆分

布，最大接触应力为 $\sigma_{\max}$，由赫兹接触理论有

$$\sigma_{\max}=\frac{3Q}{2\pi ab} \tag{3-1}$$

式中，$Q/(\pi ab)$ 是椭圆面积上的平均接触应力。

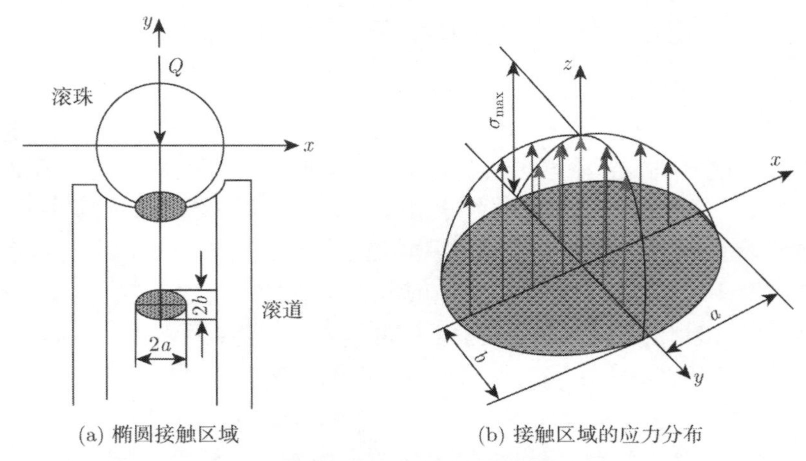

(a) 椭圆接触区域　　(b) 接触区域的应力分布

图 3-1　椭圆接触区域和接触区域应力分布

从式 (3-1) 可以看出，最大接触应力是平均接触应力的 3/2 倍。在其接触区域椭圆的方程为

$$\frac{x^2}{a^2}+\frac{y^2}{b^2}=1 \tag{3-2}$$

沿半椭圆分布的表面接触应力为

$$\sigma(x,y)=\sigma_{\max}\left[1-\left(\frac{x}{a}\right)^2-\left(\frac{x}{b}\right)^2\right]^{1/2} \tag{3-3}$$

设滚珠和滚道之间的弹性趋近量为 δ，根据赫兹点接触理论得接触区域的弹性变形以及接触区域椭圆的长短半轴长度分别为

$$\delta=\frac{2K(e)}{\pi m_a}\sqrt[3]{\frac{1}{8}\left[\frac{3}{2}\left(\frac{1-\nu_1^2}{E_1}+\frac{1-\nu_2^2}{E_2}\right)\right]^2 Q^2\sum\rho} \tag{3-4}$$

$$a=m_a\sqrt[3]{\frac{3}{2}\frac{Q}{\sum\rho}\left(\frac{1-\nu_1^2}{E_1}+\frac{1-\nu_2^2}{E_2}\right)} \tag{3-5}$$

$$b=m_b\sqrt[3]{\frac{3}{2}\frac{Q}{\sum\rho}\left(\frac{1-\nu_1^2}{E_1}+\frac{1-\nu_2^2}{E_2}\right)} \tag{3-6}$$

式中，E_1、E_2 分别为滚珠和滚道物体的弹性模量；ν_1、ν_2 分别为滚珠和滚道物体的泊松比；接触椭圆与偏心率有关的长短半轴系数分别为

$$m_a = \sqrt[3]{\frac{2L(e)}{\pi k^2}}, \quad m_b = \sqrt[3]{\frac{2L(e)k}{\pi}} \tag{3-7}$$

其中，e 和 k 分别为椭圆的偏心率和椭圆率，可表示为

$$e = \sqrt{1 - \left(\frac{b}{a}\right)^2}, \quad k = \frac{b}{a} \tag{3-8}$$

式 (3-4) 和式 (3-7) 中，$K(e)$ 和 $L(e)$ 分别是第一类和第二类完全椭圆积分，可以表示为

$$K(e) = \int_0^{\pi/2} \frac{\mathrm{d}\varphi}{\sqrt{1 - e^2 \sin^2 \varphi}} \tag{3-9}$$

$$L(e) = \int_0^{\pi/2} \sqrt{1 - e^2 \sin^2 \varphi}\mathrm{d}\varphi \tag{3-10}$$

式 (3-4) 中，$\sum \rho$ 为滚珠和滚道在接触点处的主曲率的总和，其表达式为

$$\sum \rho = \rho_{11} + \rho_{12} + \rho_{21} + \rho_{22} \tag{3-11}$$

式中，ρ_{11}、ρ_{12} 为滚珠在接触点一对主平面的主曲率；ρ_{21}、ρ_{22} 为滚道在接触点一对主平面的主曲率。

滚珠和滚道点接触各自的曲率半径如图 3-2 所示。各主曲率有两个下角标，第一个下角标表示所指的物体，第二个下角标表示所在的主平面。主曲率有正负号，凸面，即曲面与曲率中心在切线同一侧为正。反之，凹面，即曲面与曲率中心在切线不同侧为负。

主曲率的函数 $F(\rho)$，在一般接触问题中，按式 (3-12) 定义：

$$F(\rho) = \frac{\sqrt{(\rho_{11} - \rho_{12})^2 + 2(\rho_{11} - \rho_{12})(\rho_{21} - \rho_{22})\cos(2\omega) + (\rho_{21} - \rho_{22})^2}}{\sum \rho} \tag{3-12}$$

式中，ω 为滚珠和滚道相应主平面之间的夹角；在轴承、丝杠和导轨滑块等功能元器件内部，滚珠和滚道两接触零件的相应主平面互相重合，即 $\omega = 0$。

因此，式 (3-12) 可以改写为

$$F(\rho) = \frac{|(\rho_{11} - \rho_{12}) + (\rho_{21} - \rho_{22})|}{\sum \rho} \tag{3-13}$$

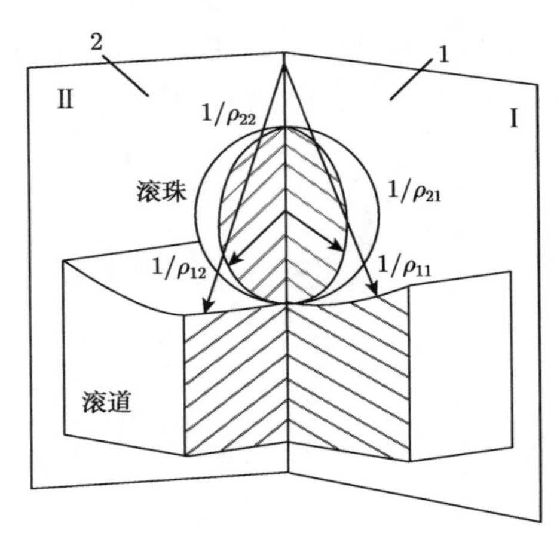

图 3-2　点接触的主平面和主曲率

1-滚体; 2-滚道

根据空间两弹性体接触的几何条件，通过坐标变换式 (3-13) 也可以表示为

$$F(\rho)=\frac{(1+k^2)L(e)-2k^2K(e)}{(1-k^2)L(e)} \tag{3-14}$$

首先，如果已知滚珠和滚道在接触点处的各主曲率，则可由式 (3-11) 求得主曲率的总和 $\sum\rho$。而通过式 (3-8)、式 (3-9)、式 (3-10) 和式 (3-14) 进行数值迭代计算可得接触椭圆的偏心率 e 和椭圆率 k。然后，利用式 (3-7) 又可以得到接触椭圆的长短半轴系数 m_a 和 m_b。最后，由已知的外界负载 Q，并通过式 (3-1) 和式 (3-4) 即可求得滚珠与滚道之间的最大接触应力 $\sigma_{\max}$ 和弹性趋近量 δ。

3.2.3　滚珠–滚道的点接触理论求解

前已述及，由式 (3-1) 和式 (3-4) 即可求出滚珠和滚道之间的最大接触应力和弹性趋近量，但是由式 (3-14) 确定出接触椭圆的偏心率是不容易的。为了简化计算，通常采用查表的方法来确定椭圆偏心率的数值，即根据式 (3-13) 所得出的主曲率函数 $F(\rho)$，查表得到系数 m_a、m_b、m_am_b 和 $2K(e)/(\pi m_a)$，再由式 (3-1) 以及式 (3-4)~ 式 (3-6) 最终确定出该问题的解。此种方法在应用上比较简便，但是由于表格中的数据密度有限，当遇到主曲率函数的数值需要插值计算才能得到时，就会使结果精度大大降低。

正是上述原因，为了提高计算精度，本书采用了数值积分的思想来对接触椭圆的偏心率进行求解。但是，这需要占用一定的计算资源，而随着电子计算机性能越来越高，高精度和高效率的计算已然不成问题。为了使程序易于实现，减小迭代误差，这里采用了牛顿–科茨 (Newton-Cotes) 迭代计算公式。

定义 3-1 若已知定积分 $\int_a^b f(x)\mathrm{d}x$ 的被积函数 $f(x)$在节点 $a \leqslant x_0 < x_1 < \cdots < x_n \leqslant b$ 上的值 $y_k = f(x_k)$，$k = 0, 1, 2, \cdots, n$，则有

$$\int_a^b f(x)\mathrm{d}x \approx (b-a)\sum_{k=0}^{n} C_k^n y_k \tag{3-15}$$

式中，C_k^n 为科茨系数，其表达式如下：

$$C_k^n = \frac{(-1)^{n-k}}{nk!(n-k)!}\int_0^n \prod_{\substack{i=0\\ i\neq k}}^{n}(t-i)\mathrm{d}t, \quad k = 0, 1, 2, \cdots, n \tag{3-16}$$

然而，在用定义 3-1 的公式来求解定积分问题时，随着 n 的增大，科茨系数 C_k^n 有正有负，它的稳定性得不到保证。为了解决该问题，把积分区间分成若干个小区间，在每一个小区间上采用低阶数值积分公式，然后把这些小区间上的数值积分结果加起来作为函数在整个区间上的积分近似，因此引出定义 3-2 复合牛顿–科茨的计算公式。

定义 3-2 在区间 $[a, b]$ 上取等距节点 $x_k = a + kh$，$k = 0, 1, 2, \cdots, n$，$h = \dfrac{b-a}{n}$，由定积分的区间可加性，有 $\int_a^b f(x)\mathrm{d}x = \sum_{k=1}^{n}\int_{x_{k-1}}^{x_k} f(x)\mathrm{d}x$。如果把每个子区间 $[x_{k-1}, x_k]$ 四等分，内分点依次记为 $x_{(k-3)/4}$、$x_{(k-1)/2}$ 和 $x_{(k-1)/4}$，则可以得到复合的牛顿–科茨公式：

$$\begin{aligned}\int_a^b f(x)\mathrm{d}x \approx \frac{h}{90}\Big[&7f(a) + 32\sum_{k=1}^{n}\left(f(x_{(k-3)/4}) + f(x_{(k-1)/4})\right)\\ &+ 12\sum_{k=1}^{n} f(x_{(k-1)/2}) + 14\sum_{k=1}^{n-1} f(x_k) + 7f(b)\Big]\end{aligned} \tag{3-17}$$

式中，$x_{(k-3)/4} = (x_k - 3h)/4$；$x_{(k-1)/2} = (x_k - h)/2$；$x_{(k-1)/4} = (x_k - h)/4$。

由此可知，当主曲率函数 $F(\rho)$ 已知时，利用上述复合的科茨公式对式 (3-9)、式 (3-10) 和式 (3-14) 进行联立求解，即可以得到接触椭圆偏心率 e 的值，进而求得第一类和第二类椭圆积分 $K(e)$ 和 $L(e)$，将其代入式 (3-7) 可得到接触椭圆的长短半轴系数 m_a 和 m_b，最后即可得出最大接触应力和弹性趋近量。

滚珠和滚道的赫兹点接触理论求解流程，如图 3-3 所示。

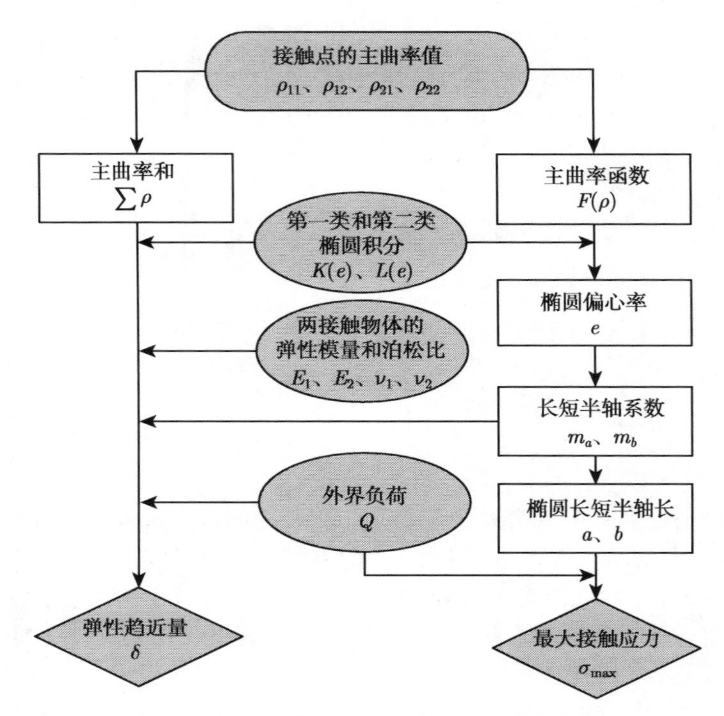

图 3-3　滚珠和滚道之间赫兹点接触求解流程图

3.3　角接触球轴承的刚度分析

搅拌摩擦焊机器人的轴承结合部主要用于 XYZ 轴丝杠两端的支撑以及搅拌头主轴的支撑，而这些轴承的类型主要以角接触球轴承为主，它们成对或多对地安装于相应的轴承座孔中，用于承受来自于机器人焊接过程中巨大的轴向载荷和径向载荷。因此，角接触球轴承刚度性能的好坏将直接影响整个机器人的动态性能，进而决定焊缝的焊接精度。

角接触球轴承的载荷通过滚珠在内外套圈的滚道内传递，滚珠和滚道的几何参数将对轴承的载荷分布和刚度强度等特性产生直接影响。因此，只有在给出角接触球轴承详细的几何尺寸参数后，才能够通过赫兹接触理论来计算出各个滚珠在已知外部负载作用下的受力与变形情况。

3.3.1　角接触球轴承的几何参数

角接触球轴承看似简单，但是其内部结构相当复杂，如图 3-4 所示。这些参数作为轴承运动学和动力学计算的输入条件，对于轴承内部的载荷分配、最大应力和弹性变形会产生重要影响。除此之外，针对不同的应用场合对这些参数的合理选择，能够有效减轻轴承的摩擦、振动和噪声，提高轴承的使用寿命。

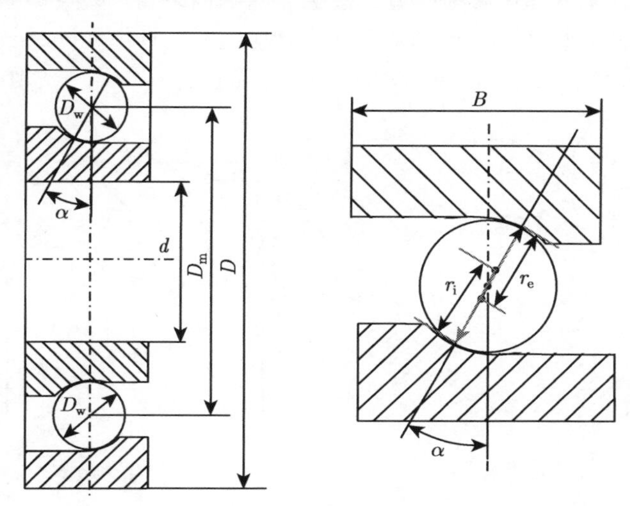

图 3-4　角接触球轴承几何参数

1. 密合度

在垂直于滚动方向的横截面内，滚珠的曲率半径与套圈滚道曲率半径的比值，称为密合度。它表示的是滚珠与套圈滚道在接触点的密接程度，其对于轴承内部的负荷分布、接触应力和变形、摩擦和寿命均有重要影响。角接触球轴承的密合度可表示为

$$\phi = \frac{D_w}{2r} \tag{3-18}$$

式中，D_w 为滚珠的直径；r 为滚道的沟曲率半径。

在轴承的设计过程中，常用式 (3-19) 表示沟曲率半径：

$$r = fD_w \tag{3-19}$$

式中，f 为轴承的沟曲率半径系数。

滚道内圈和外圈的沟曲率可以不同，相应地用 f_i 和 f_e 来表示。

2. 节圆直径

节圆直径是指在垂直于角接触球轴承滚动方向的截面内，两个滚珠球心之间的距离。它是计算内外套圈沟曲率的重要参数，其表达式为

$$D_m = \frac{1}{2}(d + D) \tag{3-20}$$

式中，d 为轴承内圈直径；D 为轴承外圈直径。

3. 接触角

接触角是滚珠与内外套圈滚道在接触点的法向载荷向量与垂直于轴承轴线的径向平面之间的夹角。角接触球轴承内外圈静止不动且不受外界负荷作用时的接触角，称为原始接触角。不同轴承的原始接触角也都不尽相同，如图 3-5 所示。

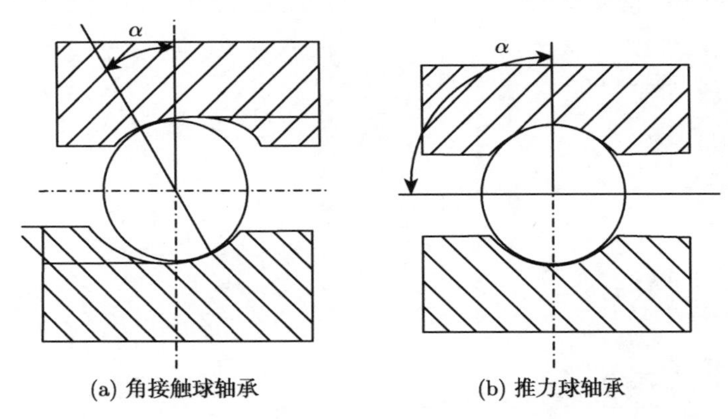

图 3-5 不同轴承类型的接触角

角接触球轴承在工作时，它的接触角与原始接触角并不相同。在轴向负荷的作用下接触角将会增大，并且轴承在高速旋转的过程中，滚珠与内外套圈滚道之间将会产生不同大小的接触角。

4. 主曲率

根据 3.2 节中滚珠与滚道之间的主曲率定义，对于角接触球轴承，引入

$$\gamma=\frac{D_{\mathrm{w}}\cos\alpha}{D_{\mathrm{m}}} \tag{3-21}$$

滚珠与滚道内圈相接触的主曲率 (ρ_{11}、ρ_{12}、ρ_{21}、ρ_{22})、主曲率和 $\left(\sum\rho_{\mathrm{i}}\right)$ 以及主曲率函数 ($F(\rho_{\mathrm{i}})$) 分别为

$$\rho_{11}=\rho_{12}=\frac{2}{D_{\mathrm{w}}},\quad \rho_{21}=\frac{2}{D_{\mathrm{w}}}\left(\frac{\gamma}{1-\gamma}\right),\quad \rho_{22}=-\frac{1}{f_{\mathrm{i}}D_{\mathrm{w}}} \tag{3-22}$$

$$\sum\rho_{\mathrm{i}}=\frac{1}{D_{\mathrm{w}}}\left(4-\frac{1}{f_{\mathrm{i}}}+\frac{2\gamma}{1-\gamma}\right) \tag{3-23}$$

$$F(\rho_{\mathrm{i}})=\frac{1/f_{\mathrm{i}}+2\gamma/(1-\gamma)}{4-1/f_{\mathrm{i}}+2\gamma/(1-\gamma)} \tag{3-24}$$

同理可得，滚珠与滚道外圈接触时有

$$\rho_{11}=\rho_{12}=\frac{2}{D_{\mathrm{w}}},\quad \rho_{21}=-\frac{2}{D_{\mathrm{w}}}\left(\frac{\gamma}{1+\gamma}\right),\quad \rho_{22}=-\frac{1}{f_{\mathrm{e}}D_{\mathrm{w}}} \tag{3-25}$$

$$\sum \rho_{\mathrm{e}} = \frac{1}{D_{\mathrm{w}}}\left(4 - \frac{1}{f_{\mathrm{e}}} - \frac{2\gamma}{1+\gamma}\right) \tag{3-26}$$

$$F(\rho_{\mathrm{e}}) = \frac{1/f_{\mathrm{e}} - 2\gamma/(1+\gamma)}{4 - 1/f_{\mathrm{e}} - 2\gamma/(1+\gamma)} \tag{3-27}$$

3.3.2　角接触球轴承的静刚度计算

角接触球轴承的刚度是轴承内外套圈之间产生单位的弹性位移所需要施加的外部负载。其定义如下：

$$K = \frac{\mathrm{d}F}{\mathrm{d}\delta} \tag{3-28}$$

搅拌摩擦焊机器人的角接触球轴承在实际工作时主要承受轴向力和径向力，因此它的刚度计算主要包括轴向刚度和径向刚度。从式 (3-28) 可以看出，若要求得轴承的轴向刚度和径向刚度，首先要确定出给定外载作用下滚珠的载荷分布以及滚珠的最大承载与外部总负载之间的关系，进而才能够求出内外套圈之间的弹性变形，而滚珠–滚道之间的赫兹接触理论为我们提供了解决上述问题的途径。

1. 轴承内部的载荷分配

1) 径向载荷分配

假设角接触球轴承的间隙为零，令其中一个滚珠的中心恰好位于径向载荷的作用线上。对于外加径向力 F_{r} 的情况，假设轴承的上半圈滚珠不承受载荷，而轴承的下半圈滚动体承受不同数值大小的载荷。根据静力平衡原理，各滚珠所承受的载荷之和应该等于外加径向载荷，如图 3-6 所示。

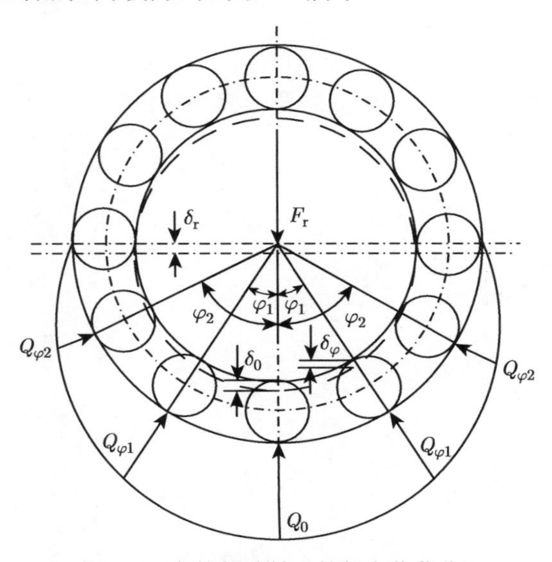

图 3-6　角接触球轴承的径向载荷分配

对于上述静不定问题的模型，斯特里贝克 (Stribeck) 推导出了外加径向载荷 F_{r} 与各承载滚珠上作用力的平衡方程:

$$F_{\mathrm{r}}=Q_0\cos\alpha+2\sum_{\varphi=0}^{\pi/2}Q_{\varphi}\cos\varphi\cos\alpha \tag{3-29}$$

式中，Q_0 为受载最大的滚动体的接触负荷；Q_{φ} 为与径向载荷作用线夹角为 φ 位置的滚珠的接触载荷；φ 为滚珠中心线与径向载荷作用线之间的夹角。

根据赫兹接触理论，仿照滚珠和滚道接触的弹性变形公式，可知角接触球轴承中钢球与套圈滚道相接触时，有

$$\delta=K_{\mathrm{p}}Q^{2/3} \tag{3-30}$$

式中，K_{p} 是弹性常数，对应于滚珠与滚道内外圈相接触的情形分别为 K_{i} 和 K_{e}。K_{p} 的表达式为

$$K_{\mathrm{p}}=\frac{2K(e)}{\pi m_a}\sqrt[3]{\frac{1}{8}\left[\frac{3}{2}\left(\frac{1-\nu_1^2}{E_1}+\frac{1-\nu_2^2}{E_2}\right)\right]^2\sum\rho} \tag{3-31}$$

因此，滚珠与内外套圈之间的总弹性变形量为

$$\delta_{\mathrm{n}}=\delta_{\mathrm{i}}+\delta_{\mathrm{e}} \tag{3-32}$$

式中，δ_{n} 为滚珠与内外套圈接触处的总弹性变形；δ_{i} 为滚珠与内圈接触处的弹性变形；δ_{e} 为滚珠与外圈接触处的弹性变形。

根据滚珠与内外套圈之间刚度的串联关系，将式 (3-30) 代入式 (3-32) 则有

$$\delta_{\mathrm{n}}=K_{\mathrm{n}}Q^{2/3}=(K_{\mathrm{i}}+K_{\mathrm{e}})Q^{2/3} \tag{3-33}$$

不考虑套圈的弯曲变形，由角度 φ 处的变形协调条件有

$$\delta_{\varphi}=\delta_0\cos\varphi \tag{3-34}$$

式中，δ_{φ} 为与径向载荷作用线夹角为 φ 处的总弹性变形量；δ_0 为受载最大滚动体的总弹性变形量。

由式 (3-30) 可得接触负荷与变形量的关系为

$$\frac{Q_{\varphi}}{Q_0}=\left(\frac{\delta_{\varphi}}{\delta_0}\right)^{\frac{3}{2}} \tag{3-35}$$

将式 (3-34) 代入式 (3-35) 中，并由式 (3-29) 可得

$$Q_0=\frac{F_{\mathrm{r}}}{\left(1+2\sum\limits_{\varphi=0}^{\pi/2}\cos^{5/2}\varphi\right)\cos\alpha} \tag{3-36}$$

2) 轴向载荷分配

角接触球轴承在低速运行过程中，可以忽略滚珠的离心力和陀螺力矩的作用，滚珠与内外套圈滚道的接触角相等，并且随着轴向载荷的增大而增大。设角接触球轴承的原始接触角为 α_0，当受到轴向载荷的作用后，由于滚珠和套圈接触变形的影响，内外套圈在轴线产生了相对变形量 δ_a，沿接触线的法向弹性变形量为 δ_n，实际的接触角变为 α，如图 3-7 所示。

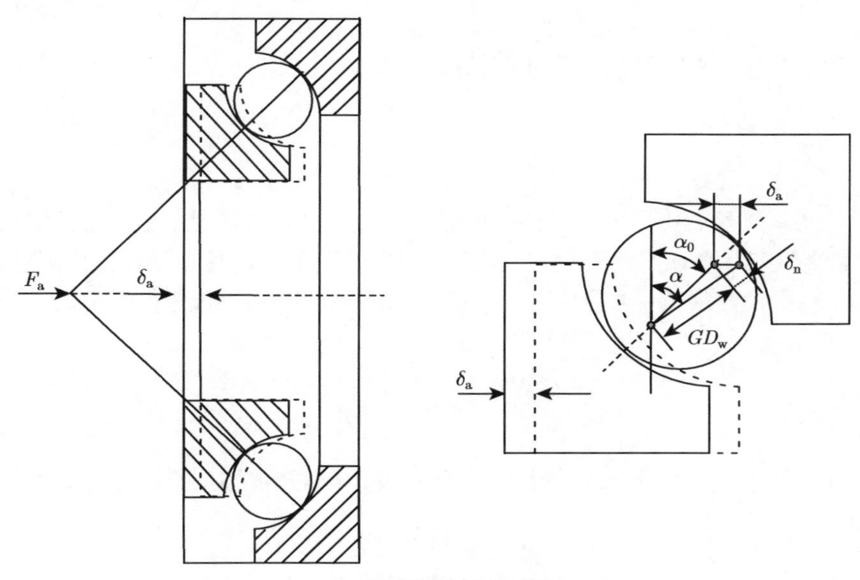

图 3-7 角接触球轴承的轴向载荷分配

当角接触球轴承承受轴向载荷时，各个滚珠所受到的接触载荷相同，其表达式为

$$Q = \frac{F_\mathrm{a}}{Z \sin\alpha} \tag{3-37}$$

式中，α 为受载荷作用后的实际接触角；Z 为滚珠总数目。

由图 3-7 中的几何关系，有

$$(\delta_\mathrm{n} + GD_\mathrm{w})\cos\alpha = GD_\mathrm{w}\cos\alpha_0 \tag{3-38}$$

式中，$G = f_\mathrm{i} + f_\mathrm{e} - 1$。经过整理，用初始接触角 α_0 和实际接触角 α 表示的角接触球轴承的轴向位移和滚珠法向的接触变形为

$$\delta_\mathrm{n} = GD_\mathrm{w}\left(\frac{\cos\alpha_0}{\cos\alpha} - 1\right) \tag{3-39}$$

$$\delta_\mathrm{a} = \frac{GD_\mathrm{w}\sin(\alpha - \alpha_0)}{\cos\alpha} \tag{3-40}$$

将式 (3-37) 代入式 (3-33) 中，再根据上式可推导出：

$$\frac{F_{\mathrm{a}}K_{\mathrm{n}}^{3/2}}{Z(GD_{\mathrm{w}})^{3/2}}=\sin\alpha\left(\frac{\cos\alpha_0}{\cos\alpha}-1\right)^{3/2} \tag{3-41}$$

若已知角接触球轴承的外载轴向力和基本几何参数，即可以得到轴向载荷作用后的实际接触角。除此之外，角接触球轴承一般都会预加一定的预紧力用以提高其刚度和改善动力学特性。因此，式 (3-41) 也可以用于预紧力作用下求解轴承实际接触角的大小，求解时只需将外部轴向力 F_{a} 替换成相应的预紧力 F_{a0} 即可。

2. 角接触球轴承静刚度计算

1) 简化计算公式

角接触球轴承刚度与变形的简化计算公式是假设轴承只受单方向上的载荷，例如，只承受轴向载荷或只承受径向载荷，并且轴承下的接触角在载荷的作用前后是不变量。对于径向载荷，轴承只有下半圈受载，根据赫兹接触理论力与变形之间的关系，有

$$\begin{cases}\delta_{\mathrm{r}}=1.1895\times10^{-3}F_{\mathrm{r}}^{2/3}Z^{-2/3}D_{\mathrm{w}}^{-1/3}(\cos\alpha)^{-5/3}\\K_{\mathrm{r}}=1.26096\times10^{3}F_{\mathrm{r}}^{1/3}Z^{2/3}D_{\mathrm{w}}^{1/3}(\cos\alpha)^{5/3}\end{cases} \tag{3-42}$$

对于轴向载荷，轴承的整个沟道都受力，根据赫兹接触理论同样可求得

$$\begin{cases}\delta_{\mathrm{a}}=4.45\times10^{-4}F_{\mathrm{a}}^{2/3}Z^{-2/3}D_{\mathrm{w}}^{-1/3}(\sin\alpha)^{-5/3}\\K_{\mathrm{a}}=3.37079\times10^{3}F_{\mathrm{a}}^{1/3}Z^{2/3}D_{\mathrm{w}}^{1/3}(\sin\alpha)^{5/3}\end{cases} \tag{3-43}$$

2) 精确计算公式

角接触球轴承在实际的工作过程中，既承受径向载荷又承受轴向载荷。这两种载荷之间存在耦合作用。对其进行精确刚度计算时，给定以下假设：

(1) 忽略套圈的倾斜，内外套圈保持在相互平行的平面内运动；

(2) 采用外圈滚道控制理论，即外圈滚道沟曲率中心是固定的，内圈滚道沟曲率中心相对于它而移动。

轴承在联合载荷的作用下，其接触角和变形的情况如图 3-8 所示。受载后，轴承内外圈曲率中心的距离由原始的 $O_{\mathrm{e}}O_{\mathrm{i}}$ 变为现在的 $O'_{\mathrm{e}}O'_{\mathrm{i}}$，其中 O_{e} 和 O'_{e} 重合为一点，位置不动。原始的接触角为 α_0，受载之后发生变化后的实际接触角为 α。

由图 3-8 可知，内外套圈沿轴向的相对移动为 δ_{a}，沿径向移动为 δ_{r}。在与受载最大的滚动体中心夹角为 φ 处，滚珠与内外套圈接触的总弹性变形量为

$$\delta_{\varphi}=\delta_{\mathrm{a}}\sin\alpha+\delta_{\mathrm{r}}\cos\alpha\cos\varphi \tag{3-44}$$

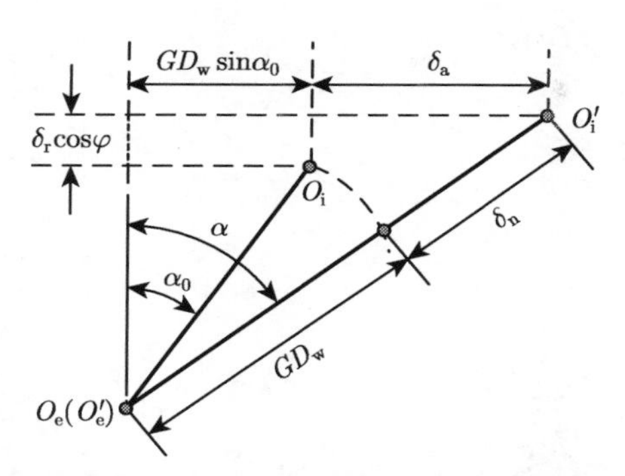

图 3-8 联合载荷作用下角接触球轴承的变形和接触角变化

在 $\varphi=0$ 位置的最大弹性变形量为

$$\delta_0=\delta_a\sin\alpha+\delta_r\cos\alpha \tag{3-45}$$

根据图 3-8 中的几何关系，有

$$(\delta_n+GD_w)^2=(GD_w\cos\alpha_0+\delta_r\cos\varphi)^2+(GD_w\sin\alpha_0+\delta_a) \tag{3-46}$$

式中，各符号的含义与前述内容中一致，将其改写成如下形式：

$$\delta_n=GD_w\left\{\left[\left(\cos\alpha_0+\frac{\delta_r}{GD_w}\cos\varphi\right)^2+\left(\sin\alpha_0+\frac{\delta_a}{GD_w}\right)^2\right]^{1/2}-1\right\} \tag{3-47}$$

在位置角 φ 处，滚珠与内外套圈的实际接触角 α 有如下表达式：

$$\sin\alpha=\frac{\sin\alpha_0+\delta_a/(GD_w)}{\left\{[\sin\alpha_0+\delta_a/(GD_w)]^2+[\cos\alpha_0+\delta_r/(GD_w)\cos\varphi)^2\right\}^{1/2}} \tag{3-48}$$

$$\cos\alpha=\frac{\cos\alpha_0+[\delta_r/(GD_w)]\cos\varphi}{\left\{[\sin\alpha_0+\delta_a/(GD_w)]^2+[\cos\alpha_0+\delta_r/(GD_w)\cos\varphi]^2\right\}^{1/2}} \tag{3-49}$$

将式 (3-47) 代入式 (3-30) 中，并整理得

$$Q_\varphi=\left(\frac{GD_w}{K_p}\right)^{3/2}\left\{\left[\left(\cos\alpha_0+\frac{\delta_r}{GD_w}\cos\varphi\right)^2+\left(\sin\alpha_0+\frac{\delta_a}{GD_w}\right)^2\right]^{1/2}-1\right\}^{3/2} \tag{3-50}$$

而当静力平衡时，角接触球轴承的径向载荷和轴向载荷可以分别表示为

$$F_r=\sum_{i=1}^{Z}Q_\varphi\cos\alpha\cos\varphi_i \tag{3-51}$$

$$F_{\mathrm{a}}=\sum_{i=1}^{Z} Q_{\varphi} \sin \alpha \tag{3-52}$$

将式 (3-49) 和式 (3-50) 代入式 (3-51) 中，可得

$$F_{\mathrm{r}}=K_{\mathrm{p}}(GD_{\mathrm{w}})^{3/2}\sum_{i=1}^{Z}\frac{\left\{\left[\left(\cos\alpha_0+\frac{\delta_{\mathrm{r}}}{GD_{\mathrm{w}}}\cos\varphi_i\right)^2+\left(\sin\alpha_0+\frac{\delta_{\mathrm{a}}}{GD_{\mathrm{w}}}\right)^2\right]^{1/2}-1\right\}^{3/2}\left(\cos\alpha_0+\frac{\delta_{\mathrm{r}}}{GD_{\mathrm{w}}}\cos\varphi_i\right)\cos\varphi_i}{\left[\left(\cos\alpha_0+\frac{\delta_{\mathrm{r}}}{GD_{\mathrm{w}}}\cos\varphi_i\right)^2+\left(\sin\alpha_0+\frac{\delta_{\mathrm{a}}}{GD_{\mathrm{w}}}\right)^2\right]^{1/2}} \tag{3-53}$$

将式 (3-48) 和式 (3-50) 代入式 (3-52) 中，可得

$$F_{\mathrm{a}}=K_{\mathrm{p}}(GD_{\mathrm{w}})^{3/2}\sum_{i=1}^{Z}\frac{\left\{\left[\left(\cos\alpha_0+\frac{\delta_{\mathrm{r}}}{GD_{\mathrm{w}}}\cos\varphi_i\right)^2+\left(\sin\alpha_0+\frac{\delta_{\mathrm{a}}}{GD_{\mathrm{w}}}\right)^2\right]^{1/2}-1\right\}^{3/2}\left(\sin\alpha_0+\frac{\delta_{\mathrm{a}}}{GD_{\mathrm{w}}}\right)}{\left[\left(\cos\alpha_0+\frac{\delta_{\mathrm{r}}}{GD_{\mathrm{w}}}\cos\varphi_i\right)^2+\left(\sin\alpha_0+\frac{\delta_{\mathrm{a}}}{GD_{\mathrm{w}}}\right)^2\right]^{1/2}} \tag{3-54}$$

如果已知角接触球轴承所受到的径向载荷和轴向载荷，那么通过联立式 (3-53) 和式 (3-54) 组成非线性方程组，运用 Newton-Raphson 方法即可以得到轴承的径向变形和轴向变形，进而得到角接触球轴承的径向刚度和轴向刚度的数据曲线。

3. 实例计算

以搅拌摩擦焊机器人丝杠两端支撑处的轴承为例，对其进行静刚度计算。该轴承为 NSK 公司生产的角接触球轴承，轴承型号为 60TAC120B。计算所需的轴承参数，如表 3-1 所示。

具体分析设置为假定角接触球轴承在正常工作过程中的轴向预紧力为中等预紧，参照 NSK 精密滚动轴承手册，大小选为 3000N。根据搅拌摩擦焊机器人焊接载荷设计指标，轴向载荷和径向载荷的变化范围均为 5000~40000N。在轴向力或径向力的变化过程中，以另一外载分别为 10000N、20000N、30000N 和 40000N 为例来计算角接触球轴承在不同外载配置下的轴向刚度和径向刚度，而其他范围内的刚度数据即可以通过在每一方向上的刚度曲线上插值获得。

表 3-1 60TAC120B 型角接触球轴承几何参数和材料参数

参数	符号和单位	数值
轴承内径	d(mm)	60
轴承外径	D(mm)	120
轴承节圆直径	D_{m}(mm)	93
滚珠直径	D_{w}(mm)	10
滚珠数目	Z	20
内外圈沟曲率系数	$f_{\mathrm{i}}/f_{\mathrm{e}}$	0.58/0.52
内外圈弹性模量	$E_{\mathrm{i}}/E_{\mathrm{e}}$(MPa)	2.06×10^5
内外圈密度	$\rho_{\mathrm{i}}/\rho_{\mathrm{e}}$(kg/m^3)	7.85×10^3
内外圈泊松比	$\nu_{\mathrm{i}}/\nu_{\mathrm{e}}$	0.3
滚珠弹性模量	E_{w}(MPa)	3.2×10^5
滚珠密度	ρ_{w}(kg/m^3)	3.2×10^3
滚珠泊松比	ν_{w}	0.25
原始接触角	α_0(°)	60

为了更加清晰地描述角接触球轴承的静刚度计算，按照相关参数计算的先后顺序将其主要步骤绘制成如图 3-9 所示的流程图。

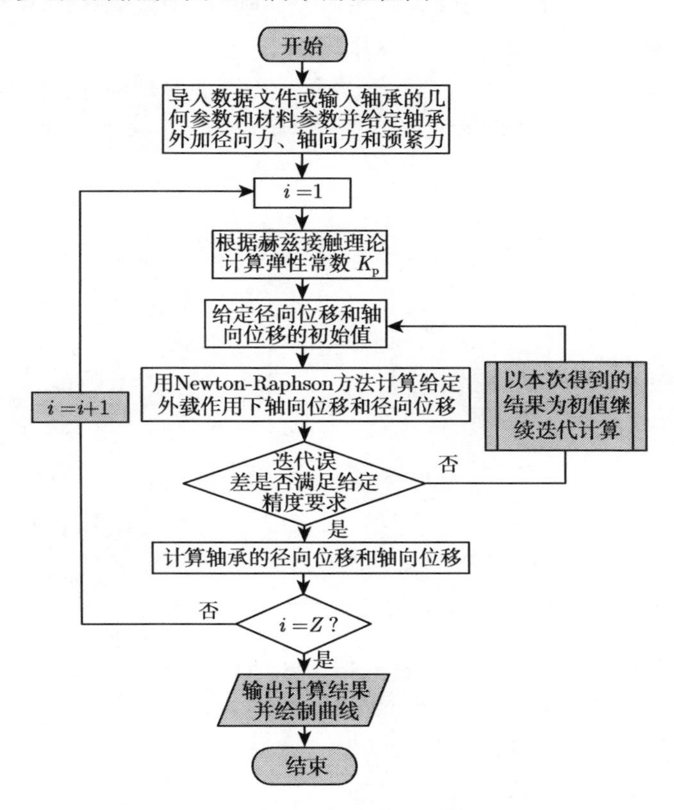

图 3-9 角接触球轴承静刚度的计算流程

搅拌摩擦焊机器人丝杠支撑位置的角接触球轴承 60TAC120B 的轴向刚度和径向刚度的曲线分别如图 3-10(a) 和 (b) 所示。从图 3-10(a) 中可以得到如下结论：

(1) 当径向力一定时，角接触球轴承的轴向刚度随给定轴向力的增大而增大，轴承的轴向刚度非线性特征明显。

(2) 当轴向力一定时，角接触球轴承的轴向刚度随给定径向力的增大而增大。增幅的变化在给定的轴向力较低时显著，而在给定的轴向力较高时，增幅逐渐缩小。

(3) 当径向外载较大时，角接触球轴承轴向刚度的精确计算值与简化计算值相差较大。这主要是由于简化计算公式没有考虑到角接触球轴承受载后接触角的变化以及外部径向负载对它的影响。

同样地，从图 3-10(b) 中可以得到如下结论：

(1) 当轴向力一定时，角接触球轴承的径向刚度随给定径向力的增大而增大，轴承的径向刚度非线性特征比较明显。

(2) 当径向力一定时，角接触球轴承的径向刚度随给定轴向力的增大而增大。增幅的变化量随外加径向负荷的增大而减小。

(3) 当外部轴向力较小时，角接触球轴承径向刚度的精确计算值与简化计算值相差较小。而当外部轴向力较大时，二者间的误差仍会很大。

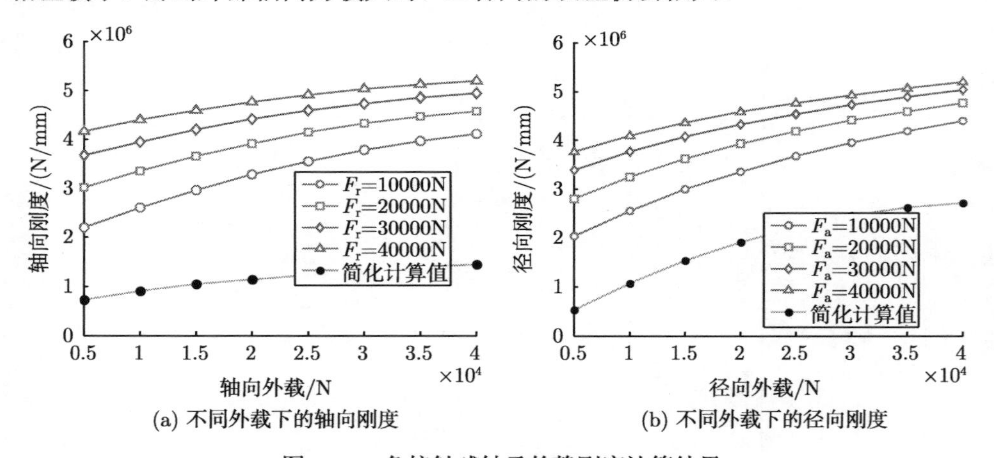

(a) 不同外载下的轴向刚度　　(b) 不同外载下的径向刚度

图 3-10　角接触球轴承的静刚度计算结果

通过对角接触球轴承在不同外载作用下的轴向刚度和径向刚度进行分析，发现搅拌摩擦焊机器人丝杠两端支撑位置处在不同方向上的轴承刚度随外载的变化非线性特征显著。这样，该结合部的刚度特性将会对机器人的焊接过程产生重要影响，有可能会影响焊缝的焊接精度。因此，在后续整机的动力学特性分析过程中，不容忽视非线性的因素，应该对这些位置上的刚度采用非线性的刚度来代替样本中给定的刚度数据。

值得说明的是，上述的分析结果是在赫兹接触理论的基础上得出的。在刚度计算过程中，它假定轴承的外圈是刚性的并且轴承内部的载荷分布是均匀的。为了更加精确地给出角接触球轴承的非线性刚度数据，力求寻找一种更加精确且简便的方法来对角接触球轴承的轴向刚度和径向刚度进行模拟，而有限元方法 (FEM) 便是一种直接有效的方式。

3.3.3　角接触球轴承的静刚度有限元仿真

为了验证有限元方法的准确性，以便搅拌摩擦焊机器人在后续的振动分析过程中能够获得更加准确的结合部刚度，这里以角接触球轴承在不同预紧轴向力下的刚度为例，分别通过理论计算、有限元仿真分析和试验测试三种方式来对轴承的刚度数据进行对比，最终确定该有限元方法的准确程度。

有限元方法的基本思想是：首先对连续体求解域进行单元剖分和分片近似，通过边缘节点相互连接而成为一个整体，然后用每一单元内所假设的近似场函数 (如位移场或应力场等) 来分片表示全求解域内的未知场变量，利用相邻单元公共节点场函数值相同的条件，将原来待求场函数的无穷自由度问题，转化为求解场函数节点值的有限自由度问题，最后采用与原问题等效的变分原理或加权余量法，建立求解场函数节点值的代数方程组或常微分方程组，并采用各种数值方法求解，从而得到问题的解答。

这里以大型通用有限元分析软件 ANSYS 作为仿真工具，对于内外圈和滚珠全部采用 8 节点的六面体单元 Solid45。滚珠与内外圈之间采用面面接触单元，内外圈滚道面作为目标面 Targe170 单元，滚珠外表面作为接触面 Conta174 单元。这里目标面和接触面的选用原则如下：

(1) 当凸面和平面或凹面接触时，应指定平面或凹面为目标面；

(2) 如果两个面上的网格粗细不同，应指定单元网格较细的面为接触面，网格较粗的面为目标面；

(3) 当两个面的刚度不同时，应指定较硬的面为目标面，较软的面为接触面；

(4) 如果一个面上的基础单元 (即非组成接触对的接触单元和目标单元) 为高阶单元，而另一个面上的基础单元为低阶单元，应将前者作为接触面；

(5) 如果两个面的大小明显不同，应将大面作为目标面。

为提高数值计算精度，需要细化网格，而接触是非线性问题，其计算费用相当高，为节省资源提高效率，可以采用局部细化接触区域网格的方法。通常情况下，接触网格要细化到接触区短半轴尺寸的一半。细化网格的方法有很多，这里着重介绍两种精度较高的网格细化方法：过渡网格法和局部加密法，如图 3-11 所示。

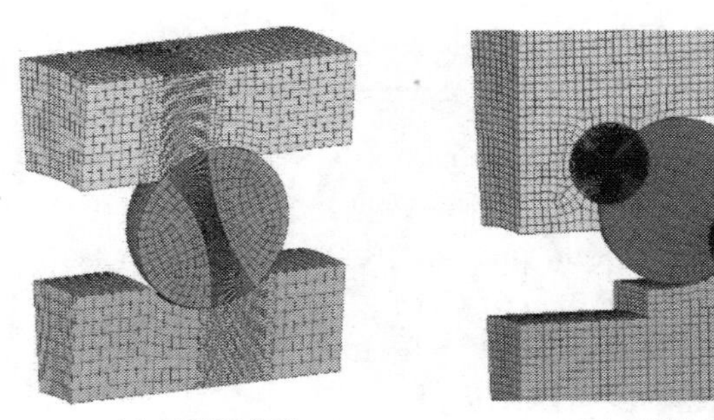

(a) 过渡网格法　　(b) 局部加密法

图 3-11 接触区网格的不同细化方法

过渡网格法主要采用的是拓扑几何学的基本理论，通过对网格合理的剖分，能够保证网格在不同密度之间很好过渡并且全部网格仍为六面体样式。而局部加密法是根据滚珠和滚道之间的点接触特点，在剖面表现为沿着接触路径并以接触点为圆心进行细化的圆，它既能够保证轴承在接触点位置附近的计算精度，又能够减小网格整体的规模。本节选择后一种网格细化方式，最终得到 60TAC120B 型角接触球轴承的有限元模型，如图 3-12 所示。

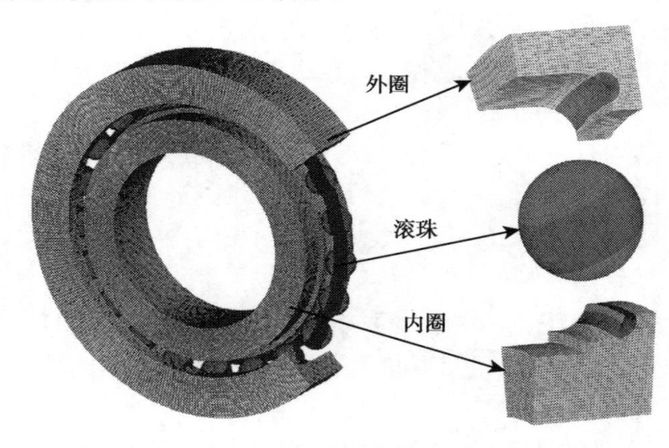

图 3-12 60TAC120B 型角接触球轴承的有限元模型

网格画好之后，分别对内外圈赋予材料属性并设置接触部位的接触单元。之后是设定边界条件和载荷。其中，边界条件具体指定为：首先，将内圈与轴的配合面设为刚性面，外圈与轴承座配合表面设为刚性面；其次，对内圈的刚性面施加固定约束，对外圈的刚性面只保留沿轴向平动的自由度而约束其他方向的自由度；再次，对轴承外圈的端面施加沿 Z 轴正向 3000N 的预紧力；最后，进行分析设置和求解计算。利用 ANSYS 瞬态动力学分析工具，将整个分析过程分成 20 个载荷子步来进行加载，以保证非线性接触分析能够收敛。如果分析工况考虑了多个外载，那么需要设定为两个载荷步。其中，第一个载荷步只包括预紧力的作用；在第二个载荷步分析过程中，需要打开应力刚化效应选项，这样在分析外部载荷作用下轴承位移的过程中才能考虑预紧力的作用。

角接触球轴承的应力和位移分析结果如图 3-13 所示。

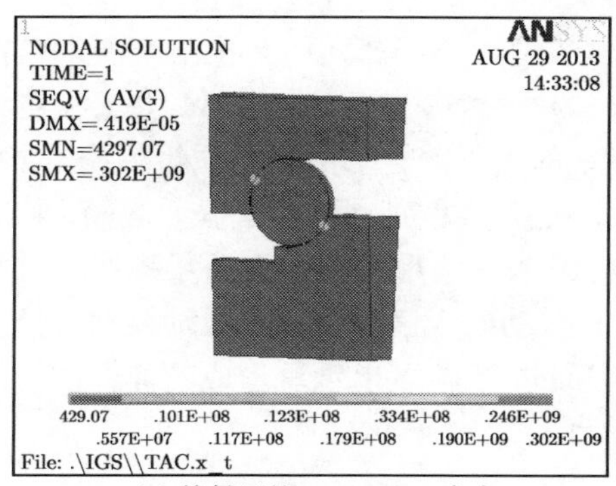

(a) 接触区的 Von Mises 应力

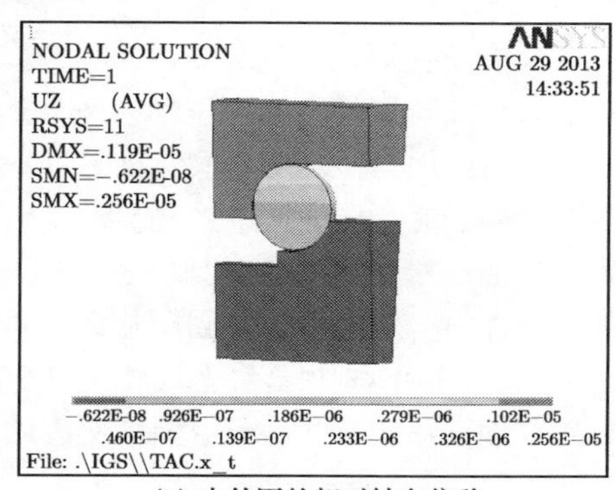

(b) 内外圈的相对轴向位移

图 3-13　轴承有限元分析结果

从图 3-13(a) 可以看出，轴承内外圈之间的最大应力位置发生在接触点附近。接触区呈现椭圆分布，这也与赫兹接触理论相吻合。当预紧力为 3000N 时，整个轴承的最大接触应力为 302MPa。从图 3-13(b) 可以看出，轴承的内圈是固定的，轴承外圈相对于轴承内圈在沿 Z 轴 (轴向) 方向上的位移为 0.256×10^{-5}m。因此，可以得到该种工况下角接触球轴承的轴向刚度为 1.17×10^{6}N/mm。

根据上述分析方法，分别对 60TAC120B 型角接触球轴承在不同轴向预紧力下的轴向刚度和径向刚度进行分析，最终得到其轴向刚度随轴向预紧力的变化曲线，如图 3-14 所示。

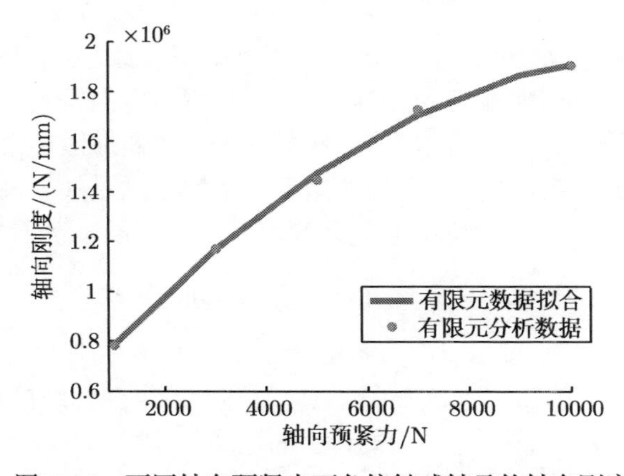

图 3-14　不同轴向预紧力下角接触球轴承的轴向刚度

可以看出轴向刚度随着轴向预紧力的增大而增大。其中，轴向刚度的数值要普遍高于径向刚度的数值，这主要是由于轴承接触角比较大。仿真曲线的变化趋势基本与理论计算曲线相符，并且刚度的量级也都与理论上的精确计算值相吻合。

3.3.4　角接触球轴承的静刚度试验验证

为了验证有限元仿真分析的准确性，本节设计了一套采用共振法来测量角接触球轴承在轴向预紧力状态下静态刚度的试验平台，如图 3-15 所示。共振法测量轴承刚度的原理为：当轴承承受负荷时，轴承的内外圈会形成弹簧质量系统。如果给轴承的激励圈 (内圈或外圈) 施加一幅值恒定但频率变化的正弦振动激励，响应圈会引起振动响应。当激励圈的激励信号频率和轴承形成的弹簧质量系统的共振频率相同时，响应圈的振动幅急剧增加，并且振动响应信号相位与激励振动信号相位相反。共振频率取决于系统的弹簧刚度和质量，当检测出轴承形成的弹簧质量系统的共振频率后，则可以确定轴承刚度的大小。

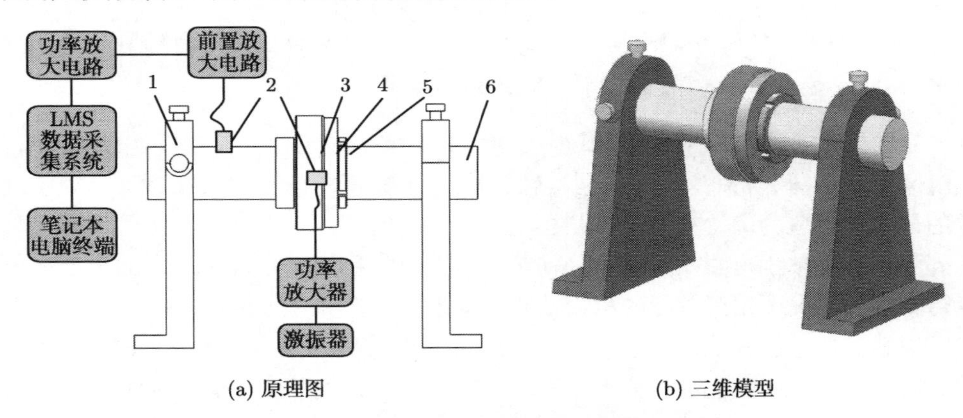

(a) 原理图　　(b) 三维模型

图 3-15　预紧力下静态刚度测量试验平台

图 3-15 中 1~6 分别代表：试验平台的支撑底座、加速度传感器、角接触球轴承、轴承外圈压盖、预紧圆螺母和转轴。其中，轴承的内圈靠紧在转轴左端的轴肩端面上，轴承的外圈与轴承压盖相连接，预紧力的加载是通过旋紧圆螺母迫使轴承外圈压盖将预紧力矩转化成预紧力来施加到角接触球轴承的外圈上。预紧力的大小可以通过力矩扳手来进行控制，它们之间的关系式可以表示为

$$T = 0.5F[d_{\mathrm{p}}\tan(p^* + \beta) + d_{\mathrm{w}}\mu_{\mathrm{k}}] \times 10^{-3} \tag{3-55}$$

式中，T 为螺母紧固扭矩 (N·m)；F 为螺母紧固力 (N)；d_{p} 为螺母有效直径 (mm)；p^* 为螺母接触面的摩擦角，$p^* = \operatorname{arc\,tan}\mu_{\mathrm{s}}$，$\mu_{\mathrm{s}}$ 为螺母接触面的摩擦系数；d_{w} 为螺母座面摩擦力矩有效直径 (mm)；μ_{k} 为螺母座面的摩擦系数；β 为螺母的螺旋角，$\beta = \operatorname{arc\,tan}(螺距/(3.142d_{\mathrm{p}}))$。

在上述测量装置中，假定轴承的外圈为激励圈。而轴承的内圈通过转轴和支撑底座刚性连接，令其为响应圈。粘贴在外圈上的加速度计用于统计激振器经过功率放大器后施加到外圈上的加速度信号，而粘贴在转轴上的加速度计用于检测轴承内圈的振动。其中，轴承外圈上的加速度计与信号发生器会形成电压负反馈回路，使轴承外圈的激励信号为恒定的单位振动信号，则轴承主轴上加速度计检测到的信号就是轴承内圈的单位振动响应。改变激振器的激振信号频率就能得到轴承内圈的频率响应曲线。角接触球轴承刚度测试的现场试验照片如图 3-16 所示。

图 3-16 角接触球轴承刚度测试的现场试验照片

轴承刚度测试的动力学模型可以简化成如图 3-17 所示的单自由度弹簧质量系统。其中，m 是轴承内圈包括转轴和支撑底座的总质量，K 为轴承的刚度，C 为轴承的阻尼系数。因此，轴承的刚度表达式为

$$K = \frac{4\pi^2 f^2 m}{1 - 2\xi^2} \tag{3-56}$$

式中，f 为共振频率 (Hz)；ξ 为阻尼比。

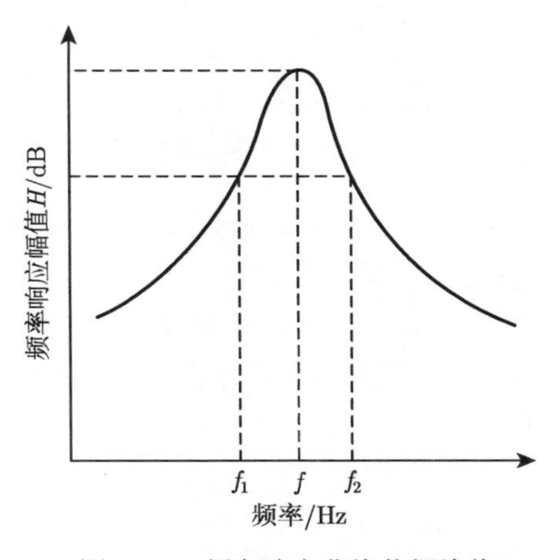

图 3-17 频率响应曲线共振峰值

式 (3-56) 有两个未知数 f 和 ξ，它们的数值均由试验得到的频率响应曲线而确定。再根据频率响应曲线的共振峰值部分，如图 3-17 所示。峰值最高点的频率 f 即频率响应曲线的共振频率，f_1 和 f_2 是频率响应函数曲线峰值两边的半功率点 $(f_2 > f_1)$，半功率点的幅值等于频率响应曲线峰值的 $\sqrt{2}/2$ 倍，从功率上讲是峰值的 1/2，其中阻尼比可以由式 (3-57) 确定：

$$\xi = (f_2 - f_1)/(2f) \tag{3-57}$$

一旦轴承的共振频率和阻尼比确定后，轴承的刚度即可以由式 (3-56) 确定。60TAC120B 型角接触球轴承的 LMS 数据采集界面及频率响应曲线如图 3-18 所示。整个试验过程一共测试了 5 组数据，图中右半部分为对应于每一种工况的轴承频率响应曲线。

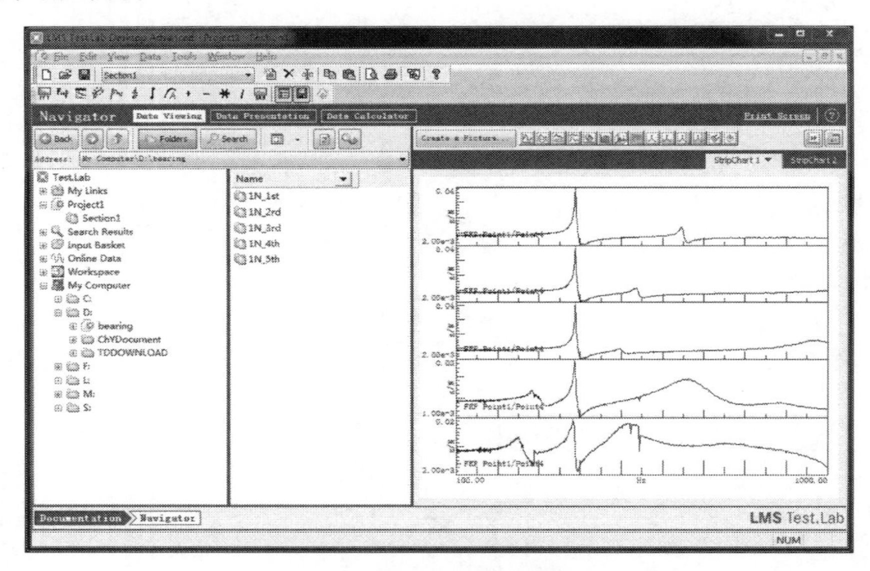

图 3-18　LMS 数据采集界面及频率响应曲线

参照搅拌摩擦焊机器人丝杠支撑两端的轴承，设定轴向预紧力的范围为 1000～10000N。将试验测得的五组数据与精确计算和有限元分析结果进行对比，如图 3-19 所示。其中，有限元分析的数据与试验测试的数据为 5 组离散点，为了便于后续不同工况下搅拌摩擦焊机器人各位置处轴承刚度的取值，可以通过图 3-19 中曲线的插值计算获得想要的数据。

从图 3-19 中可以得到如下结论：

(1) 随着轴向预紧力的增加，60TAC120B 型角接触球轴承轴向刚度的精确计算值、有限元分析值和试验测试值均升高。

(2) 在给定轴向预紧力的情况下，轴承轴向刚度的精确计算值偏高，而有限元分析值和试验测试值偏低。

(3) 三种分析方法所获得的刚度数据曲线，有限元分析结果和试验测试结果比较接近。而轴承的精确计算值偏高，这主要是由赫兹接触理论的假设导致的。

由上述三种不同分析方法的结果对比可知，可以利用有限元分析的方法来作为后续搅拌摩擦焊机器人结合部刚度提取的有效手段。

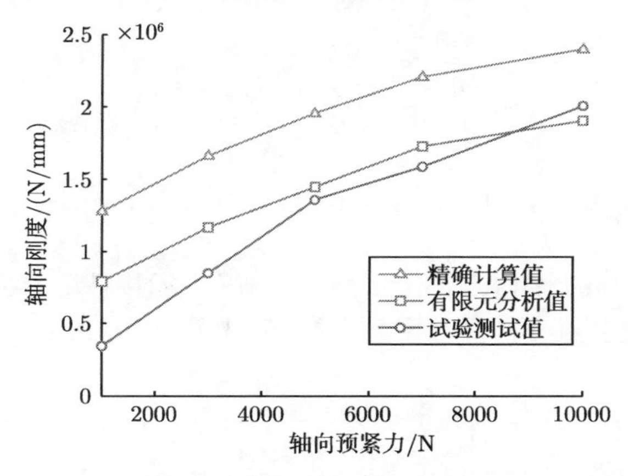

图 3-19 三种不同分析方法的轴承轴向刚度随轴向预紧力的变化

3.3.5 角接触球轴承的动刚度计算

动刚度指的是轴承在运转过程中的各个方向上的刚度，它是衡量搅拌摩擦焊机器人结构抗振性能的重要指标。它的数值越大，说明机器人结构产生单位振幅所需的动态负荷越大。反之，动刚度越小，结构的振动越剧烈。因此，要想保证机器人具有良好的焊接性能，轴承的动刚度分析尤为重要。

搅拌摩擦焊机器人在焊接作业过程中，不同部位的轴承转速各不相同。位于 XYZ 轴丝杠两端的轴承转速较低，其最高转速为 125r/min；而位于搅拌头主轴位置的轴承转速较高，根据被焊工件的不同最高转速可达 3000r/min。这些轴承在转动时，除了要承受焊接过程中的负载，还要承受由高速旋转引起的离心力和陀螺力矩的作用。这会使轴承内部的载荷状态变得更加恶劣，相应的动刚度也会与其静止时的静刚度大为不同。

1. 轴承运转时内部的载荷分配

轴承转动时其内部的运动规律比较复杂，滚珠既绕自身轴线发生旋转又绕轴承的轴线发生公转。在滚珠沿内外圈滚道滚动的同时，它还会伴随着一定的滑动。在分析轴承的运动学过程中，采用了以下假设：

(1) 轴承各部分为刚体，不考虑接触变形的影响；

(2) 滚珠沿轴承内外套圈滚道进行纯滚动，滚珠表面与套圈滚道接触点的速度与内外圈滚道对应点的速度相等；

(3) 忽略轴承的径向间隙和轴向间隙的影响；

(4) 不考虑润油膜的作用。

当角接触球轴承的外圈固定、内圈旋转时，滚动体的公转角速度和自转角速度分别为

$$\omega_{\mathrm{m}}=\frac{\omega}{1+\dfrac{(1+\gamma'\cos\alpha_{\mathrm{e}})(\cos\alpha_{\mathrm{i}}+\tan\beta\sin\alpha_{\mathrm{i}})}{(1-\gamma'\cos\alpha_{\mathrm{i}})(\cos\alpha_0+\tan\beta\sin\alpha_{\mathrm{e}})}} \tag{3-58}$$

$$\omega_{\mathrm{w}}=\frac{-\omega}{\left(\dfrac{\cos\alpha_{\mathrm{e}}+\tan\beta\sin\alpha_{\mathrm{e}}}{1+\gamma'\cos\alpha_{\mathrm{e}}}+\dfrac{\cos\alpha_{\mathrm{i}}+\tan\beta\sin\alpha_{\mathrm{i}}}{1-\gamma'\cos\alpha_{\mathrm{i}}}\right)\gamma'\cos\beta} \tag{3-59}$$

式中，ω 为轴承内圈的角速度；α_0、α_{i}、α_{e} 分别为原始接触角、带载工作时的与内圈接触角和与外圈接触角；γ' 为比例系数，其比值为 D/D_{m}；β 为滚珠的自转方位角。

由于轴承的高速运动，其内部的滚珠将会承受离心力和陀螺力矩的作用。因此，轴承内部的接触角也将会发生变化。这种变化表现为：滚珠与外圈滚道的接触角减小，与内圈滚道的接触角增加。而随着转速的逐渐升高，内外圈的接触角的差值还将继续增大。不同转速和载荷下角接触球轴承内滚珠与内外圈滚道的接触角变化如图 3-20 所示。

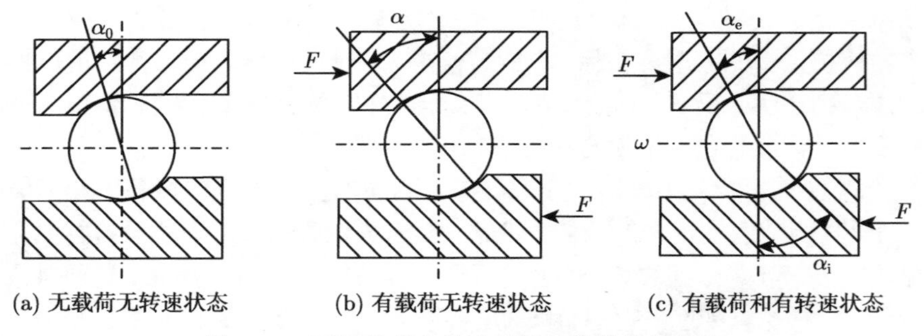

图 3-20 不同载荷和转速下轴承接触角的变化

角接触球轴承在承受载荷前后，在角位置 φ_j 处滚珠中心与内外圈滚道沟曲率中心的相对位置将会发生变化。根据外圈沟道控制理论，假定轴承的外圈沟曲率中心是固定的，内圈滚道的沟曲率中心会相对于内圈滚道的沟曲率中心发生移动。因此，这将导致滚珠与内外圈之间的接触角不同。在载荷和转速下角接触球轴承的沟曲率中心位置和接触角变化，如图 3-21 所示。

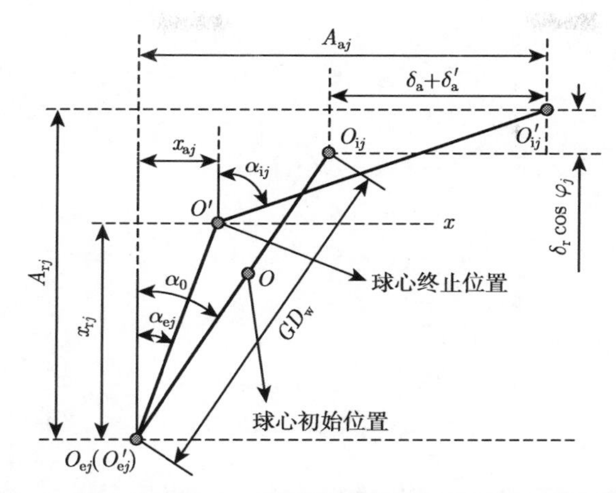

图 3-21 有载荷和转速下轴承的沟曲率中心位置和接触角变化

当角接触球轴承未承受负荷时，内外圈滚道的沟曲率中心的相对距离为

$$GD_{\mathrm{w}} = (f_{\mathrm{i}} + f_{\mathrm{e}} - 1)D_{\mathrm{w}} \tag{3-60}$$

轴承高速运转并承受负载后，滚珠的中心由 O 点移动到了 O' 点。由于采用了外圈沟道控制理论，外圈滚道的沟曲率中心 $O_{\mathrm{e}j}$ 和 $O'_{\mathrm{e}j}$ 始终不变，内圈滚道的沟曲率中心由 $O_{\mathrm{i}j}$ 点移动到了 $O'_{\mathrm{i}j}$ 点。从图 3-21 中可以看到，$O'_{\mathrm{e}j}O'O'_{\mathrm{i}j}$ 为一条折线。因此，在任意的角位置 φ_j 处，外圈滚道的沟曲率中心与滚珠的球心终止位置之间的距离为

$$\varDelta_{\mathrm{e}j} = (f_{\mathrm{e}} - 0.5)D_{\mathrm{w}} + \delta_{\mathrm{e}j} + \delta'_{\mathrm{e}j} \tag{3-61}$$

同理，内圈沟道曲率中心和球心之间的距离为

$$\varDelta_{\mathrm{i}j} = (f_{\mathrm{i}} - 0.5)D_{\mathrm{w}} + \delta_{\mathrm{i}j} + \delta'_{\mathrm{i}j} \tag{3-62}$$

式中，$\delta_{\mathrm{e}j}$、$\delta_{\mathrm{i}j}$ 为在角位置 φ_j 处滚珠与内外圈滚道接触处的载荷接触变形；$\delta'_{\mathrm{e}j}$、$\delta'_{\mathrm{i}j}$ 为在角位置 φ_j 处滚珠与内外圈滚道接触处的预紧接触变形。

如果角接触球轴承内外套圈的轴向相对移动量和径向相对移动量分别为 δ_{a} 和 δ_{r}，预紧轴向接触变形为 δ'_{a}。因此，根据图 3-21 可以得到，在滚珠 j 处外圈滚道的沟曲率中心和内圈滚道的沟曲率中心最终位置间的轴向距离和径向距离分别为

$$A_{\mathrm{a}j} = GD_{\mathrm{w}} \sin\alpha_0 + \delta_{\mathrm{a}} + \delta'_{\mathrm{a}} \tag{3-63}$$

$$A_{\mathrm{r}j} = GD_{\mathrm{w}} \cos\alpha_0 + \delta_{\mathrm{r}} \cos\varphi_j \tag{3-64}$$

为了表达方便，这里引入两个变量 $x_{\mathrm{a}j}$ 和 $x_{\mathrm{r}j}$。由图 3-21 中的几何关系，可以得到下述关系式：

$$\sin\alpha_{\mathrm{i}j} = \frac{A_{\mathrm{a}j} - x_{\mathrm{a}j}}{(f_{\mathrm{i}} - 0.5)D_{\mathrm{w}} + \delta_{\mathrm{i}j} + \delta'_{\mathrm{i}j}} \tag{3-65}$$

$$\cos\alpha_{ij}=\frac{A_{rj}-x_{rj}}{(f_i-0.5)D_w+\delta_{ij}+\delta'_{ij}} \tag{3-66}$$

$$\sin\alpha_{ej}=\frac{x_{aj}}{(f_e-0.5)D_w+\delta_{ej}+\delta'_{ej}} \tag{3-67}$$

$$\cos\alpha_{ej}=\frac{x_{rj}}{(f_e-0.5)D_w+\delta_{ej}+\delta'_{ej}} \tag{3-68}$$

根据勾股定理，可以得球心位置的几何关系式：

$$\begin{cases} x_{rj}^2+x_{aj}^2-[(f_e-0.5)D_w+\delta_{ej}+\delta'_{ej}]^2=0 \\ (A_{aj}-x_{aj})^2+(A_{rj}-x_{rj})^2-[(f_i-0.5)D_w+\delta_{ij}+\delta'_{ij}]^2=0 \end{cases} \tag{3-69}$$

当角接触球轴承在高速旋转时，其内部的滚珠由于离心力而引起接触变形和接触角的变化，同时由于滚珠的自转轴线不断变化而引起陀螺力矩和相应的摩擦阻力矩作用，其受力分析变得相对复杂，如图 3-22 所示。

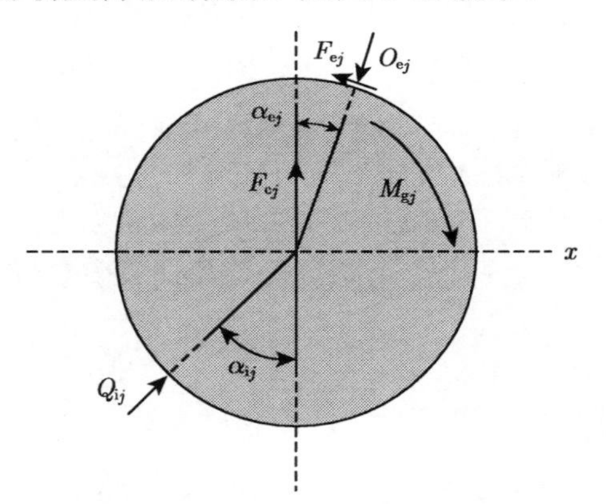

图 3-22　滚珠的受力分析

根据套圈滚道的外圈控制理论，阻止滚珠陀螺运动的摩擦力 F_{ej} 只发生在纯滚动的外圈滚道上。Q_{ij} 和 Q_{ej} 分别为角位置 φ_j 处的内外圈滚道作用于钢球的法向接触力。因此，在每一角位置 φ_j 处，钢球的离心力 F_{cj} 和陀螺力矩 M_{gj} 分别为

$$F_{cj}=\frac{\pi}{12}\rho D_w^3 D_m \omega_m^2 \tag{3-70}$$

$$M_{gj}=J\omega_w\omega_m\sin\beta \tag{3-71}$$

式中，J 为滚珠的转动惯量，即

$$J=\frac{1}{60}\rho\pi D_w^5 \tag{3-72}$$

根据滚珠的静力平衡方程，作用于每一个滚珠上的力应满足下面的关系式：

$$Q_{ij}\sin\alpha_{ij}-Q_{ej}\sin\alpha_{ej}+\frac{2M_{gj}}{D_w}\cos\alpha_{ej}=0 \tag{3-73}$$

$$Q_{ij}\cos\alpha_{ij}-Q_{ej}\cos\alpha_{ej}-\frac{2M_{gj}}{D_w}\sin\alpha_{ej}+F_{cj}=0 \tag{3-74}$$

再根据作用于整个轴承上的负载应该平衡，有轴承内圈的受力平衡方程：

$$F_a=\sum_{j=1}^{Z}\left(Q_{ij}\sin\alpha_{ij}-\frac{2M_{gj}}{D_w}\cos\alpha_{ij}\right) \tag{3-75}$$

$$F_r=\sum_{j=1}^{Z}\left(Q_{ij}\cos\alpha_{ij}+\frac{2M_{gj}}{D_w}\sin\alpha_{ij}\right) \tag{3-76}$$

根据赫兹接触理论，滚珠与套圈接触的弹性常数与接触角有关，并随着接触角的变化而变化。因此，可以得到角位置 φ_j 处滚珠与内外套圈滚道之间相接触的负荷与变形之间的关系为

$$Q_{ij}=K_{ij}(\delta_{ij}+\delta'_{ij})^{3/2} \tag{3-77}$$

$$Q_{ej}=K_{ej}(\delta_{ej}+\delta'_{ej})^{3/2} \tag{3-78}$$

式中，K_{ij}、K_{ej} 为在角位置 φ_j 处滚珠与内外圈滚道接触处的弹性常数。

将式 (3-75) 和式 (3-76) 以及式 (3-65)~ 式 (3-68) 代入式 (3-73)~ 式 (3-76) 中，即可得到包含 x_{aj}、x_{rj}、δ_{ij}、δ_{ej}、δ_a 和 δ_r 的平衡方程，为

$$\frac{2M_{gj}x_{rj}/D_w-K_{ej}\delta_{ej}^{3/2}x_{aj}}{(f_e-0.5)D_w+\delta_{ej}}+\frac{K_{ij}\delta_{ij}^{3/2}(A_{aj}-x_{aj})}{(f_i-0.5)D_w+\delta_{ij}}=0 \tag{3-79}$$

$$\frac{K_{ej}\delta_{ej}^{3/2}x_{rj}+2M_{gj}x_{aj}/D_w}{(f_e-0.5)D_w+\delta_{ej}}-\frac{K_{ij}\delta_{ij}^{3/2}(A_{rj}-x_{rj})}{(f_i-0.5)D_w+\delta_{ij}}-F_{cj}=0 \tag{3-80}$$

$$F_a-\sum_{j=1}^{Z}\left[\frac{K_{ij}(A_{aj}-x_{aj})\delta_{ij}^{3/2}-(A_{rj}-x_{rj})}{(f_i-0.5)D_w+\delta_{ij}+\delta'_{ij}}\right]=0 \tag{3-81}$$

$$F_r-\sum_{j=1}^{Z}\left[\frac{K_{ij}(A_{rj}-x_{rj})\delta_{ij}^{3/2}-(A_{aj}-x_{aj})}{(f_i-0.5)D_w+\delta_{ij}+\delta'_{ij}}\right]=0 \tag{3-82}$$

在已知角接触球轴承的基本几何参数以及所有的外部载荷后，通过上面的计算公式即可求得轴承的轴向位移 δ_a 和径向位移 δ_r，进而通过轴承的刚度计算公式即可得到轴承带载运转下的轴向刚度和径向刚度。

2. 角接触球轴承的动刚度计算

角接触球轴承动刚度的计算流程，如图 3-23 所示。

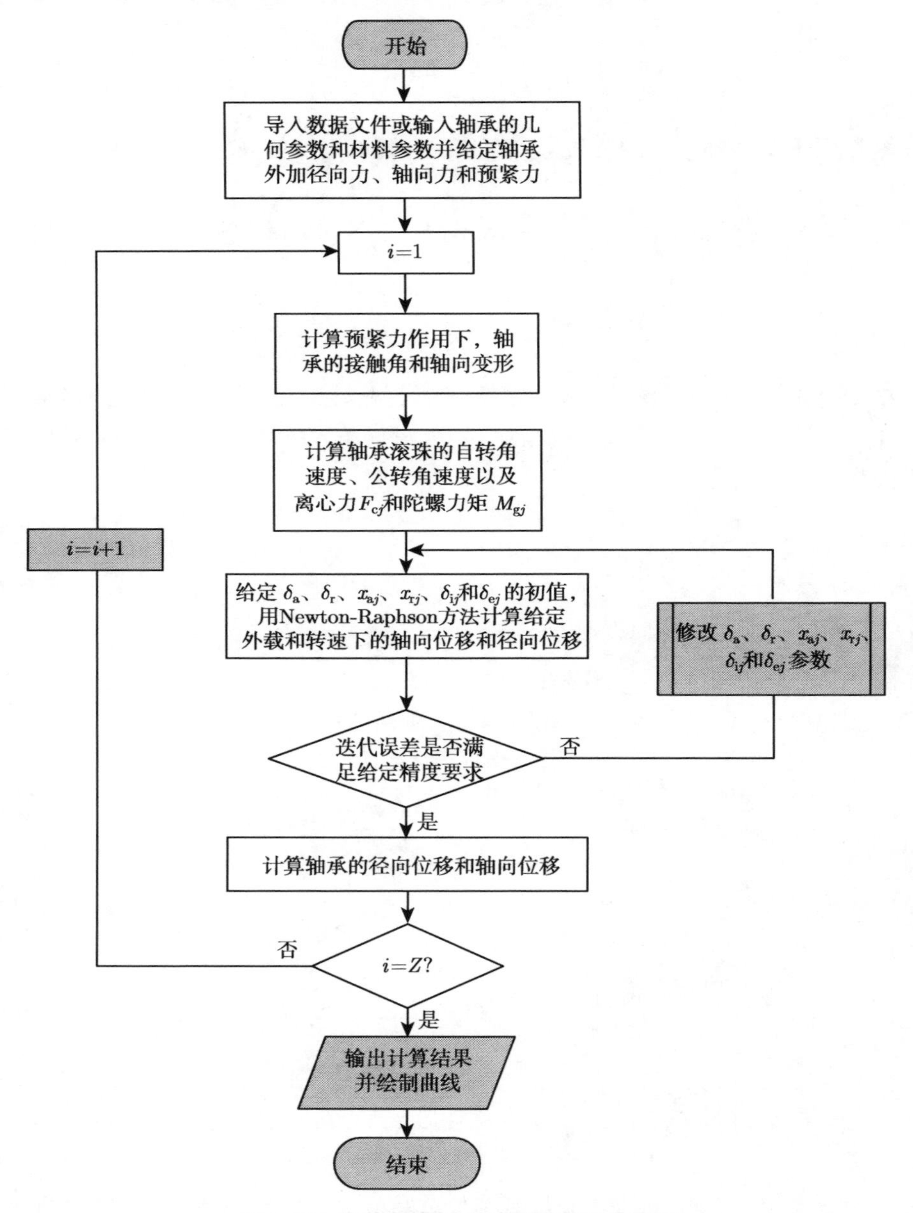

图 3-23 角接触球轴承动刚度的计算流程

具体计算流程，可以描述为：

(1) 计算预紧力作用下轴承的轴向位移 δ'_{a}。利用 Newton-Raphson 方法，并由式 (3-41) 可求得预紧后轴承的接触角，由式 (3-40) 即可得到轴承的轴向位移。

(2) 根据轴承的转速和基本参数由式 (3-58) 和式 (3-59) 计算滚珠的自转角速度和公转角速度，进而通过式 (3-70) 和式 (3-71) 求得滚珠的离心力和陀螺力矩。

(3) 给定 δ_{a}、δ_{r}、$x_{\mathrm{a}j}$、$x_{\mathrm{r}j}$、$\delta_{\mathrm{i}j}$ 和 $\delta_{\mathrm{e}j}$ 的初值，利用式 (3-65)~ 式 (3-69) 以及式 (3-79) 和式 (3-80) 组成的非线性方程组，由 Newton-Raphson 迭代计算公式进行求解，直到 $x_{\mathrm{a}j}$、$x_{\mathrm{r}j}$、$\delta_{\mathrm{i}j}$ 和 $\delta_{\mathrm{e}j}$ 满足给定的误差精度。

(4) 将所求得的 $x_{\mathrm{a}j}$、$x_{\mathrm{r}j}$、$\delta_{\mathrm{i}j}$ 和 $\delta_{\mathrm{e}j}$ 代入式 (3-81) 和式 (3-82) 中得到 δ_{a} 和 δ_{r} 新的一组值。

(5) 重复步骤 (3) 和 (4)，直到相邻两次轴承内外圈的轴向位移之差和径向位移之差都满足给定的计算精度。

(6) 由式 (3-29) 计算角接触球轴承的轴向刚度和径向刚度。

搅拌摩擦焊机器人在丝杠支撑位置的 60TAC120B 型角接触球轴承的动态轴向刚度曲线和动态径向刚度曲线如图 3-24 所示。

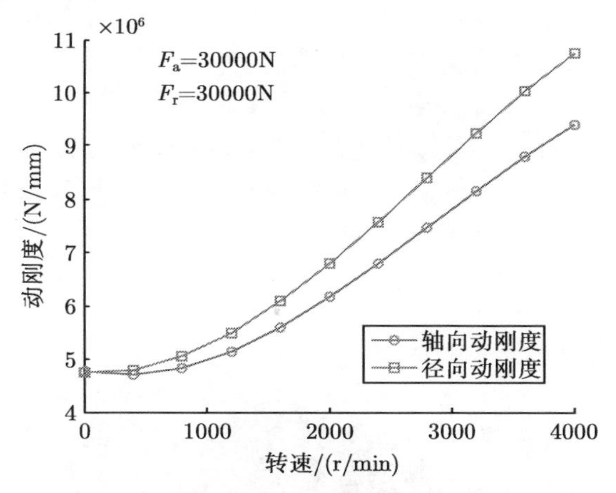

图 3-24 给定外载在不同转速下轴承的动刚度

从图 3-24 中可以得到如下结论:

(1) 随着轴承转速的升高，在给定外载情况下 60TAC120B 型角接触球轴承的轴向动刚度和径向动刚度都随之增大。

(2) 随着转速的增加，轴承径向动刚度的增长速率明显要高于轴向动刚度的增长速率。

(3) 在外载 $F_{\mathrm{a}}=F_{\mathrm{r}}=30000\mathrm{N}$，转速 $n\leqslant 1000\mathrm{r/min}$ 时，轴承的轴向动刚度和径向动刚度都可以近似等于它们各自的静刚度。

(4) 在外载 $F_{\mathrm{a}}=F_{\mathrm{r}}=30000\mathrm{N}$，转速 $n\geqslant 2000\mathrm{r/min}$ 时，轴承的轴向动刚度和径

向动刚度上升加快。当转速 n=4000r/min 时，轴承的轴向动刚度和径向动刚度都可以达到它们各自静刚度的近 2 倍。

3.3.6 角接触球轴承的动刚度有限元仿真

为了验证上述动刚度理论计算的正确性，仍然采用有限元分析的方法来对 60TAC120B 型角接触球轴承的动刚度进行验证。该型号角接触球轴承的几何参数参照表 3-1。在 SolidWorks 软件中建立了轴承的三维模型，并对其进行了如下简化：

(1) 轴承的三维模型中忽略轴承内外圈和保持架的倒角；

(2) 分析过程中忽略轴承游隙和油膜的影响；

(3) 轴承在转动过程中塑性变形很小，因此仿真过程中轴承的材料均可以作为线弹性材料。

整个轴承在 Hypermesh 软件中进行前处理，采用全结构化的六面体网格进行网格划分。其中，轴承的内外圈和保持架采用的是 Solid164 体单元，内部滚珠采用的是高阶的 Solid168 体单元。假定轴承在工作过程中与内圈相配合的转轴刚性足够大，而轴承的外圈安装在刚度很大的轴承座孔内，这样就可以将轴承的内外圈表面作为刚性面来处理，并以此来模拟其边界条件。而体单元 Solid164 无旋转自由度，因此需要将轴承的内外刚性面设置一层 Shell163 单元以便施加轴承的外载和转速。最终得到的 60TAC120B 型角接触球轴承动刚度有限元模型如图 3-25 所示。整个模型共包含 512369 个单元和 489512 个节点。

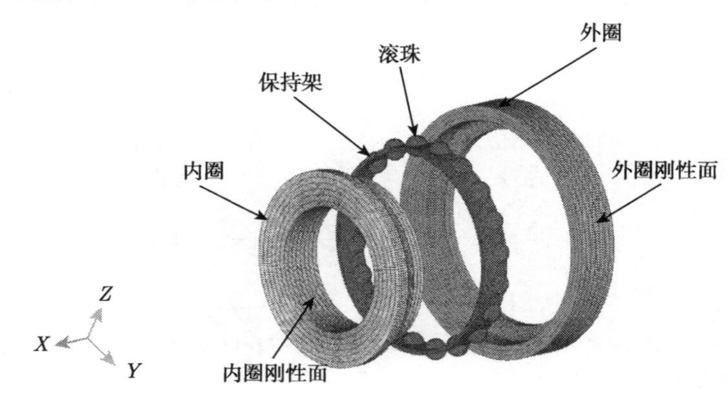

图 3-25 60TAC120B 型角接触球轴承动刚度有限元模型

在画好轴承的网格模型之后，需要对其进行边界条件和载荷的设置以及接触模型的指定。边界条件的设置为轴承外圈的刚性面为固定约束，载荷的施加为分别对轴承的内圈刚性面 Part 的重心施加轴向力 3000N 和径向力 3000N。除此之外，需要对轴承内圈刚性面施加转速 n=2000r/min，以此来模拟角接触球轴承在特定载荷和转速下的轴向刚度情况和径向刚度情况，而其他载荷和转速下的动刚度只需要相应地更改这些数值即可。

轴承的动刚度分析属于显式动力学分析，其与静刚度的隐式动力学分析的不同之处在于不需要对模型设置接触单元，只需要对模型指定接触面、接触类型和与接触有关的参数来模拟轴承转动的实际接触情况。这里采用面面接触来模拟整个轴承的接触，面面接触类型通常用于当一个物体的表面穿透另一个物体的表面时，接触面允许是任意形状且接触面积相对较大。该接触类型需要指定接触面和目标面，指定的原则仍然参照静刚度分析时的指定原则。角接触球轴承在工作的过程中有 3 处相接处，分别是滚珠与内圈滚道的接触、滚珠与外圈滚道的接触和滚珠与保持架兜孔之间的接触。整个轴承共设定 60 个接触对，接触部位如图 3-26 所示。设定滚动体与内外圈滚道和保持架兜孔之间的静摩擦系数分别为 0.3、0.3 和 0.2，动摩擦系数分别设定为 0.15、0.15 和 0.1。

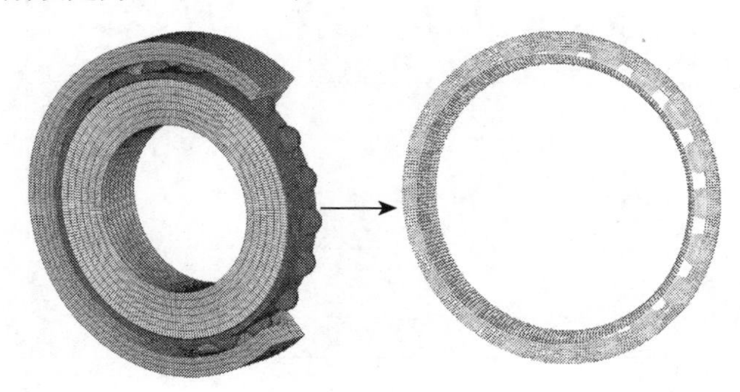

图 3-26 60TAC120B 型角接触球轴承的接触对

接下来是进行分析设置并进行仿真。设定整个计算时间为 160ms，输出步数为 401 步，整个计算时间约为 10h。下面具体介绍仿真计算结果。

1. 轴承各组件的运动情况

在 LS-PREPOST2.4 后处理软件中查看各参数的时间历程仿真结果，选取角接触球轴承内圈的节点 Node44245、保持架节点 Node86242 和滚珠上的节点 Node2434，并分别做出它们 Y、Z 方向的位移曲线和合位移曲线，如图 3-27 所示。

从图 3-27 中可以看出，角接触球轴承的内圈和保持架的位移呈正弦变化，滚珠的位移为在保持架位移曲线的基础上呈现正弦变化。具体结论描述如下：

(1) 内圈、滚珠和保持架在运转过程中都呈现明显的周期变化。内圈的周期约为 20ms，滚珠的公转周期和保持架的运转周期一直约为 44ms，滚珠的自转周期约为 5ms。

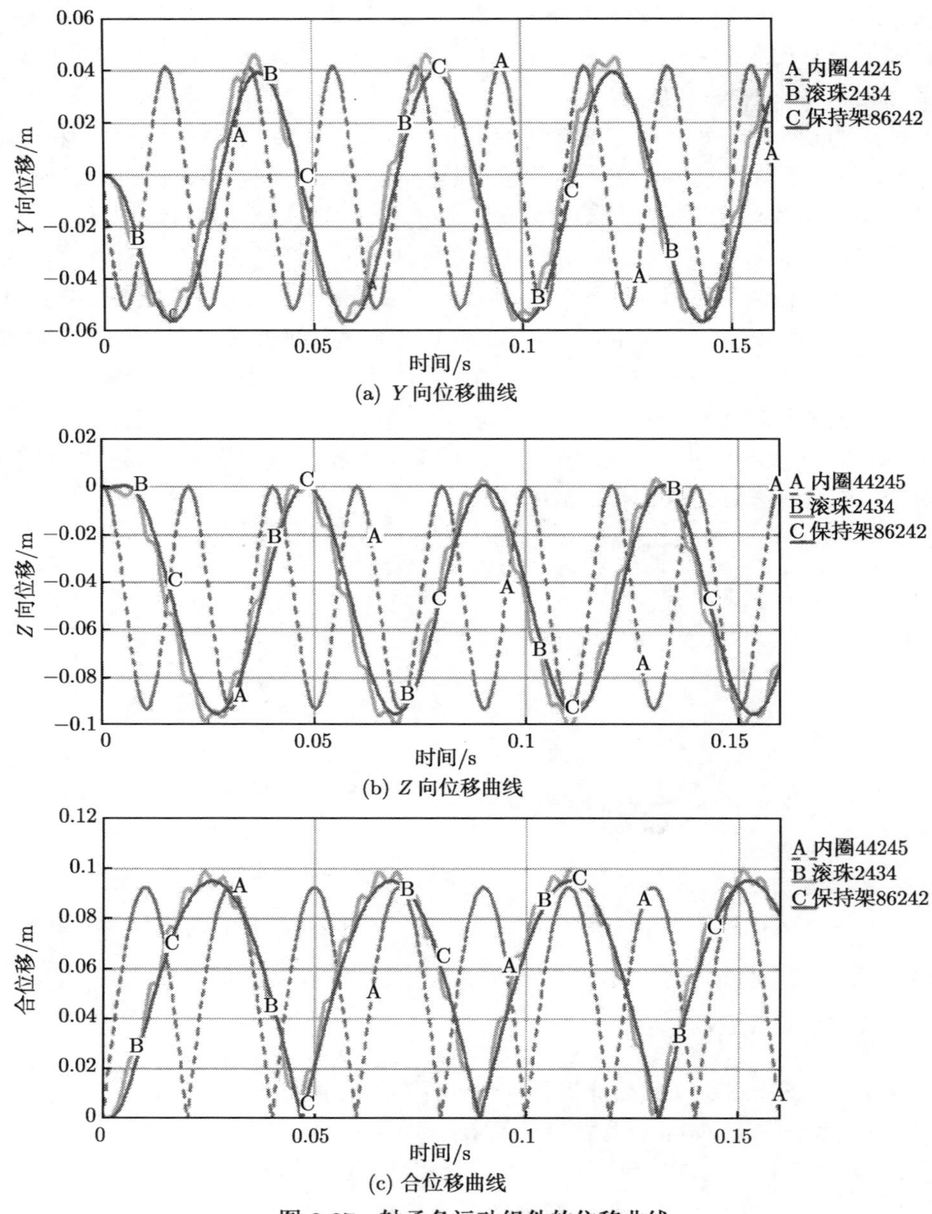

(a) Y 向位移曲线

(b) Z 向位移曲线

(c) 合位移曲线

图 3-27 轴承各运动组件的位移曲线

(2) 滚动体在轴承内外圈滚道之间既滑动又滚动，滚动体或保持架公转一周，轴承内圈将近转动两圈。

(3)轴承的内圈、滚珠和保持架上节点的最大位移为这些节点所在圆的直径。由于所选择的节点距离轴承轴线的距离比较接近，这些节点的最大位移都约等于 0.1m。

同理，仍然选取角接触球轴承内圈的节点 Node44245、保持架节点 Node86242 和滚珠上的节点 Node2434，并分别做出它们 Y、Z 方向的速度曲线和合速度曲线，如图 3-28 所示。

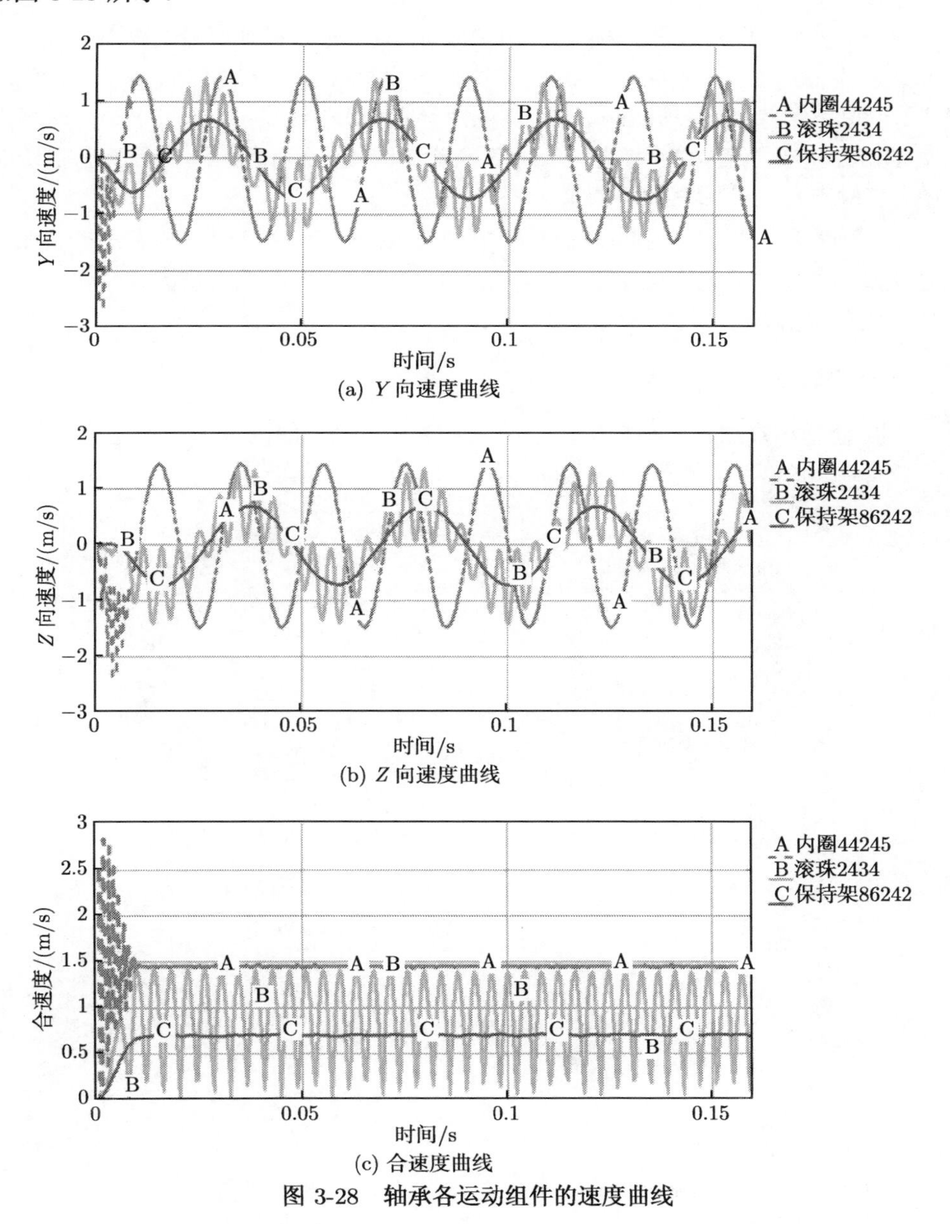

(a) Y 向速度曲线

(b) Z 向速度曲线

(c) 合速度曲线

图 3-28 轴承各运动组件的速度曲线

从图 3-28 中可以得出，内圈和保持架的 Y、Z 方向速度呈正弦变化，滚珠的速度曲线仍为在保持架速度曲线的基础上呈现正弦变化。具体结论描述如下：

(1) 轴承各运动组件节点速度曲线呈现明显的周期性，并且速度曲线的周期与其位移曲线的周期相等。

(2) 当时间等于 90ms 时，内圈上节点 Node44245 的 Y 向速度最大为 1.45m/s，Z 向的速度为 0。此时该节点对应于 Y 向的位移为 0，对应于 Z 向的位移达到负值最大。同理，保持架上节点 Node86242 的 Y 向速度最小为 −0.5m/s，Z 向速度为 0。因此，对应于 Y 向的位移为 0，对应于 Z 向的位移最大为 0。由于滚珠自转的影响，接触点在内外圈之间不断地交替。

(3) 内圈上节点 Node44245 的合速度约为 1.5m/s，保持架上节点 Node86242 的合速度约为 0.75m/s，而滚珠上节点 Node2434 的合速度呈正弦曲线变化，其值变化范围为 0∼1.5m/s。

2. 轴承的等效应力分布

在后处理仿真结果中任取时刻 t=7.2ms 进行分析，如图 3-29 所示。

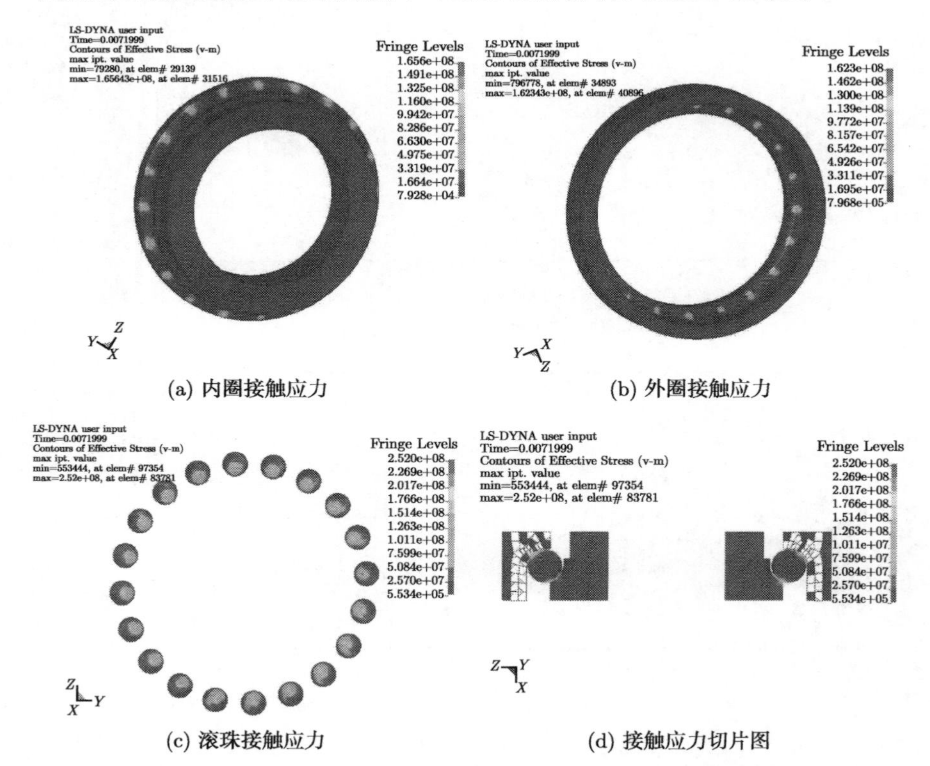

(a) 内圈接触应力　　(b) 外圈接触应力

(c) 滚珠接触应力　　(d) 接触应力切片图

图 3-29　t=7.2ms 时轴承各组件之间的 Von Mises 应力

从图 3-29 中可以看出，角接触球轴承在工作中等效应力集中在滚珠和内、外圈滚道的接触位置，承载区的滚珠的应力明显大于非承载区滚珠的应力，应力最大值出现在接触表面以下一定深度区域处，并逐渐向外衰减。赫兹接触理论认为，在球轴承这样的椭圆接触区内将形成压应力，压应力的值沿曲面的轴向和法向变化，并且应力最大值出现在接触区域一定深度上。因此，这里的仿真结果与赫兹接触理论基本上是一致的。

另外，从图 3-29 (a)~(c) 可以看出，内圈、外圈和滚珠在同一时刻的最大等效应力并不相同。其中，滚珠的应力最大为 252MPa，其次为内圈 165MPa，应力最小为外圈 162MPa。滚珠比较大的应力出现在与内、外圈接触区域，且承载区滚珠应力要大于非承载区的滚珠应力。内圈和外圈是轴承中与滚珠直接接触并承载的主要元件，其应力分布和滚珠的应力分布有紧密的联系。从图 3-29 (d) 中轴承的切片图也可以看出，内、外圈比较大的应力也是分布在与滚珠接触区域，且承载区应力要大于非承载区应力，圈体其他部位并无明显的应力分布，应力分布区域主要集中于接触表面，并呈现明显的椭圆形。

角接触球轴承在正常运转过程中，轴承内圈、外圈和滚珠的最大等效应力曲线如图 3-30 所示。从图中可以看出，轴承中各组件的最大等效应力曲线是无规则变化的，这也说明了轴承在运动过程中各组件的应力变化是强烈非线性的。另外，各组件在同一时刻的最大应力值并不相同，滚珠应力最大，内圈应力次之，外圈应力最小，这也验证了图 3-29 中的分析结果。

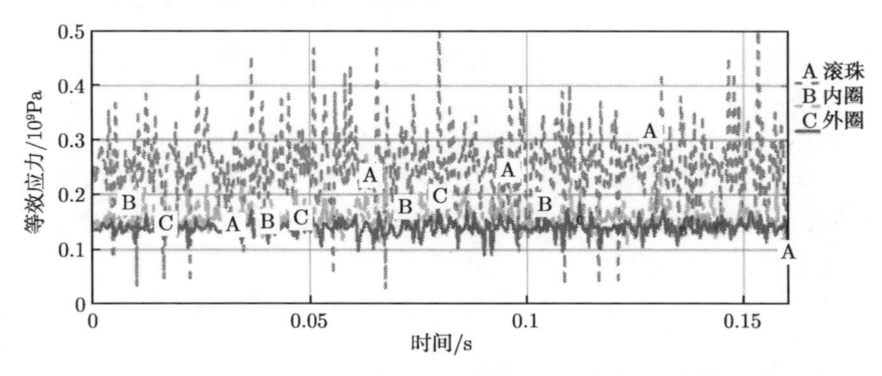

图 3-30　轴承运转时各组件的最大等效应力曲线

3. 轴承的动刚度分析

为了验证 60TAC120B 型角接触球轴承的动刚度，对轴承的内圈刚性面施加转速为 2000r/min，轴承的预紧力和外加负载仍然不变，分别是 3000N、30000N 和 30000N，边界条件和分析设置同上述章节并进行仿真分析。

仿真结束后，角接触球轴承内外圈刚性面之间在轴向和径向方向上的位移变化曲线如图 3-31 所示。从图中可以看出，轴承在运转过程中存在振动，位移曲线呈现明显的非线性。尽管如此，由于转速和外载都是恒定的，仍然可以将 X 和 Y 方向上的位移数据近似看成线性关系。通过对仿真数据进行数据拟合，可以看到在轴承运转达到稳态的时间范围内位移曲线近似成为一条直线，这条直线所代表的纵坐标值也就是该转速和给定外载工况下轴承的轴向位移和径向位移数值，它是一个定值。因此，角接触球轴承的轴向刚度和径向刚度只需要用轴向力或径向力去除以相应方向上的位移即可得到。

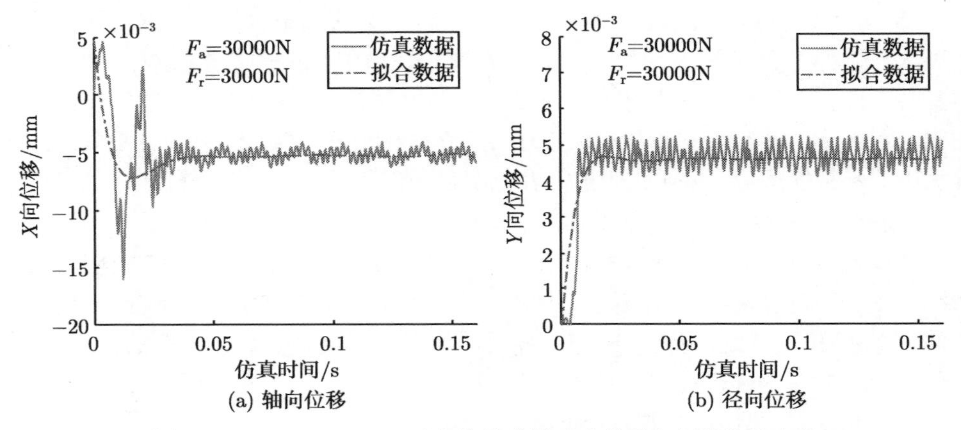

图 3-31 n=2000r/min 时角接触球轴承内外圈之间的位移变化

从图 3-31 (a) 和 (b) 所示的角接触球轴承的轴向位移曲线和径向位移曲线可以得到如下结论：

(1) 如图 3-31 (a) 所示，当轴承达到稳态时，内外圈之间的轴向位移为 -5.38×10^{-3}mm，该工况下轴承的轴向动刚度为 5.58×10^{-6}N/mm。该数值比理论计算所得到的轴承轴向动刚度数值偏小一些，这主要是由有限元仿真考虑了轴承各组件之间的相互作用造成的，它比理论计算的结果要更加准确。

(2) 对于径向刚度，从图 3-31 (b) 可以得到，角接触球轴承稳态时的径向位移约为 4.6×10^{-3}mm，该工况下轴承的径向动刚度为 6.52×10^{6}N/mm。该数值与理论计算所得到的刚度数值基本一致。

(3) 当角接触球轴承的转速 n=2000r/min，在轴向预紧力为 3000N，外加轴向力和径向力分别为 30000N 时，60TAC120B 型角接触球轴承的径向动刚度要大于轴向动刚度，并且有限元分析的结果要比理论计算值精确。因此，对于搅拌摩擦焊机器人后续整机的动态特性分析和焊接振动仿真要根据真实的有限元分析结果进行取值。

3.4 滚珠丝杠副的刚度分析

滚珠丝杠副主要位于搅拌摩擦焊机器人的 XYZ 轴，它与导轨滑块副配合使用作为各运动轴的传动和支撑功能元件。滚珠丝杠主要承受沿丝杠轴进给方向的载荷，并不能承受其他方向上的载荷。因此，这些结合部的轴向刚度除了 3.3 节介绍的丝杠两侧角接触球轴承来提供，主要是由滚珠丝杠结合部来提供的。滚珠丝杠副轴向接触刚度的大小与组成该结合部的各组成元件的几何参数息息相关，如丝杠直径、螺母直径、滚珠直径、工作滚珠个数、预紧力大小以及接触角等。随着这些几何参数的变化，滚珠丝杠结合部的轴向接触刚度也会发生一定的变化。除此之外，根据赫兹接触理论，由于滚珠丝杠副也是通过滚珠和滚道之间的点接触来传递载荷的，参考角接触球轴承的刚度推导，滚珠丝杠副的轴向刚度与其轴向力也呈现为一定的非线性。因此，对于指定型号和给定负载的滚珠丝杠副，它的轴向接触刚度影响因素是比较多和比较复杂的，只有通过合理的理论分析并综合考虑各个影响因素，才能得到不同工况下真实的结合部刚度。最终，搅拌摩擦焊机器人整机的静动态分析才能更加精确。

3.4.1 滚珠丝杠副的几何参数

搅拌摩擦焊机器人的滚珠丝杠副选用的是西班牙速通公司 (Shuton) 生产的机床专用滚珠丝杠，以某一型号的双螺母滚珠丝杠副为例，其外部轮廓尺寸，如图 3-32 所示。整个滚珠丝杠副由丝杠、螺母和滚珠组成。在此例中，螺母包括两个，在它们之间可通过一预紧垫片来调节预紧力的大小。螺母 A 还带有凸缘，可方便与螺母座之间的安装。它的外部框架尺寸参数主要包括：丝杠螺母的公称直径 d_0、凸缘直径 D_6、螺母直径 D_0、凸缘厚度 L_1 和预紧垫片厚度 L_2 等，这些几何参数作为刚度计算的部分输入条件。滚珠丝杠副内部与滚珠和滚道相关的各尺寸参数也都用于滚珠丝杠副轴向接触刚度的计算过程中，这些几何参数主要有：接触角、密合度、滚珠的列数和圈数、工作滚珠数以及滚珠与滚道之间各接触点的主曲率等。在后续刚度计算中所涉及的所有这些参数数值，均可以通过计算或查阅速通公司的《高精密滚珠丝杠》手册来获取。

1. *螺旋角和节距*

以螺母 A 与丝杠接触的剖面为例，如图 3-33 所示。滚珠与丝杠侧的接触部位用 i 来表示，滚珠与螺母侧接触部位用 e 来表示。滚珠丝杠副的节距是在螺旋滚道的法向剖面内相邻两个滚珠的圆心之间沿丝杠轴向之间的距离，用 P_{h} 来表示。

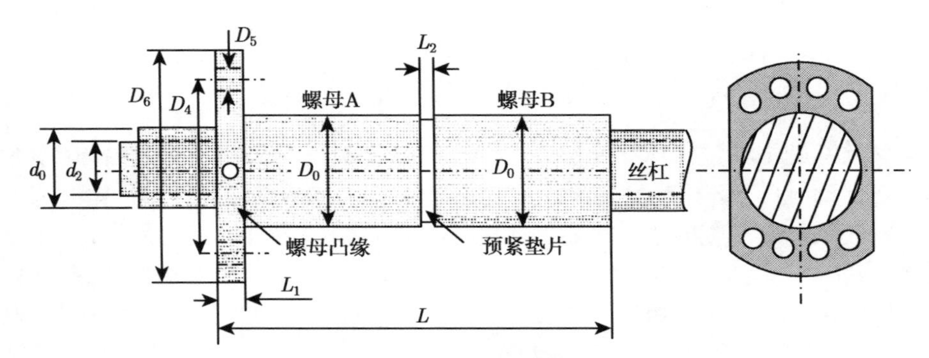

图 3-32 滚珠丝杠副的几何参数

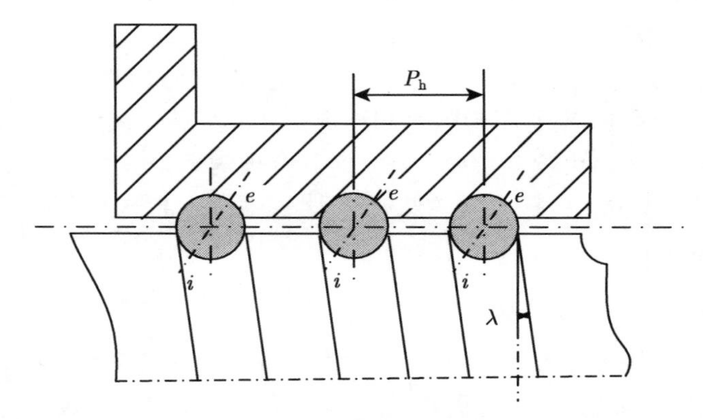

图 3-33 螺母 A 侧的剖面示意图

丝杠的螺旋角是丝杠圆柱螺旋线的切线与通过切点的圆柱面垂直母线之间所夹的锐角，用 λ 来表示，即

$$\lambda = \arctan \frac{P_{\mathrm{h}}}{\pi d_0} \tag{3-83}$$

式中，λ 为滚珠丝杠的螺旋角；P_{h} 为滚珠丝杠的节距；d_0 为滚珠丝杠的公称直径。

2. 接触角和滚道曲率比

滚珠丝杠副接触角的定义为：在滚珠丝杠螺旋滚道的法向剖面内，滚珠与内外滚道相切，滚珠的圆心和切点之间的连线与垂直于滚珠丝杠轴向之间的夹角称为接触角 β，如图 3-34 所示。

接触角对滚珠丝杠副的接触刚度有重要影响，其值越大，该结合部的轴向承载能力越强，也就是轴向刚度越大。除此之外，接触角越大，滚珠丝杠的传动效率越高，使用寿命会延长。但是，并不是接触角越大越好，接触角过大会使得滚珠和滚道相接触的部位变陡，这样会影响焊接精度或是使滚珠丝杠结合部发生疲劳破坏。

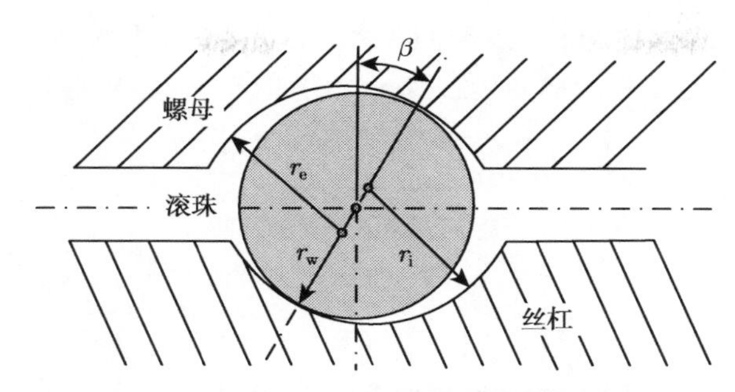

图 3-34 滚珠丝杠副的滚珠和滚道接触

在图 3-34 中，丝杠的滚道曲率半径是 r_i，螺母滚道的曲率半径是 r_e，滚珠的半径是 r_w。把滚珠丝杠副中滚珠的半径和滚道的曲率半径之比称为滚珠丝杠结合部的滚道曲率比 τ。

滚道的曲率比是滚珠丝杠副的一个重要影响因素，其值越大，滚珠和丝杠螺母之间的接触越紧密，接触应力越小，滚珠丝杠结合部的承载能力越强，接触刚度也就越大。反之，接触刚度会减小，接触应力会增加。目前所采用的滚珠丝杠，其滚道曲率比一般是 1.04 和 1.11 两种。

3. 滚珠的列数、圈数和工作滚珠数

仿照多线螺栓，滚珠丝杠副中滚珠的列数也就相当于螺栓中螺纹的线数或头数，它是指环绕丝杠能够独立运行的滚珠链的数目。把只有一条独立滚珠运动链的丝杠称为单列，两条称为双列，两条以上的滚珠链通称为多列滚珠丝杠副。而滚珠的圈数指的是所有工作滚珠在绕丝杠循环的过程中，所环绕丝杠的总圈数。

一般来说，螺母中工作滚珠的载荷分配是不均的。其中，第一圈滚珠能承受总轴向载荷的 30%～40%，第二圈滚珠能承受总轴向载荷的 20%～30%，第三圈滚珠只承受总轴向载荷的 10%～20%，后面的所有圈滚珠只承受很小的载荷或者是几乎不承载。因此，一般滚珠丝杠副螺母中循环滚珠的圈数不超过 3 圈。其中，单个螺母中工作滚珠个数的计算公式为

$$z = i\frac{\pi d_0}{d_w} \tag{3-84}$$

式中，z 为单个螺母的工作滚珠数目；i 为单个螺母中工作滚珠的圈数乘以列数；d_w 为滚珠的直径。

4. 滚珠和滚道之间的主曲率及主曲率和

根据赫兹接触理论和主曲率的定义，可以通过数学的手段来推导出滚珠丝杠副中滚珠与内外滚道接触点处的主曲率，通过查阅相关文献可知滚珠和内外滚道

之间的主曲率与滚珠丝杠副的公称直径、螺旋角、接触角及滚道曲率比有关。根据图 3-31 所示，滚珠与丝杠滚道面接触点 i 处的四个主曲率分别为

$$\begin{cases} \rho_{i11} = \rho_{i12} = \dfrac{2}{d_{\mathrm{w}}} \\ \rho_{i21} = -\dfrac{2}{\tau d_{\mathrm{w}}} \\ \rho_{i22} = \dfrac{2\cos\beta\cos\lambda}{d_0 - d_{\mathrm{w}}\cos\beta} \end{cases} \tag{3-85}$$

同理，滚珠与螺母滚道面接触点 e 处的四个主曲率分别为

$$\begin{cases} \rho_{e11} = \rho_{e12} = \dfrac{2}{d_{\mathrm{w}}} \\ \rho_{e21} = -\dfrac{2}{\tau d_{\mathrm{w}}} \\ \rho_{e22} = -\dfrac{2\cos\beta\cos\lambda}{d_0 + d_{\mathrm{w}}\cos\beta} \end{cases} \tag{3-86}$$

因此，根据式 (3-85) 和式 (3-86) 可以得到，滚珠与内外滚道接触点 i 和 e 处的主曲率和的表达式，即

$$\begin{cases} \sum\rho_i = \dfrac{4}{d_{\mathrm{w}}} - \dfrac{2}{\tau d_{\mathrm{w}}} + \dfrac{2\cos\beta\cos\lambda}{d_0 - d_{\mathrm{w}}\cos\beta} \\ \sum\rho_e = \dfrac{4}{d_{\mathrm{w}}} - \dfrac{2}{\tau d_{\mathrm{w}}} - \dfrac{2\cos\beta\cos\lambda}{d_0 + d_{\mathrm{w}}\cos\beta} \end{cases} \tag{3-87}$$

从式 (3-87) 可以看出，滚珠与丝杠滚道面接触点的主曲率和要大于滚珠与螺母滚道接触点的主曲率和。

3.4.2　滚珠丝杠副的静刚度计算

滚珠丝杠副的静刚度指的是沿滚珠丝杠的轴向刚度。根据刚度的计算公式，滚珠丝杠的轴向刚度是它所承受的轴向载荷与沿轴向位移变化的微分。在轴向工作载荷的作用下，丝杠和螺母之间会发生弹性形变而产生相对的位移变化。但是，这种位移变化主要是由滚珠和滚道之间的相互接触而产生的法向位移，相应的滚珠上所受到的载荷也是沿接触点的法向载荷。因此，要想得到滚珠丝杠副的轴向接触刚度，必须首先要得到滚珠丝杠副所受到的轴向外载与滚珠所受到的法向载荷之间的关系，进而得到滚珠的法向接触弹性变形与滚珠丝杠副轴向位移之间的关系。

1. *滚珠丝杠副的内部载荷分配*

滚珠丝杠副在受到外部轴向载荷的作用时，丝杠和螺母之间是通过它们之间的滚珠来传递载荷的，如图 3-35 (a) 所示。假设滚珠丝杠副的螺母受到来自外部的

轴向力为 F，滚珠由于受到丝杠和螺母之间的相互挤压，它所受到的法向力为 Q，并且所有的滚珠受载均等。

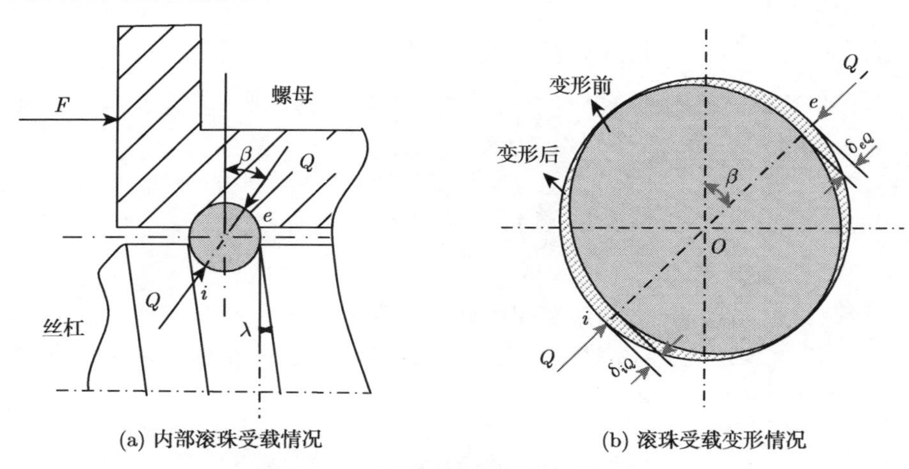

(a) 内部滚珠受载情况　　(b) 滚珠受载变形情况

图 3-35　滚珠丝杠副的受载分析

根据图中各个参数所组成的空间几何关系，滚珠丝杠副轴向外载与滚珠方向载荷之间的关系为

$$F = zQ\sin\beta\cos\lambda \tag{3-88}$$

在法向载荷 Q 的作用下，滚珠所发生的弹性变形如图 3-35 (b) 所示。假设滚珠在与螺母滚道接触点 e 处的弹性变形为 δ_{eQ}，滚珠与丝杠滚道接触 i 点处的弹性变形量为 δ_{iQ}。因此，滚珠丝杠副在受到轴向载荷 F 的作用时，滚珠由于受到法向力 Q 所产生的总弹性变形 δ_Q 为

$$\delta_Q = \delta_{eQ} + \delta_{iQ} \tag{3-89}$$

再由参数之间的几何关系，通过滚珠在沿法向力 Q 的作用下所产生的法向变形可以得到丝杠和螺母之间所产生的轴向变形，即

$$\delta_{\mathrm{a}} = \frac{\delta_Q\cos\lambda}{\sin\beta} \tag{3-90}$$

式中，δ_{a} 为滚珠丝杠副的轴向变形。

在确定了滚珠丝杠副的轴向力与滚珠的法向力之间的关系，以及轴向变形与滚珠法向变形之间的关系后，通过滚珠丝杠副中的各几何参数以及赫兹接触理论即可得到滚珠丝杠副中滚珠的法向总接触变形量 δ_Q，再由式 (3-90) 可得到它的轴向接触变形量 δ_{a} 与轴向载荷之间的关系式，即

$$\delta_{\mathrm{a}} = \left(\frac{\cos\lambda}{z^2\sin^5\beta}\right)^{1/3}\left[\frac{2K(e_{eQ})}{\pi m_{aeQ}}\sqrt[3]{\frac{1}{8}\left(\frac{3}{E}\right)\sum\rho_{eQ}}\right.$$

$$+\frac{2K(e_{iQ})}{\pi m_{aiQ}}\sqrt[3]{\frac{1}{8}\left(\frac{3}{E}\right)\sum\rho_{iQ}}\Bigg]F^{2/3} \tag{3-91}$$

式中，$\sum\rho_{eQ}$、$\sum\rho_{iQ}$ 为滚珠分别与螺母和丝杠滚道接触点处的主曲率和；e_{eQ}、m_{aeQ} 为滚珠滚道点接触理论中与 ρ_{eQ} 相关的系数；e_{iQ}、m_{aiQ} 为滚珠滚道点接触理论中与 ρ_{iQ} 相关的系数；E 为当量弹性模量。

将式 (3-91) 写成一个外部变量 K_1 与滚珠丝杠副所承受的外部轴向载荷相乘积的形式，即

$$\delta_{\mathrm{a}}=K_1F^{2/3} \tag{3-92}$$

也就是赫兹接触理论中滚珠与滚道相接触的弹性变形与外部轴向负载的 2/3 呈正比关系。可以发现这个外部变量只与滚珠丝杠副自身的结构参数有关，并不随外部载荷的变化而变化，其表达式为

$$K_1=\left(\frac{\cos\lambda}{z^2\sin^5\beta}\right)^{1/3}\left[\frac{2K(e_{eQ})}{\pi m_{aeQ}}\sqrt[3]{\frac{1}{8}\left(\frac{3}{E}\right)\sum\rho_{eQ}}+\frac{2K(e_{iQ})}{\pi m_{aiQ}}\sqrt[3]{\frac{1}{8}\left(\frac{3}{E}\right)\sum\rho_{iQ}}\right] \tag{3-93}$$

2. 双螺母预紧滚珠丝杠副的受载分析

搅拌摩擦焊机器人的 XYZ 轴传动系统都采用的是双螺母预紧滚珠丝杠副，它与单螺母滚珠丝杠副相比能够消除传动过程中丝杠和螺母之间的间隙，可显著地提高焊接精度，并且预紧力的存在对提高双螺母滚珠丝杠副的轴向接触刚度也有重要的作用。

双螺母预紧的结构形式有很多种，这里主要介绍双螺母垫片式预紧，如图 3-36 所示。它的工作原理是通过在一条滚珠丝杠上并列安装两个螺母，并且在这两个螺母之间通过不同厚度的预紧垫片来调节轴向预紧力的大小。其中，承受工作载荷的螺母 A 是工作螺母，而不承受工作载荷的螺母 B 是预紧螺母。该种预紧方式的好处是结构简单、预紧可靠、装拆方便和轴向刚性好。值得指出的是，双螺母预紧装置并不能提高滚珠丝杠副的轴向承载能力，只能增强该结合部的轴向刚度并消除传动间隙。

双螺母预紧滚珠丝杠副的受力分析，如图 3-37 所示。在未受外载的作用时，滚珠丝杠副的左右螺母在中间预紧垫片的作用下只承受预紧力 F_{P} 的作用。当右侧的螺母 B 在受到轴向工作载荷 F 的作用时，左右两侧的螺母所受到的真实载荷发生了一定的变化。左侧螺母 A 由于工作载荷的作用而实际受载增加，设螺母 A 此时的受载为 F_{A}，增加力的大小为 F_1；右侧螺母 B 由于工作载荷的作用而其承载减小，设其值为 F_{B}，减小的载荷为 F_2。这样，螺母 B 可以看成预紧螺母，而螺母 A 是工作螺母。在上述外载的作用下，螺母左右两侧的滚珠将承受相应的载荷。根据

滚珠受力均匀假设，左侧螺母 A 处的滚珠所受到的法向接触力为 Q_{A}，右侧螺母 B 处滚珠所受到的法向接触力为 Q_{B}。

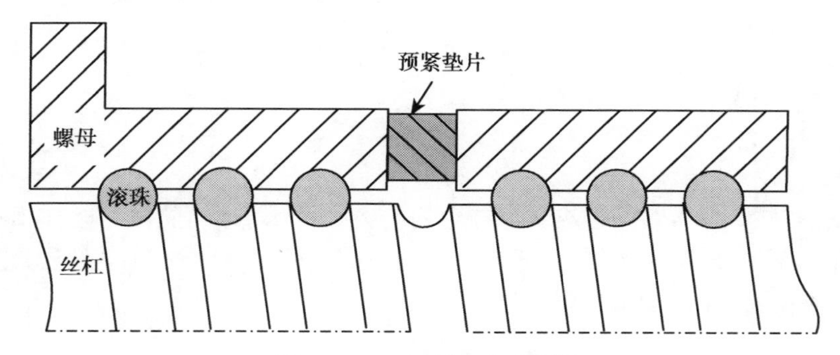

图 3-36 双螺母垫片式预紧

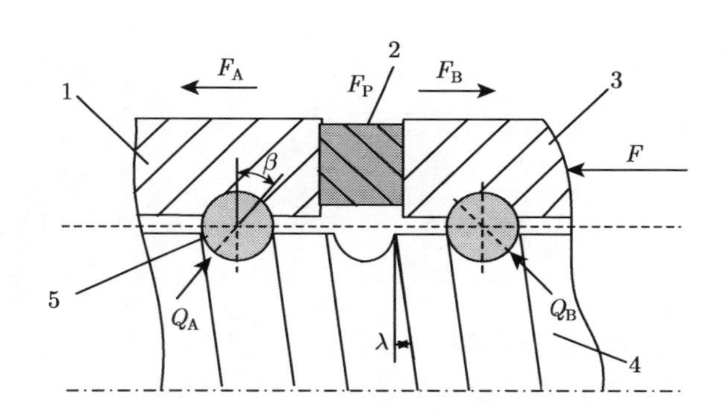

图 3-37 双螺母预紧滚珠丝杠副受力分析

1-螺母 A；2-预紧垫片；3-螺母 B；4-丝杠；5-滚珠

根据上述对双螺母预紧滚珠丝杠副的受载分析，可以得到如下表达式：

$$\begin{cases} F_{\mathrm{A}} = F_1 + F_{\mathrm{P}} \\ F_{\mathrm{B}} = F_{\mathrm{P}} - F_2 \end{cases} \tag{3-94}$$

再由螺母受载和滚珠法向力之间的关系，由式 (3-88) 可得

$$\begin{cases} Q_{\mathrm{A}} = \dfrac{F_1 + F_{\mathrm{P}}}{z \sin\beta \cos\lambda} \\ Q_{\mathrm{B}} = \dfrac{F_{\mathrm{P}} - F_2}{z \sin\beta \cos\lambda} \end{cases} \tag{3-95}$$

通过上述受力分析，可知螺母 A、螺母 B 和它们之间的预紧垫片分别承受外部轴向载荷以及滚珠沿沟道作用的法向载荷，对双螺母滚珠丝杠副的螺母垫片组

件列受力平衡方程，得

$$F + Q_{\rm B} z \sin\beta\cos\lambda = Q_{\rm A} z \sin\beta\cos\lambda \tag{3-96}$$

将式 (3-95) 代入式 (3-96)，可得螺母 A 和螺母 B 由外部工作载荷而导致的增量 F_1 和 F_2 与轴向载荷 F 之间的关系，即

$$F_1 + F_2 = F \tag{3-97}$$

根据图 3-37 中对双螺母滚珠丝杠副的受力分析，可以得到滚珠丝杠副在各类型载荷作用下的变形，如图 3-38 所示。$\delta_{\rm P}$ 为螺母 A 和螺母 B 在受到预紧垫片预紧力 $F_{\rm P}$ 的作用下而产生的弹性变形。

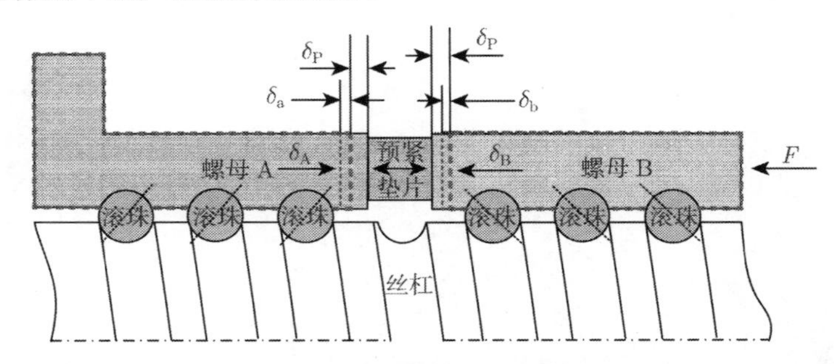

图 3-38　双螺母预紧滚珠丝杠副变形分析

在受到预紧力的作用后，两侧螺母变形之后的轮廓如图 3-38 中的粗虚线所示。$\delta_{\rm a}$ 和 $\delta_{\rm b}$ 分别为滚珠丝杠副在受到外部轴向载荷的作用后，左右两侧螺母 A 和螺母 B 的进一步弹性变形量。当外部轴向载荷进一步作用后，两侧螺母的弹性变形后轮廓如图 3-38 中的细虚线所示。最终，螺母 A 和螺母 B 的总弹性变形量分别为 $\delta_{\rm A}$ 和 $\delta_{\rm B}$，即

$$\begin{cases} \delta_{\rm A} = \delta_{\rm a} + \delta_{\rm P} \\ \delta_{\rm B} = \delta_{\rm P} - \delta_{\rm b} \end{cases} \tag{3-98}$$

根据滚珠丝杠副的轴向载荷与其轴向变形之间的关系，由式 (3-92) 和式 (3-98) 联立可得

$$\begin{cases} \delta_{\rm a} = K_1[(F_{\rm P} + F_1)^{2/3} - F_{\rm P}^{2/3}] \\ \delta_{\rm b} = K_1[F_{\rm P}^{2/3} - (F_{\rm P} - F_2)^{2/3}] \end{cases} \tag{3-99}$$

双螺母预紧的滚珠丝杠副在经受外部轴向负载作用后，除了上述螺母 A 的压缩变形 $\delta_{\rm a}$，以及螺母 B 的恢复变形 $\delta_{\rm b}$ 之外，预紧垫片由于预紧力和外载的作用还会产生压缩变形，设其变形量为 $\delta_{\rm c}$。根据材料力学知识，可得预紧垫片的恢复变形量为

$$\delta_{\rm c} = K_{\rm c} F_1 \tag{3-100}$$

式中，K_c 为预紧垫片的刚度，$K_c = EA_c/l_c$；E 为预紧垫片材料的弹性模量；l_c 为预紧垫片的厚度；A_c 为预紧垫片材料的环形截面积，$A_c = 0.25\pi(D_2^2 - D_1^2)$；$D_2$ 为预紧垫片的外径；D_1 为预紧垫片的内径。

按照变形相等的原理，即螺母 A 的压缩变形和预紧垫片的压缩变形之和应等于螺母 B 的恢复变形，有变形协调方程

$$\delta_a + \delta_c = \delta_b \tag{3-101}$$

因此，由式 (3-99) 和式 (3-100) 即可以得到如下表达式：

$$K_1[(F_P + F_1)^{2/3} - F_P^{2/3}] + K_c F_1 = K_1[F_P^{2/3} - (F_P - F_2)^{2/3}] \tag{3-102}$$

将式 (3-102) 联立式 (3-97)，如果已知双螺母预紧滚珠丝杠副的外部轴向载荷 F，求解这两个式子组成的非线性方程组，即可以求得 F_1 和 F_2 的值。由此可以求解上述滚珠丝杠副的各个变形量。最终，由滚珠丝杠副的轴向刚度计算公式就可以得到双螺母预紧滚珠丝杠副的轴向接触刚度，即

$$K_{axis} = \frac{dF}{d\delta_{axis}} \tag{3-103}$$

式中，K_{axis} 为双螺母预紧滚珠丝杠副的轴向刚度；δ_{axis} 为滚珠丝杠副的轴向接触变形。

3. 实例计算

以搅拌摩擦焊机器人的 X 轴为例，其滚珠丝杠副选用的是西班牙速通公司生产的产品，型号为 TDB-S-8010。TD 代表的是带预紧的双螺母，B 代表的是边缘法兰螺母，S 代表的是滚珠内部循环，而 8010 分别代表的是滚珠丝杠副的公称直径为 80mm、导程为 10mm，详细的参数如表 3-2 所示。

假定搅拌摩擦焊机器人在作业过程中，X 轴滚珠丝杠副设定的预紧力 F_P = 10000N，外部轴向载荷的变化范围为 5000~40000N，其余滚珠丝杠副的各结构参数参照表 3-2。螺母、丝杠和滚珠的材料均为轴承钢，其弹性模量和泊松比可以查找材料手册得出。通过上述对有预紧力作用下的双螺母滚珠丝杠副的刚度计算公式，可以得到机器人 X 轴型号为 TDB-S-8010 滚珠丝杠副的轴向接触刚度随外部工作载荷变化的刚度曲线，如图 3-39 所示。

从图 3-39 可以发现，当双螺母滚珠丝杠副的预设预紧力为 10000N 时，它的轴向刚度随外界轴向工作负载的增加而增加，并且在外界轴向载荷较小时，其刚度上升显著，随着轴向载荷的逐渐增加，其轴向接触刚度上升斜率趋于平缓。

表 3-2 TDB-S-8010 型滚珠丝杠副的几何参数

参数	符号和单位	数值
公称直径	d_0(mm)	80
导程	P_{h}(mm)	10
螺母外径	D_0(mm)	105
滚珠直径	D_{w}(mm)	6.35
接触角	β(°)	45
螺旋角	λ(°)	30
滚道曲率比	τ	1.04
滚珠的列数 × 圈数	i	6
预紧垫片厚度	L_2(mm)	14
预紧垫片外径	D_2(mm)	100
预紧垫片内径	D_1(mm)	90
凸缘厚度	L_1(mm)	20
螺母总长度	L(mm)	290

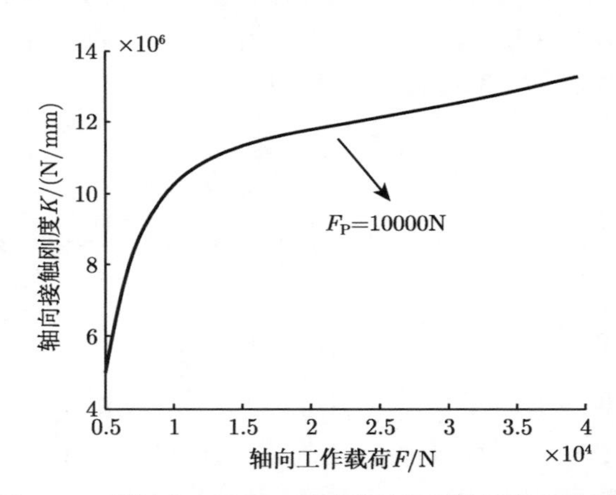

图 3-39 预紧力 10000N 时滚珠丝杠副的刚度变化曲线

3.4.3 滚珠丝杠副的静刚度有限元仿真

为了验证上述理论计算的准确性，本节采用有限元分析方法来绘制滚珠丝杠副的刚度变化曲线。为了方便建立滚珠丝杠副的三维模型，选用半个滚珠的滚珠丝杠副模型，如图 3-40 所示。为了提高非线性接触的计算精度，并减少计算收敛时间，参照角接触球轴承的剖分方法细化了接触点处的网格。在滚珠和内外滚道的接触位置选用面面接触单元 Target170 和 Conta174，并赋予各组件材料属性。最后，通过镜像和阵列等措施将其扩展到整个滚珠丝杠副有限元模型。

滚珠丝杠副采用 Solid45 的六面体结构化网格划分后，其网格数量和节点数量分别为 756865 和 421378。螺母、丝杠和滚珠的材料均为轴承钢，其弹性模量为

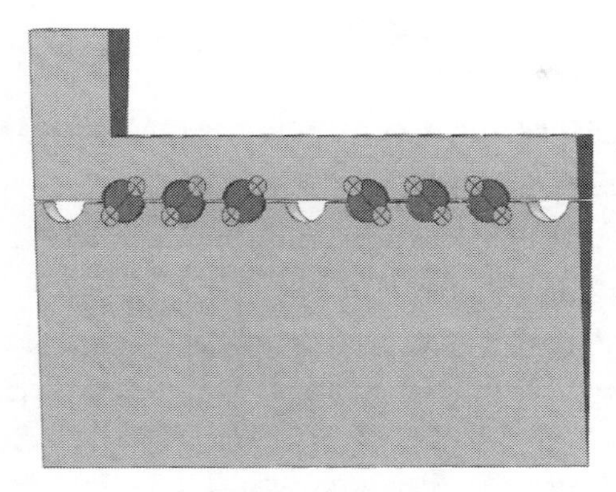

图 3-40 接触点剖分细化的半个滚珠几何模型

2.06×10^5MPa，泊松比为 0.3。整个滚珠丝杠副只承受来自轴向的外部工作负载，因此在分析过程中对其指定了如下边界条件约束：

(1) 丝杠端面的所有自由度要进行全部固定约束；

(2) 螺母端面放开沿轴向的自由度，约束住其他方向的自由度；

(3) 内部的滚珠约束住沿柱坐标系下的切向自由度，放开其他两个自由度。

除此之外，还需要对滚珠丝杠副指定载荷工况条件，包括预紧力的施加和轴向工作载荷的施加。预紧力采用的是 ANSYS 中提供的预紧力单元 PRETS179 来模拟预紧垫片的作用，在两个螺母的正中间位置将其预紧力设置为 10000N 即可。外部轴向载荷施加在预紧螺母的端面上，最后提交 ANSYS 分析计算。

在预紧力 $F_{\mathrm{P}} = 10000$N，外部轴向载荷 $F = 25000$N 时，双螺母滚珠丝杠副的有限元分析结果，如图 3-41 所示。

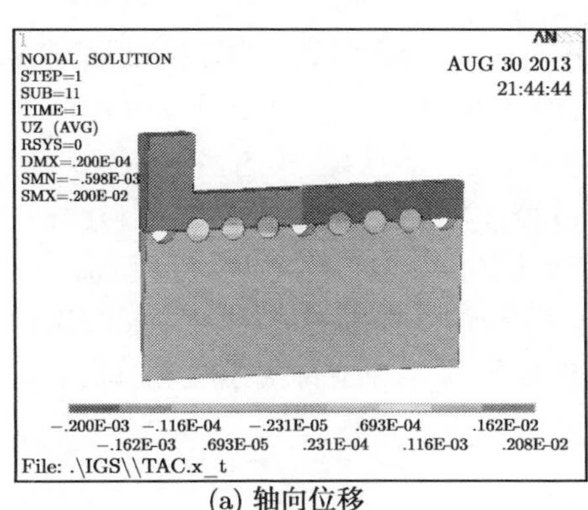

(a) 轴向位移

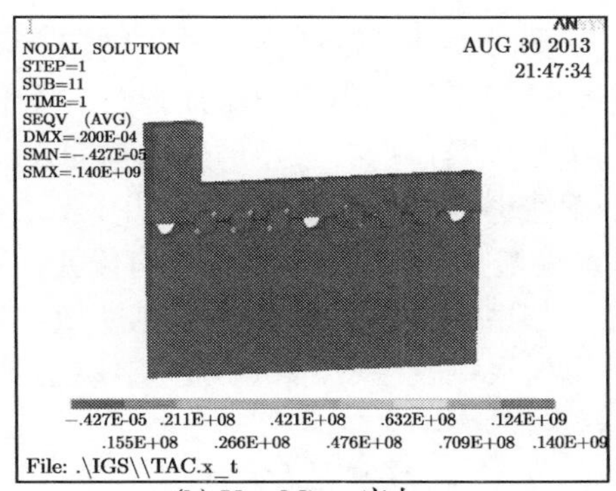

(b) Von Mises 应力

图 3-41 双螺母滚珠丝杠副的有限元分析结果

从图 3-41 中可以得到如下结论：

(1) 由于预紧力和外载的作用，螺母 A 侧和螺母 B 侧的位移方向恰好相反，且靠近垫片附近的滚珠位移绝对值比较大。

(2) 从图 3-41 (b) 可以看出，工作螺母 A 内部的滚珠的接触应力大于预紧螺母 B 的滚珠接触应力，其越靠近预紧垫片，应力值越大。

(3) 螺母 A 的最大轴向位移为 0.208×10^{-2}mm，滚珠的最大 Von Mises 应力为 140MPa，且每一侧的滚珠应力都依次递减。

最后，将轴向工作载荷除以该方向上的最大位移即可得到滚珠丝杠副的轴向接触刚度。为了将有限元分析的数据与理论计算的刚度结果进行对比，将轴向工作载荷取为 5000～40000N 的共八组数据，并将计算结果转换成刚度数据，最终绘制双螺母滚珠丝杠副随外载变化的刚度曲线，如图 3-42 所示。

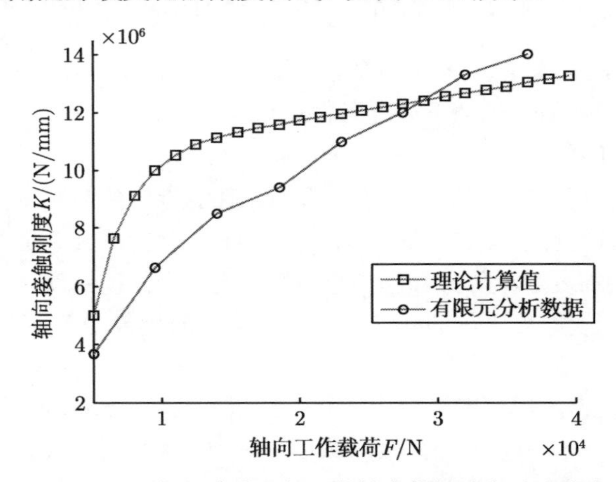

图 3-42 双螺母滚珠丝杠副的轴向接触刚度对比曲线

从图 3-42 可以看出，在外部轴向载荷较小时，双螺母滚珠丝杠副轴向刚度的有限元计算结果要小于理论计算的刚度值，这主要是由于有限元模型中考虑了结构的柔性以及滚珠接触角的变化等因素。除此之外，接触区域的网格精度对结果的准确性也有很大的影响，但是为了节省计算资源和时间，不能将网格划分得太精细。而随着外载的进一步增加，有限元的刚度计算值逐渐趋近于理论计算值，甚至是略有超出。这说明，当外载比较大时，双螺母滚珠丝杠副的有限元计算结果和理论计算结果比较接近。因此，在后续搅拌摩擦焊机器人的结合部刚度选择时，可以根据载荷的大小来综合考虑。

3.5 导轨滑块副的刚度分析

搅拌摩擦焊机器人的导轨滑块副主要用于 XYZ 轴的支撑和进给，直线滚动导轨滑块结合部的接触刚度对机器人的动态特性有很大影响。传统的刚度计算方法是以导轨滑块副和工作台的组合体为研究对象，首先对组合体施加给定的外载，然后根据理论力学对载荷在不同方向上进行分解，再根据变形协调条件来求解工作台上任意点的位移和倾角，最后得到各个方向上的刚度。这种计算方法并没有考虑到导轨、滑块以及滚珠之间的相互作用，也没有计及导轨滑块副的几何参数的影响，因此这种计算方法并不精确。为了更加准确地反映出直线滚动导轨滑块副的刚度性能，这里采用了基于内载荷分析及变形协调的方法来建立直线滚动导轨滑块副的静刚度模型。

3.5.1 导轨滑块副的几何参数

以 THK 样本中的某一型号导轨滑块副为例，其外部轮廓尺寸如图 3-43 所示。尺寸参数可以帮助设计人员进行快速合理的选型。这些尺寸主要有高度 M、宽度 W、长度 L 和孔距 C 等，它们作为整个导轨滑块副受载计算的输入条件。导轨滑块副承载后，其内部的载荷分配、最大应力和弹性变形也会产生重要影响，进而其刚度性能将会发生相应变化。

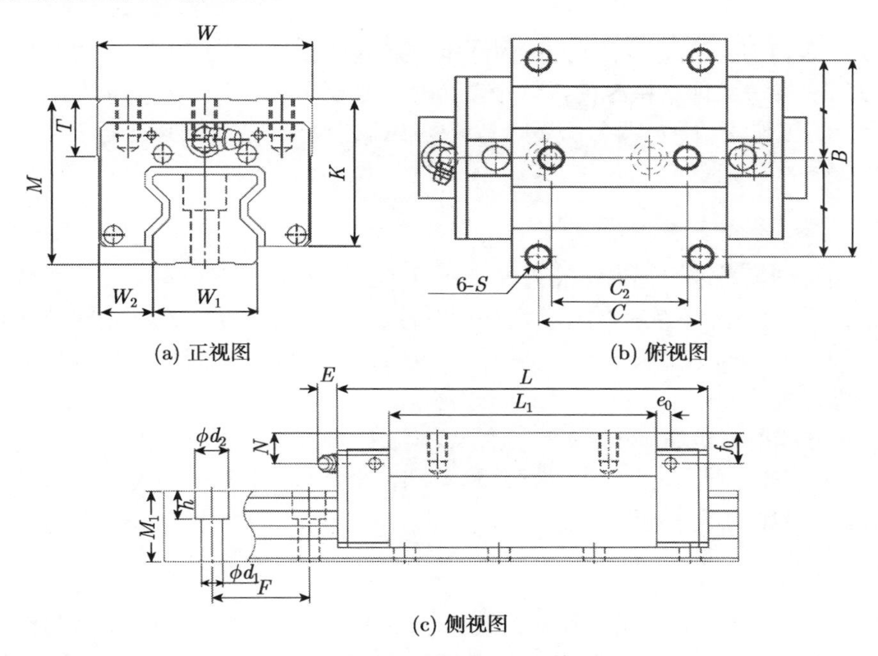

图 3-43 导轨滑块副的几何参数

与前两种运动副一样，直线滚动导轨滑块副也是靠滚珠和滚道相接触来传递载荷的。因此，滚珠–滚道的赫兹点接触理论对于直线滚动导轨滑块副静刚度的相关计算也都适用。仿照角接触球轴承的几何参数，直线滚动导轨滑块副的内部几何参数如图 3-44 所示。

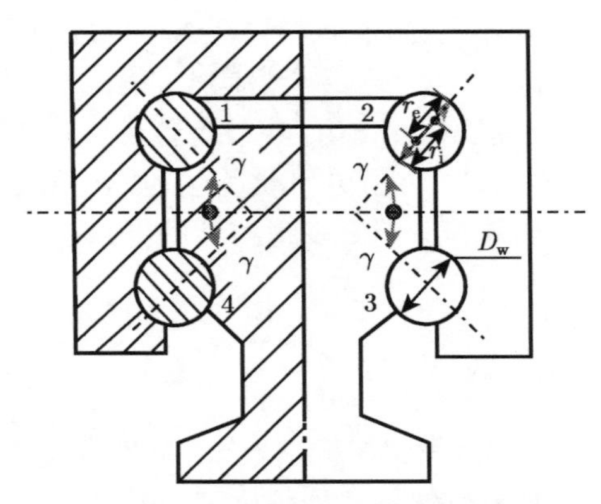

图 3-44　导轨滑块副的内部几何参数

1~4: 4 列滚珠

1. 滚珠的列数和工作滚珠数

以图 3-44 所示的直线滚动导轨滑块副的某一位置剖面图为例，滚珠的列数指的是导轨和滑块之间相接触的滚珠个数，用 j 来表示。图中的导轨滑块副有 4 列滚珠。所谓工作滚珠数，顾名思义就是承受载荷的滚珠个数。对应于每一列，承载滚珠的编号用 i 来表示。

2. 滚珠直径和接触角

直线滚动导轨滑块副的滚珠直径仍然用 D_w 来表示。图 3-44 中 4 列滚珠的滚珠直径大小都相等。在实际的导轨滑块副制造过程中，为了增加运动副的刚度都会将滚珠的直径适当地加大一些，这样便可以将滚珠和滚道之间的预紧力对结构的作用考虑进去。

接触角指的是滚珠与滚道相切点的连线与 Y 轴方向所成的锐角，用 γ 来表示。从图 3-44 中可以看到，直线滚动导轨滑块副在未承载时，每一列滚珠与相应的内外滚道之间的接触角都相等。

3. 主曲率

根据前述章节，直线滚动导轨的滚珠与滚道之间相接触的主曲率分别为 ρ_{11}、ρ_{12}、ρ_{21}、ρ_{22}，与滑块和导轨滚道相切位置的曲率半径分别为 r_i 和 r_e。以滚珠与滑块相接触的主曲率为例，其中滚珠上的两个主曲率为

$$\rho_{11}=\frac{1}{D_w/2}=\frac{2}{D_w},\quad \rho_{12}=\frac{1}{D_w/2}=\frac{2}{D_w} \tag{3-104}$$

滑块滚道上面的两个主曲率为

$$\rho_{21}=\frac{2}{-fD_{\mathrm{w}}},\quad \rho_{22}=\frac{1}{\infty}=0 \tag{3-105}$$

式中，f 为滚珠与滑块滚道之间的密合度，具体数值可以参考相关手册，也可取为推荐值，推荐值一般为 0.515~0.525。

根据上述式 (3-104) 和式 (3-105)，就可以得到滚珠与内外滚道之间的主曲率和 $\sum\rho$ 与主曲率函数 $F(\rho)$。

3.5.2 导轨滑块副的静刚度计算

根据前述两种结合部的刚度计算原理，导轨滑块副的静刚度为相应方向上的受载除以该方向上的变形。搅拌摩擦焊机器人在焊接过程中，导轨滑块结合部承担着 5 个方向上的负载，分别是沿滑块垂向和横向的集中力负载以及沿滑块 3 个坐标轴方向上的力矩负载。因此，导轨滑块副的刚度包括这 5 个方向上的刚度，即 Y、Z 方向上的线刚度和 X、Y、Z 方向上的角刚度。

在进行导轨滑块结合部的刚度求解之前，需要对导轨滑块结合部的外部受力状况进行分析，进而通过赫兹接触理论来计算各滚珠的承载情况，最终得到各方向上的刚度表达式。

1. 导轨滑块副的外部受力分析

根据导轨滑块副实际的承载状态可知，作用于滑块上表面的负载有集中力和力矩载荷两种类型，如图 3-45 所示。将所有负载向滑块坐标系的坐标原点进行简化，可得导轨滑块所承受的集中力载荷为垂向力 F_z、横向力 F_y。导轨滑块副能够沿导轨方向自由滑动，故该方向上不承受集中力，即 $F_x=0$。而对于力矩载荷，导轨滑块在沿坐标轴的 3 个方向上都能够承载，分别是滚动力矩 M_x、俯仰力矩 M_y 和偏航力矩 M_z。导轨滑块副结构上的变形很小，相比较其自身的结构尺寸来说可以忽略不计。因此，在进行导轨滑块副的受力分析过程中，可以将其等效成刚形体来对待。

导轨滑块副在承受来自于空间力系中的某一集中力载荷 F 时，整个受力分析过程如图 3-46 所示。根据空间集中力的作用位置和方向，假设其与 y 轴方向上的夹角为 α，然后将其向 xoz 平面内投影，投影向量与 z 轴方向上的夹角为 β，并将投影结果沿 x 轴和 z 轴方向进行正交分解，其中沿 z 轴负方向上的力是 F_z，沿 x 轴负方向上的力是 F_z。这三个分力都作用于 o' 位置，而该位置与原始坐标系的坐标原点 o 之间在每一分力的方向上都存在着特定的距离，这些参数 l_x、l_y、l_z 分别是各个分力与它们对应坐标轴之间的距离。因此，这些分力会以力矩的形式作用在导轨滑块上。

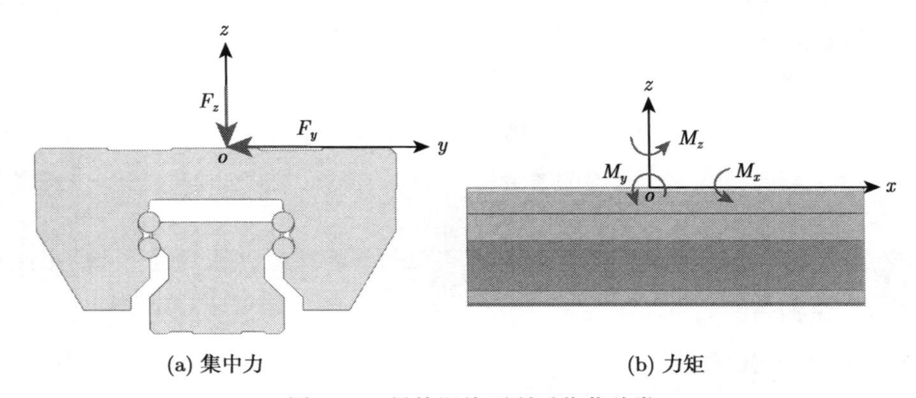

(a) 集中力　　　　(b) 力矩

图 3-45　导轨滑块副所受载荷种类

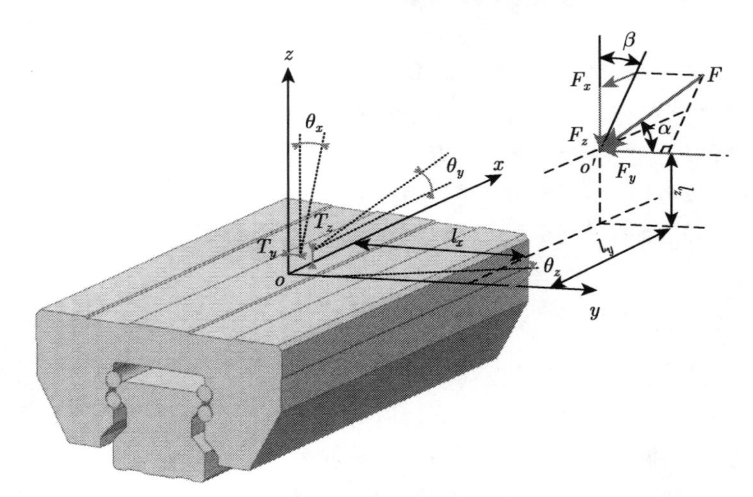

图 3-46　导轨滑块副承受某一空间集中力载荷

在上述载荷的作用下，整个导轨滑块副将会产生相应方向上的位移变化。这里假设其沿 y、z 坐标轴向的平动为 T_y 和 T_z，沿 x、y、z 坐标轴的转动分别为 θ_x、θ_y、θ_z。由图 3-46 所示的几何关系可得到导轨滑块副所受到的集中力载荷为

$$\begin{cases} F_x = F\sin\alpha\sin\beta \\ F_y = F\cos\alpha \\ F_z = F\sin\alpha\cos\beta \end{cases} \tag{3-106}$$

式中，α 为集中力 F 与 y 方向上的夹角；β 为集中力 F 在 xoz 平面内的投影向量与 z 轴方向上的夹角。

由此，可以得到三个力矩载荷分别为

$$\begin{cases} M_x = F_z l_x - F_y l_z \\ M_y = F_x l_z - F_z l_y \\ M_z = F_y l_y - F_x l_x \end{cases} \tag{3-107}$$

式中，l_x 为集中力 F 的分力 F_x 与 z 轴之间的距离；l_y 为集中力 F 的分力 F_z 与 y 轴之间的距离；l_z 为集中力 F 的分力 F_y 与 x 轴之间的距离。

2. 导轨滑块副的内部载荷分配

在外部载荷的作用下，导轨滑块内部的载荷分布符合滚珠–滚道赫兹点接触理论。根据轴承和丝杠结合部的载荷分布可知，导轨和滑块之间是通过滚珠来进行载荷传递的，因此在滚珠与导轨和滑块接触处将会发生弹性变形。由轴承和丝杠分析过程中的各个参数表达式，即可以求得各个滚珠的变形与它们承载之间的相互关系表达式，最终求得整个导轨滑块副各个方向上的刚度。

导轨滑块副在未承受外部载荷时，其内部的滚珠由于受到预紧力的作用产生了一定的预变形，如图 3-47 所示。由图可知，各滚珠的预紧力大小均为 F_0，滚珠的原始直径为 D_w，接触角为 γ_0。为了过盈装配而实现预紧力效果，滚珠直径的增加值为 λ_w。装配完成后，各滚珠的弹性变形量为 δ_0。由于导轨、滑块与各滚珠之间的相互接触，它们滚道的曲率半径发生了变化。设 o_g 和 o_h 分别为导轨和滑块滚道变形后的曲率半径的中心。图中虚线代表的是滚珠受预紧力作用后的实际位置。

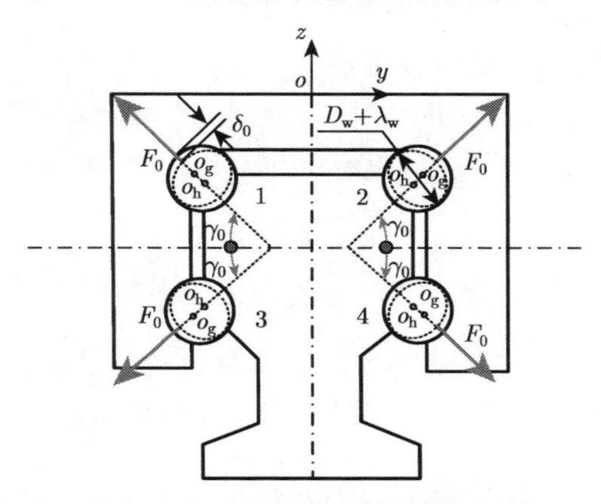

图 3-47 未承载的预紧导轨滑块副

根据赫兹接触理论，各滚珠在受到大小相等的预紧力 F_0 作用下，滚珠的弹性变形为

$$\delta_0 = \frac{K(e)}{\pi m_a} \sqrt[3]{\frac{9}{64} \left(\frac{1-\mu^2}{E} \right)^2 F_0^2 \sum \rho} \tag{3-108}$$

式中，各参变量的含义参照 3.3.2 节中角接触球轴承静刚度计算中的各参变量表达式。

当导轨滑块副承受外界负载后，导轨、滑块和滚珠之间将会进一步发生弹性变形，如图 3-48 所示。这里假定导轨的曲率中心不发生变化，而滑块的曲率中心由 o_{h} 变为 o_{h}'。又因为此时整个导轨滑块副受到不同类型的外载作用，所以各个滚珠的受载各不相同，其值用 F_{ij} 来表示。同理，负载作用导致的各个滚珠位置处的接触角也各不相同，用 γ_{ij} 来表示。外载作用导致的各个滚珠的弹性变形量为 δ_{ij}，它的数值大小也各不相同。

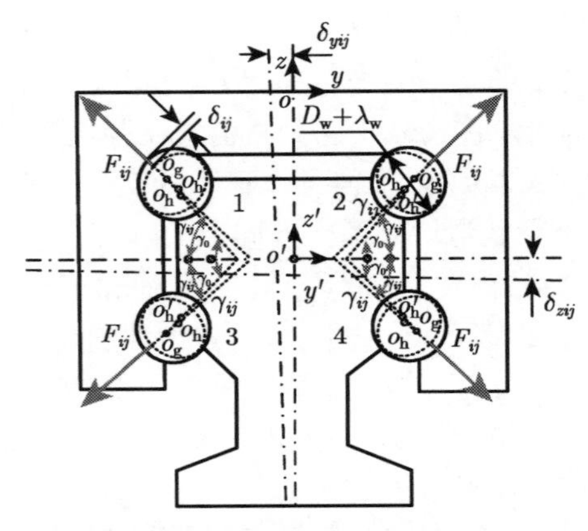

图 3-48　承载后的导轨滑块副

根据滑块的沟曲率中心在变形前后所发生的位移变化以及原始的导轨沟曲率中心 o_{g} 三者之间的相互关系，并将其相互之间的距离向原始坐标系的沿坐标轴方向上投影，即可以得到滑块在 y 轴和 z 轴方向上的移动量 δ_{yij} 和 δ_{zij} 的表达式为

$$\begin{cases} \delta_{yij} = T_y + \theta_x Z_{ij} + \theta_z X_{ij} \\ \delta_{zij} = T_z + \theta_y X_{ij} - \theta_x Y_{ij} \end{cases} \tag{3-109}$$

式中，X_{ij} 为沿坐标轴 x 方向上的位置点的坐标值；Y_{ij} 为沿坐标轴 y 方向上的位置点的坐标值；Z_{ij} 为沿坐标轴 z 方向上的位置点的坐标值；i 为滚珠的编号；j 为滚珠列的编号。

直线滚动导轨滑块副在承载后，各个滚珠的接触角发生了变化。设导轨滚道的曲率中心 o_{g} 与此时滑块滚道的曲率中心 o_{h}' 之间的距离沿 y 轴的投影距离为 L_{yij}，沿 z 轴的投影距离是 L_{zij}，根据图中的几何关系有

$$\begin{cases} L_{zij} = \delta_{zij} + 2fD_{\mathrm{w}}\sin\gamma_0 - (D_{\mathrm{w}} + \lambda)\sin\gamma_0 \\ L_{yij} = \delta_{yij} + 2fD_{\mathrm{w}}\cos\gamma_0 - (D_{\mathrm{w}} + \lambda)\sin\gamma_0 \end{cases} \tag{3-110}$$

式中，f 为滚珠和滚道之间的密合度；D_{w} 为滚珠直径；γ_0 为未承受负载时，各滚珠和滚道之间的原始接触角。

承受外载后的接触角表达式为

$$\begin{cases} \sin\gamma_{ij} = \dfrac{L_{zij}}{\sqrt{L_{zij}^2 + L_{yij}^2}} \\ \cos\gamma_{ij} = \dfrac{L_{yij}}{\sqrt{L_{yij}^2 + L_{zij}^2}} \end{cases} \tag{3-111}$$

由此，可以得到直线滚动导轨滑块副在承受外载作用后的各个滚珠的弹性变形量为

$$\delta_{ij} = (\lambda - \delta_0) + \sqrt{L_{zij}^2 + L_{yij}^2} - (2f-1)D_{\mathrm{w}} \tag{3-112}$$

而根据赫兹接触理论同样可以得到直线滚动导轨滑块副内部各个滚珠的弹性变形量 δ_{ij}。仿照式 (3-107) 并变形可以得到各个滚动体上的载荷 F_{ij} 的表达式，即

$$F_{ij} = \left[\frac{K(e)}{\pi m_a}\right]^{-\frac{3}{2}} \left[\frac{9}{64}\left(\frac{1-\mu^2}{E}\right)^2 \sum\rho\right]^{-\frac{1}{2}} \delta_{ij}^{\frac{3}{2}} \tag{3-113}$$

为了得到整个导轨滑块副在原始坐标系下的位移，需要对其进行静平衡分析。令 m 为承载滚珠的真实个数，n 为导轨滑块副内部的滚珠实际列数。根据 y、z 轴的力平衡方程可得

$$\begin{cases} \displaystyle\sum_{j=1}^{n}\sum_{i=1}^{m} F_{ij}\cos\gamma_{ij} - F_y = 0 \\ \displaystyle\sum_{j=1}^{n}\sum_{i=1}^{m} F_{ij}\sin\gamma_{ij} - F_z = 0 \end{cases} \tag{3-114}$$

同理，由 x、y、z 轴的力矩平衡方程有

$$\begin{cases} \displaystyle\sum_{j=1}^{n}\sum_{i=1}^{m} (Y_{ij}F_{ij}\sin\gamma_{ij} - Z_{ij}F_{ij}\cos\gamma_{ij}) - M_x = 0 \\ \displaystyle\sum_{j=1}^{n}\sum_{i=1}^{m} X_{ij}F_{ij}\sin\gamma_{ij} - M_y = 0 \\ \displaystyle\sum_{j=1}^{n}\sum_{i=1}^{m} X_{ij}F_{ij}\cos\gamma_{ij} - M_z = 0 \end{cases} \tag{3-115}$$

通过式 (3-115) 即可以得到直线滚动导轨滑块副在受到五种不同类型载荷作用后各个方向上的静刚度。

导轨滑块结合部沿坐标系 y 轴的垂向静刚度为

$$K_y = \frac{\partial F_y}{\partial T_y} = \frac{\partial \left(\sum_{j=1}^{n} \sum_{i=1}^{m} F_{ij} \cos \gamma_{ij} \right)}{\partial T_y} \tag{3-116}$$

导轨滑块结合部沿坐标系 z 轴的横向静刚度为

$$K_z = \frac{\partial F_z}{\partial T_z} = \frac{\partial \left(\sum_{j=1}^{n} \sum_{i=1}^{m} F_{ij} \sin \gamma_{ij} \right)}{\partial T_z} \tag{3-117}$$

导轨滑块结合部绕坐标系 x 轴的滚动角刚度为

$$K_{\theta x} = \frac{\partial M_x}{\partial \theta_x} = \frac{\partial \left(\sum_{j=1}^{n} \sum_{i=1}^{m} (Y_{ij} F_{ij} \sin \gamma_{ij} - Z_{ij} F_{ij} \cos \gamma_{ij}) \right)}{\partial \theta_x} \tag{3-118}$$

导轨滑块结合部绕坐标系 y 轴的俯仰角刚度为

$$K_{\theta y} = \frac{\partial M_y}{\partial \theta_y} = \frac{\partial \left(\sum_{j=1}^{n} \sum_{i=1}^{m} X_{ij} F_{ij} \sin \gamma_{ij} \right)}{\partial \theta_y} \tag{3-119}$$

导轨滑块结合部绕坐标系 z 轴的偏航角刚度为

$$K_{\theta z} = \frac{\partial M_z}{\partial \theta_z} = \frac{\partial \left(\sum_{j=1}^{n} \sum_{i=1}^{m} X_{ij} F_{ij} \cos \gamma_{ij} \right)}{\partial \theta_z} \tag{3-120}$$

3. 实例计算

搅拌摩擦焊机器人的导轨滑块副选用的是 THK 公司的产品，根据其所在位置的不同，大小有所不同。这里以 x 轴的导轨滑块，其型号是 SRN-55R 为例来计算其各个方向上的刚度。通过查找《THK 直线运动系统产品解说》，可知该型号导轨滑块副的各个尺寸参数，精度等级是 P 级、预压等级为重预压以及它的原始接触角为 45°。这种类型的导轨滑块副非常适用于需要高刚性、承受振动和冲击的场合，尤其适用于搅拌摩擦焊机器人的前 3 个关节上。它的基本额定载荷和静态容许力矩，如表 3-3 所示。它的预紧方式采用的是过盈配合的安装方式，根据应用场合不同，具体的预载荷数值如表 3-4 所示。

表 3-3 SRN-55R 直线滚动导轨滑块副的基本额定载荷和静态容许力矩

载荷类型	力和力矩	数值
基本额定载荷/kN	动载荷 C	131
	静载荷 C_0	266
静态容许力矩/(kN·m)	滚动力矩 M_x	4.19
	俯仰力矩 M_y	5.82
	偏航力矩 M_z	5.82

表 3-4 SRN-55R 直线滚动导轨滑块副的预压类型、预压值及应用场合

预压类型	预压值	应用场合
间隙 C_0	0	负荷方向固定，冲击和振动较小，并且两轴平行使用的场合
轻预压 C_1	$0.055C$	承受悬臂负荷或力矩负荷较小的场合，精度要求不严格
中预压 C_2	$0.08C$	需要高精度、承受振动和冲击的场合，负荷较大
重预压 C_3	$0.1C$	重型切削或机加工设备，要求精度很高、能够承受大的振动和冲击，适用于承受负荷很大的场合

为了模拟导轨滑块副在受到外载所导致的五种载荷时的刚度，这里假设外载集中力 $F = 100\text{kN}$，预紧力 $F_0 = 0.1C = 13.1\text{kN}$。为了得到导轨滑块副沿各个方向上的载荷分量，假设 $\alpha = 60°$，$\beta = 30°$，$l_x = l_y = 50\text{mm}$，$l_z = 25\text{mm}$。根据式 (3-106) 和式 (3-107) 即可以得到沿坐标轴各个方向上力和力矩载荷，并由式 (3-108)~ 式 (3-120) 即可以得到直线滚动导轨滑块副在各个方向上的静刚度。

为了描述型号为 SRN-55R 的直线滚动导轨滑块副各方向上的刚度变化趋势，将其集中力外载 F 的变化范围取为 10~120kN，则该导轨滑块副的垂向刚度和横向刚度随该集中力外载 F 的变化曲线如图 3-49 所示。

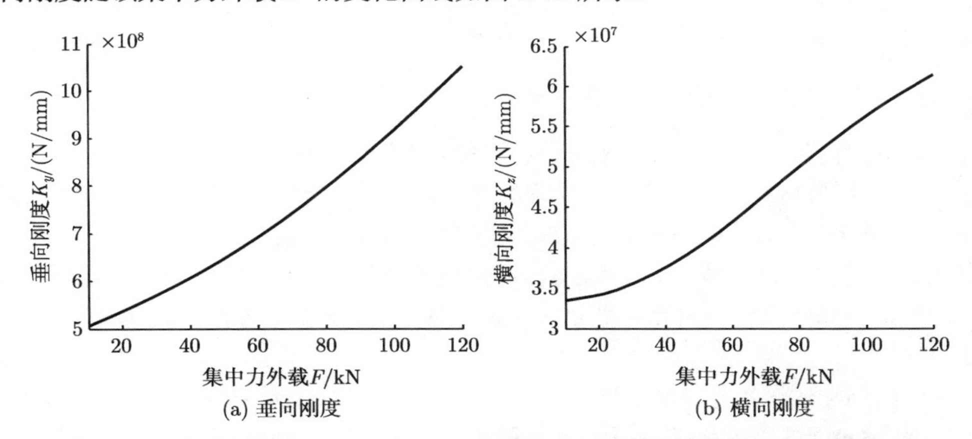

图 3-49 受外载作用后 SRN-55R 直线滚动导轨滑块副的垂向刚度和横向刚度

从图 3-49 中，可以得到如下结论：

(1) 同一型号的直线滚动导轨滑块副，当其所承受外载相同时，其垂向刚度要大于它的横向刚度。

(2) 导轨滑块副垂向刚度的增长速率较快，横向刚度的增长速率较慢。

(3) 承受同等外载情况下，它的垂向刚度比横向刚度高出一个数量级。

同理，在受到集中力外载 F 的作用后，它可以等效成绕三坐标轴的力矩载荷，将会使导轨滑块副产生滚动角、偏航角和俯仰角。因此，该导轨滑块副的三个角刚度随该集中力外载 F 的变化曲线如图 3-50 所示。

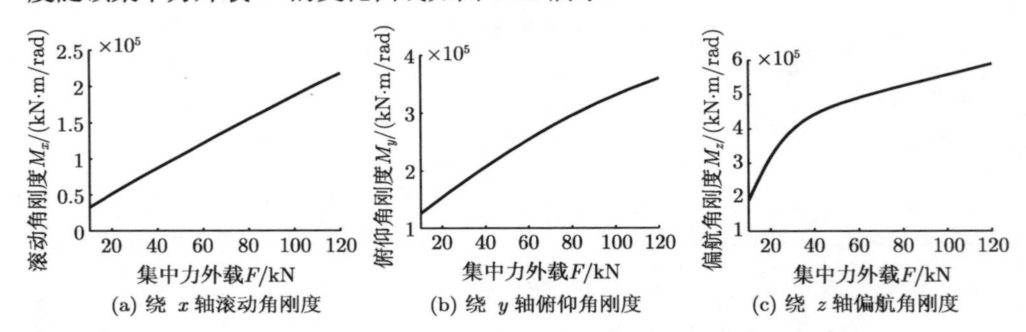

图 3-50 受外载作用后 SRN-55R 直线滚动导轨滑块副的角刚度

从图 3-50 中，可以得到如下结论：

(1) 在承受同样集中力外载 F 作用下，直线滚动导轨滑块副的偏航角刚度最大，俯仰角刚度次之，滚动角刚度最小。

(2) 随集中力外载 F 的变化，直线滚动导轨滑块副的偏航角刚度增长率稍慢，其他两种角刚度的增长率较快。

(3) 三种角刚度的数值都在同一数量级之内，相互之间的差距在 1 倍左右。

3.5.3 导轨滑块副的静刚度有限元仿真

根据前两种结合部类型的刚度分析可知，理论计算忽略了结构的柔性以及赫兹接触理论的近似性。因此，更为准确的刚度计算方法当属于有限元分析方法。根据 SRN-55R 直线滚动导轨滑块副的几何参数，通过对其建立三维模型并施加上述同样大小和方向的外载，最后将分析得到的直线滚动导轨滑块副各个方向上的刚度与理论计算结果进行对比，即可以得到有限元分析方法的刚度与理论计算结果之间的误差。

考虑到直线滚动导轨滑块副比较复杂，在实际的有限元分析过程中要尽量简化模型，避免不重要的细节浪费机时。因此，在进行导轨滑块副建模时，要忽略一些细小不重要的部位，尽量做到模型简化。该分析类型中含有大量的非线性接触，因此要着重对滚珠与滑块和导轨滚道之间的接触部位进行局部细化，以加快计算结果的收敛速度，并且提高计算精度。这里的处理方法同样是将滚珠和与其相接触的结构表面进行分割，只需将此区域的网格细化到一定程度即可，其他区域网格可以稍大些，这样避免了整体网格数量过多。直线滚动导轨滑块副的接触区分割之后的三维模型，如图 3-51 所示。

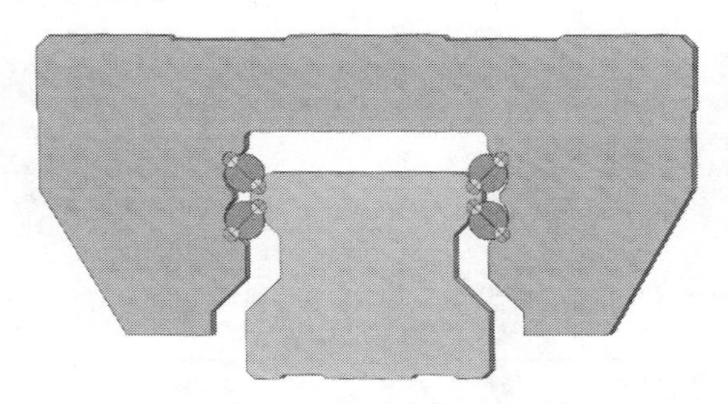

图 3-51 接触区表面的局部分割

在实际建模过程中，可考虑建立半个滚珠截面的结合部模型，然后通过镜像和阵列等方式来扩展到整个导轨滑块副的三维模型。直线滚动导轨滑块副的网格划分同样参照上述两种结合部网格的划分，单元类型选择为 Solid45，采用全六面体单元有助于增强网格的质量，从而进一步提高结果的准确性。接触区域的接触单元同样采用的是面面接触类型，其中接触单元选用的是 Conta174，目标单元类型是 Target170。最终整个直线导轨滑块副的节点数为 985221，单元数量为 643482。

分析过程中，仿照导轨滑块副的实际安装位置，将导轨的下底面施加固定约束，将滑块和滚珠在沿导轨移动方向的自由度约束住，并放开其他方向上的自由度。根据理论计算中集中力外载 F 的作用位置、大小和方向施加于滑块上表面。通过查阅相关手册，可以得到整个直线滚动导轨滑块副各个零件的材料参数，如表 3-5 所示。

表 3-5 SRN-55R 直线滚动导轨滑块副的材料属性

组件	材质	弹性模量 E/GPa	泊松比 ν
滑块	20-CrMo	204	0.28
导轨	GCr-15	206	0.3
滚珠	20-CrMo	204	0.28

为了模拟滚珠和上下滚道之间由于过盈装配所形成的预紧力效果，有限元建模过程中要将过盈配合考虑进去。查手册可得 SRN-55R 直线滚动导轨滑块副滚珠的预压量 $\lambda = 3\mu\text{m}$，起初的模型有一定的干涉，但是提交计算后软件会自动模拟过盈装配的效果，也就是将导轨滑块副的预紧力添加进去。在滑块中心位置建立局部笛卡儿坐标系，集中力外载 $F = 50\text{kN}$，采用瞬态非线性分析类型并打开预应力开

关和大变形选项，最后提交 ANSYS 分析计算。计算完成后，得到 SRN-55R 直线滚动导轨滑块副的位移切片云图和应力切片云图，如图 3-52 所示。

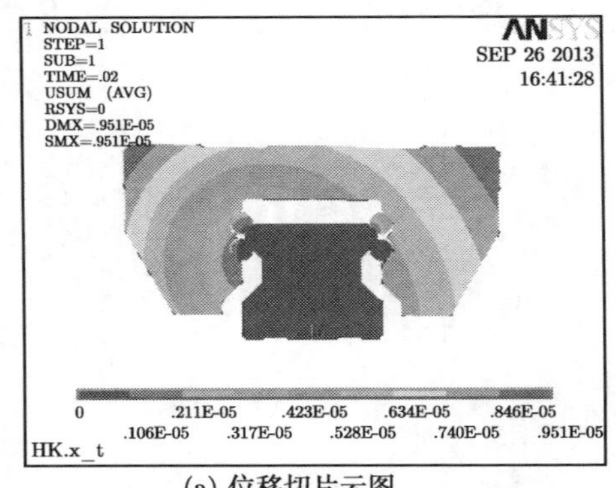

(a) 位移切片云图

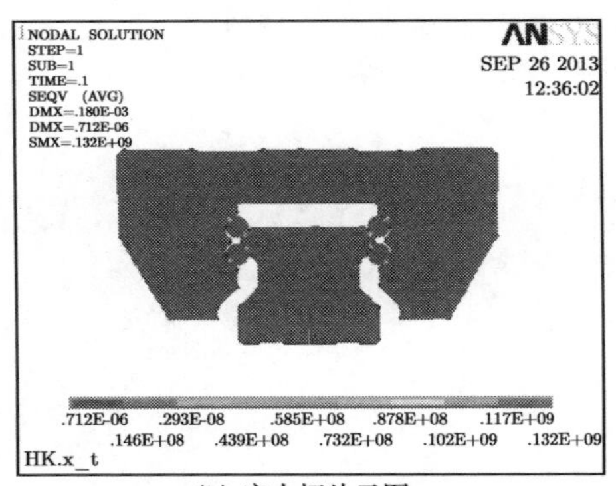

(b) 应力切片云图

图 3-52　SRN-55R 直线滚动导轨滑块副有限元分析结果

从图 3-52 中可以发现，直线滚动导轨滑块副在承受给定集中力外载的作用下，其合位移为 0.951×10^{-5}mm，最大 Von Mises 应力为 132MPa。集中力外载的作用方向是从导轨滑块副的右上方到左下方，又根据上述理论分析可知导轨滑块副的滚动角刚度相比其他两个方向上的角刚度要弱一些，因此整个导轨滑块副绕导轨方向的转动明显。由位移切片云图还可以看出：滑块上端左右两侧的位移变化最明显；而对于滚珠的位移来说，只有右下角的滚珠位移最小，其他三个位置滚珠的位移均有不同程度的变化。从应力切片云图可以看出，右上角和左下角的滚珠与导轨和滑块滚道的接触区域应力最大，其他两个接触区的接触应力次之。

通过对分析结果进行数据提取，可以得到整个导轨滑块副沿坐标轴的线位移和绕坐标轴的角位移。最后，根据刚度计算公式，用各个方向上的力和力矩除以对应方向上的位移或转角即可得到整个导轨滑块副的刚度数据。为了与理论分析的刚度曲线进行对比，这里选择 6 个数值大小不同的集中力外载，分别作用于该导轨滑块副上。最终，通过有限元分析和后续计算绘制出这 6 个样本点的刚度曲线。SRN-55R 直线滚动导轨滑块副的线刚度有限元分析结果和理论计算结果对比，如图 3-53 所示。

从图 3-53 中，可以得到如下结论：

(1) 有限元分析所考虑的因素更全面，因此直线滚动导轨滑块副的垂向刚度和横向刚度的有限元分析数据都要小于对应的理论计算值。

(2) 随着集中力外载的增加，直线滚动导轨滑块副的垂向刚度的有限元分析结果逐渐逼近于理论计算结果。

(3) SRN-55R 直线滚动导轨滑块副横向刚度的有限元分析数据和理论计算值

有一定的差距。随集中力外载的增长，差距变化不大。

SRN-55R 直线滚动导轨滑块副的角刚度有限元分析结果和理论计算结果对比，如图 3-54 所示。

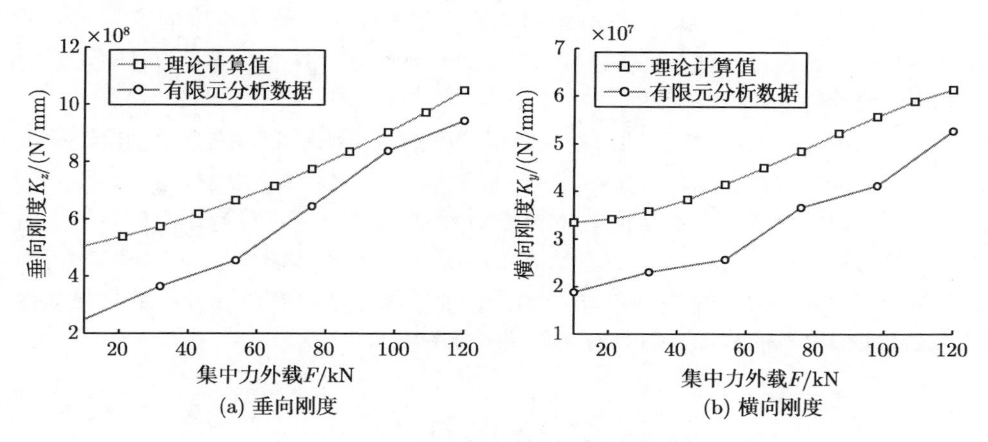

(a) 垂向刚度 (b) 横向刚度

图 3-53 SRN-55R 直线滚动导轨滑块副线刚度对比

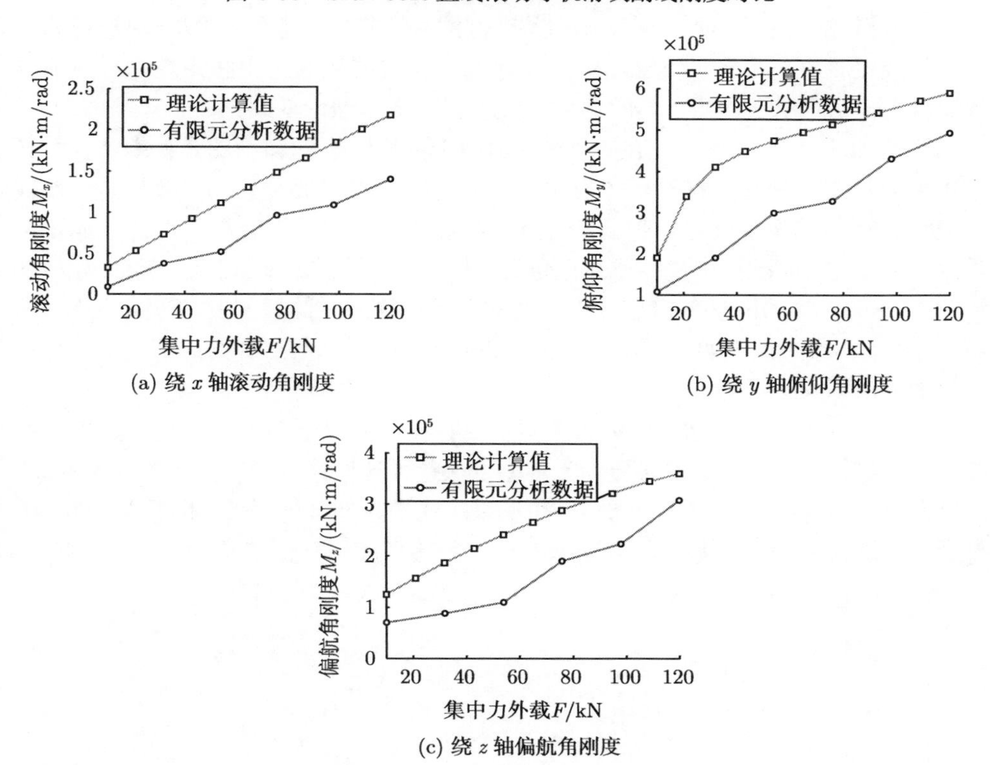

(a) 绕 x 轴滚动角刚度 (b) 绕 y 轴俯仰角刚度

(c) 绕 z 轴偏航角刚度

图 3-54 SRN-55R 直线滚动导轨滑块副角刚度对比

从图 3-54 中，可以得到如下结论：

(1) 随着集中力外载的增加，直线滚动导轨滑块副的滚动角刚度有限元分析数据要小于理论计算值。

(2) SRN-55R 直线滚动导轨滑块副的俯仰角刚度和偏航角刚度的有限元分析数据都要小于理论计算值，但是随着集中力外载的增加，两种角刚度的有限元分析结果和理论计算结果比较接近。

经过上述对 SRN-55R 直线滚动导轨滑块副的两个线刚度和三个角刚度进行理论计算与有限元分析，最终发现有限元分析数据普遍偏低，这主要是由于有限元分析方法所考虑的因素更多更全面，如导轨和滑块的结构变形、载荷作用后接触角的变化以及材料的非线性等因素。因此，在后续进行的搅拌摩擦焊机器人整机静力和动力学分析过程中，各个直线滚动导轨结合部的刚度要以有限元分析的结果为依据，这样使得整机的静动态特性分析结果更加准确。

3.6　本章小结

根据搅拌摩擦焊机器人三种动态结合部的共同特点，建立了滚珠–滚道赫兹点接触的理论模型，得到了滚珠和滚道在接触点位置的接触应力和弹性趋近量的求解流程，这为后续三种结合部的具体刚度求解奠定了理论基础。

针对轴承结合部给出了角接触球轴承用于刚度计算的详细的几何参数，对其在预紧力作用下的静刚度进行了理论推导并进行了有限元分析和试验验证，发现有限元方法与试验数据更加吻合。之后，对角接触球轴承的动刚度进行了理论推导，并在 Ls-Dyna 软件中进行非线性仿真分析。最终得到在转速低于 1000r/min 的情况下，60TAC120B 型角接触球轴承动刚度近似等于它的静刚度。仿照该仿真结果，由于搅拌摩擦焊机器人进给系统的电机转速很低，其他两种结合部只需计算它们的静刚度即可。

基于上面的分析方法，分别对在预紧力存在的情况下的滚珠丝杠结合部的轴向刚度和导轨滑块结合部的各方向上的刚度进行了理论计算和有限元仿真分析；并通过搅拌摩擦焊机器人在各自结合部中所采用的实际型号进行了实际力学计算，所得到的仿真曲线为后续整机的静动态特性和焊接精度仿真创造了条件。

第4章 搅拌摩擦焊机器人机械结构设计

4.1 引　　言

搅拌摩擦焊装备的结构系统主体部分包括 XYZ 轴、AB 轴、搅拌头主轴和回转工作台等结构。XYZ 轴主要由支撑大件、导向机构、传动机构、平衡补偿系统、驱动系统、检测系统组成。其中，支撑大件包括床身、立柱、滑鞍、滑枕，它们是其他零部件连接、固定、运动的基础；导向机构主要采用滚动导轨形式，包括直线导轨、滑块以及固定装置，它们主要起到运动导向作用，在很大程度上决定了该机器人的刚度精度与精度的保持性；传动机构主要采用滚珠丝杠传动，包括丝杠螺母副与两端的支撑驱动结构，它们主要提供动力传递、精密定位的功能。AB 轴主要由 A 轴支撑、B 轴支撑、A 轴传动与 B 轴传动组成。其中 AB 轴传动均采用双蜗轮蜗杆驱动，以满足搅拌摩擦焊大焊接负载的需求。搅拌头主轴主要包括支撑结构与传动机构。两自由度的功能使得其需要两个支撑结构与传动结构，并融为一体。转台要求为数控回转工作台，其组成结构主要包括支撑结构、导向机构与传动机构。转台设计时要求无液压源，以免液压泄露造成环境污染。

4.2 XYZ 轴系统设计

XYZ 轴系统是搅拌摩擦焊机器人的基础部件，实现空间 3 个相互垂直坐标轴的直线运动。各个部件之间均采用滚珠丝杠驱动、直线导轨导向的运动形式，故 XYZ 轴部件之间的连接部分主要是丝杠螺母法兰以及直线导轨滑块的螺栓固定。以下分别对 XYZ 轴的零部件组成、装配工艺性，以及关键零件的设计及加工制造做详细的论述。

4.2.1 功能要求与设计指标

XYZ 轴是整个机器人系统的支撑部件，其刚度、关键部件精度等因素对整个系统性能影响很大，所以设计时需要考虑以下几种性能要求：

(1) 高刚度及良好的抗震性；

(2) 良好的热稳定性；

(3) 良好的运动精度和低速稳定性；

(4) 良好的操作、安全防护性能。

根据 2.2 节中总体技术指标，XYZ 轴的技术指标如表 4-1 所示。

表 4-1　XYZ 轴的技术指标

轴	行程/m	定位精度/mm	重复定位精度/mm	无载快移速度/(m/min)	满载快移速度/(m/min)	可承担负载/N
X	3.5	0.05	0.03	3	1.25	12000
Y	1.8	0.05	0.03	3	1.25	50000
Z	1.6	0.05	0.03	3	1.25	50000

4.2.2　总体结构方案

1. 机械构型

根据总体方案分析机械构型方案选择双立柱正挂式结构，其结构设计时参考现有卧式加工中心的结构。其机械构型如图 4-1 所示，主支撑结构包括床身、立柱、滑鞍与滑枕。

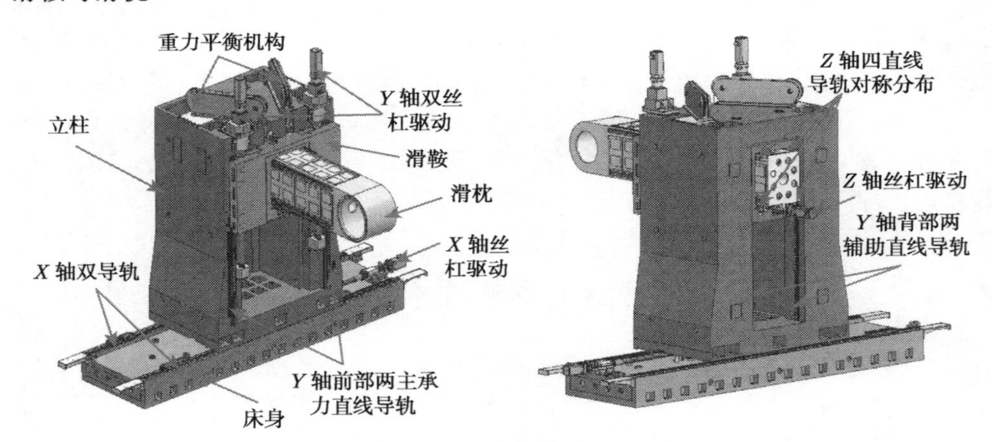

图 4-1　XYZ 轴系统机械构型

床身与立柱之间通过 X 轴导轨与滚珠丝杠连接，立柱与滑鞍之间通过 Y 轴导轨与滚珠丝杠连接，滑鞍与滑枕之间通过 Z 轴导轨与滚珠丝杠连接。X 轴采用两导轨、单根丝杠的布局方式，立柱相对底座运动时，导轨与丝杠静止、滑块与螺母运动；Y 轴采用四导轨、双丝杠布局方式，滑鞍相对立柱运动时，导轨与丝杠静止、滑块与螺母运动；Z 轴采用四导轨、单丝杠布局方式，滑枕相对滑鞍运动时，滑块与螺母静止、导轨与丝杠运动。

XYZ 轴系统还包括重力平衡结构与质心补偿结构，重力平衡采用部分配重的方式平衡竖直运动部件的部分重量。质心补偿结构布置在滑鞍与立柱之间，其目的是平衡由水平方向运动部件质心变化引起的弯矩，减小 Y 轴导轨磨损、提高焊接精度。

此外，XYZ 轴系统还包括检测装置和安全防护装置。

2. 导轨丝杠布置方式

X、Y、Z 轴导轨的布局结构如图 4-2～ 图 4-4 所示。

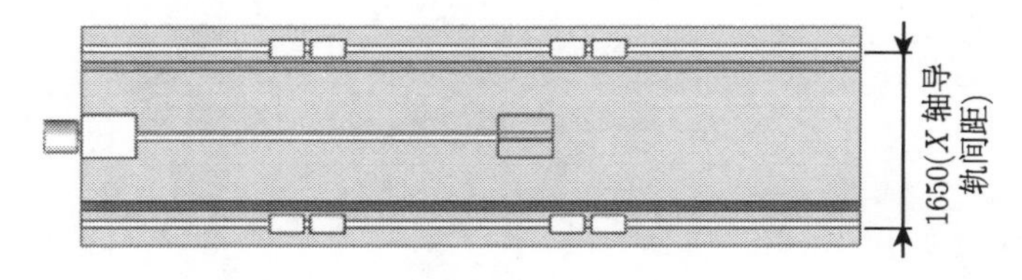

图 4-2　X 轴导轨丝杠布置方案

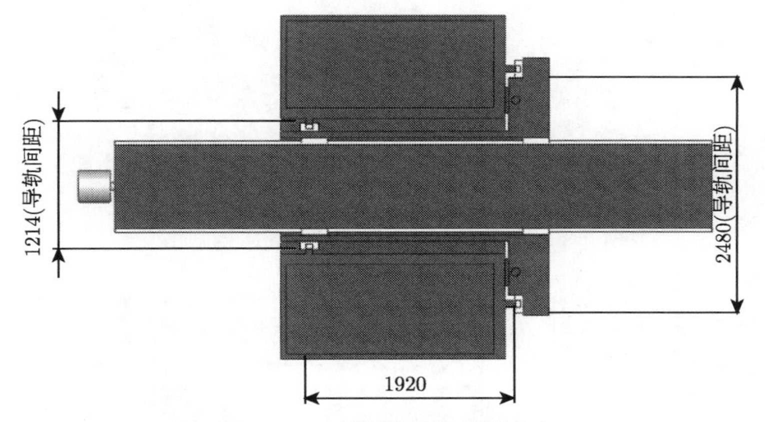

图 4-3　Y 轴导轨丝杠布置方案

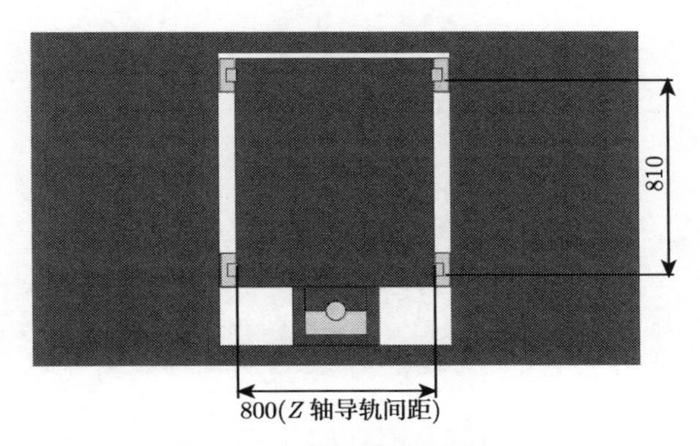

图 4-4　Z 轴导轨丝杠布置方案

3. 关键尺寸关系

下面给出 XYZ 轴系统设计的关键尺寸图。图 4-5 为 X 轴向关键结构尺寸及其相关尺寸图；图 4-6 为 Y 轴向关键结构尺寸及其相关尺寸图；图 4-7 为 Z 轴向关键结构尺寸及其相关尺寸图。

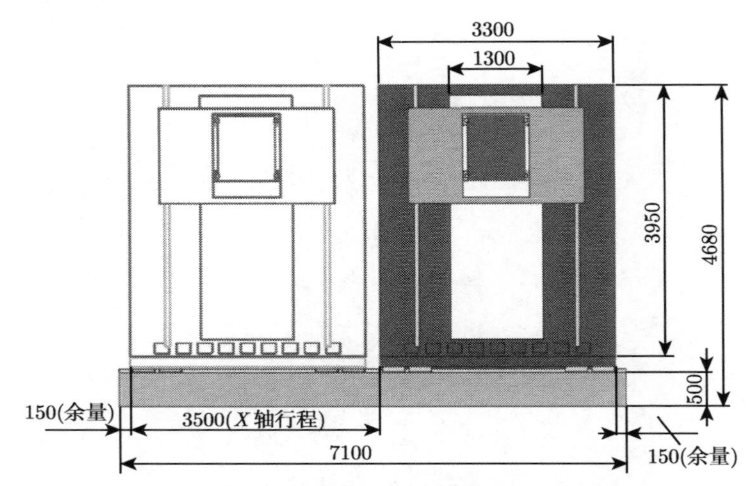

图 4-5　X 轴向关键结构尺寸及其相关尺寸图

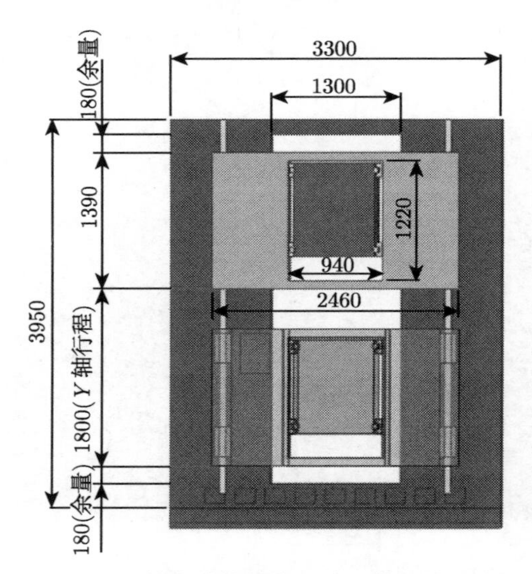

图 4-6　Y 轴向关键结构尺寸及其相关尺寸图

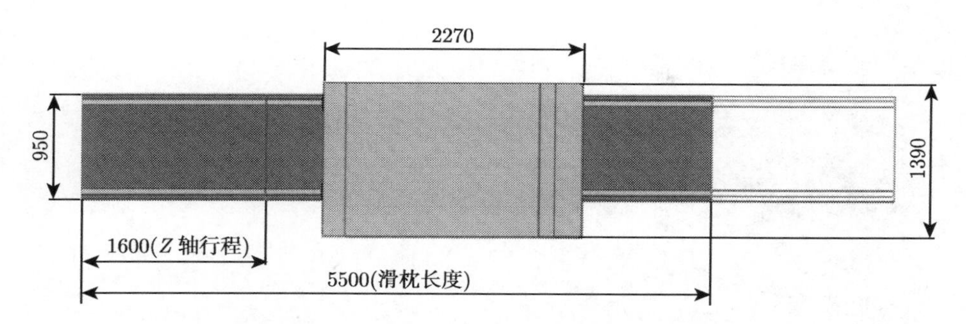

图 4-7 *Z* 轴向关键结构尺寸及其相关尺寸图

4.2.3 零部件结构设计

1. *X* 轴零部件结构设计

X 轴部件安装在建好的地面基础上，整个机床的部件都坐在 *X* 轴部件上，是整个机床的基础。*X* 轴主要由床身、直线驱动单元组件、直线导轨组件以及安全防护组件等零部件组成，其装配图如图 4-8 所示。

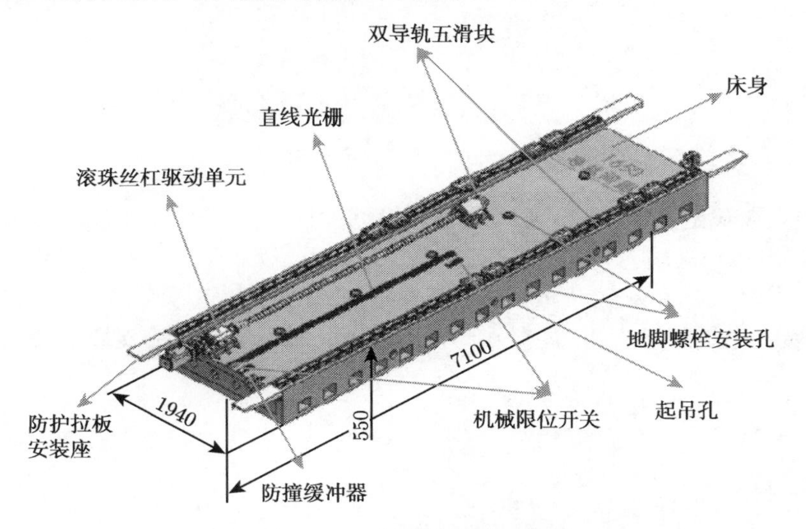

图 4-8 *X* 轴部件装配示意图

直线驱动单元主要由同步伺服电机、行星减速器、膜片联轴器、丝杠专用轴承、轴承座、滚珠丝杠副组成，丝杠两端支撑结构如图 4-9 所示。

直线导轨采用 THK 超重型滚珠导轨，直线导轨与床身通过螺钉连接，同时采用夹紧结构，防止导轨侧向窜动，如图 4-10 所示。

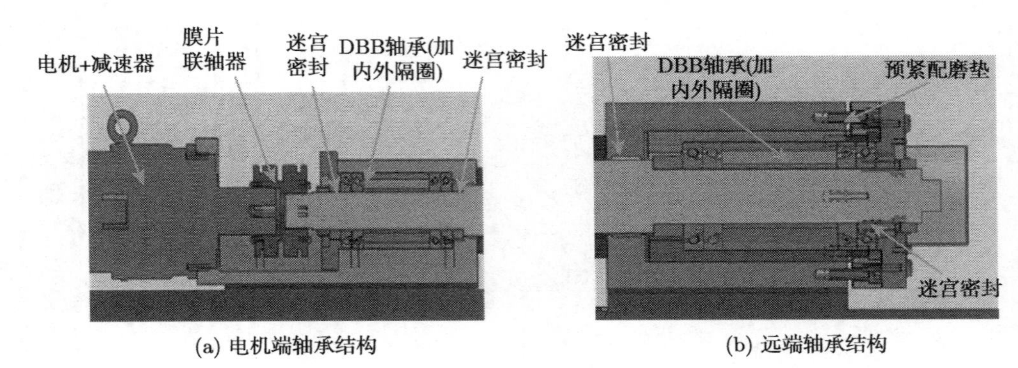

(a) 电机端轴承结构　　(b) 远端轴承结构

图 4-9　X 轴驱动结构

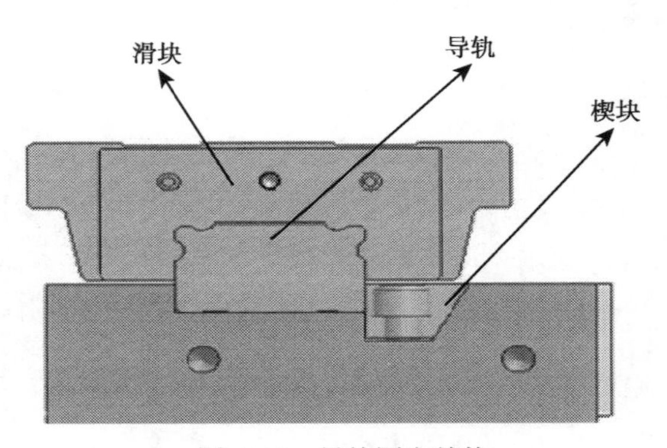

图 4-10　导轨固定结构

直线光栅尺是闭环控制的必备原件；机械行程限位开关以及防撞缓冲器是安全防护措施；防护拉板安装支座起到密封防尘作用，保护滚珠丝杠及直线导轨。

床身采用 HT300 铸造而成，采用典型的中空框架结构，如图 4-11 所示。床身两端并列 16 个地脚螺栓孔，同时在中部增加 5 个辅助地脚螺栓支撑，以增加基础的刚性。

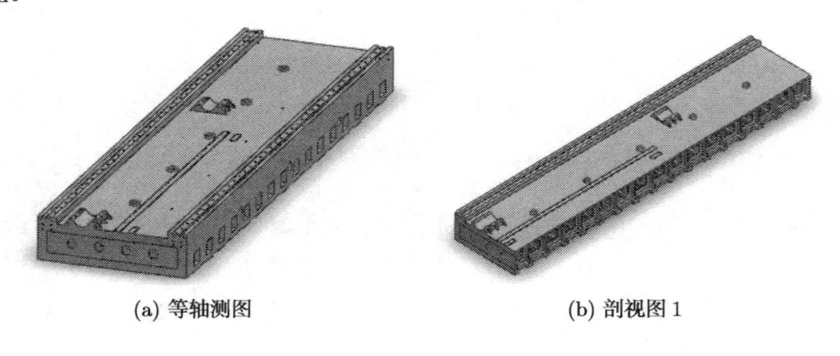

(a) 等轴测图　　(b) 剖视图 1

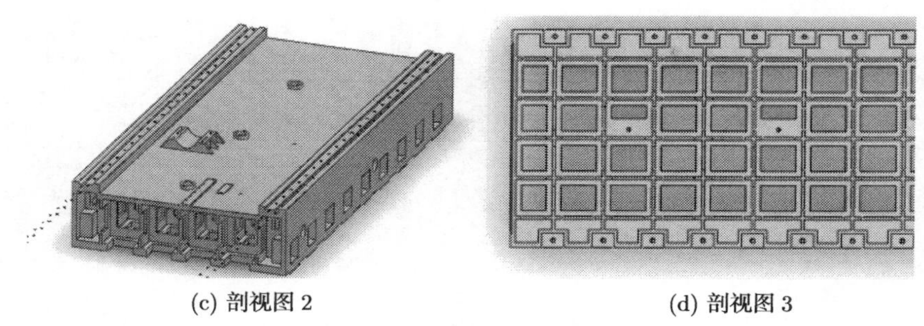

(c) 剖视图 2　　(d) 剖视图 3

图 4-11　X 轴床身结构图

2. Y 轴零部件结构设计

Y 轴主要由立柱、滑鞍、双直线驱动单元组件、直线导轨组件以及安全防护组件等零部件组成，其装配图如图 4-12 所示。

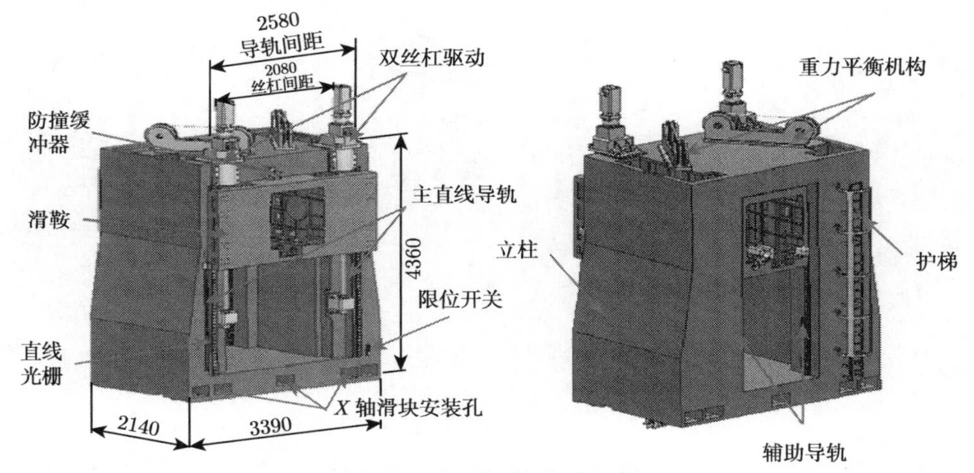

图 4-12　Y 轴零部件装配图

Y 轴因为是竖直运动，重力平衡量较小，轴向载荷很大，所以采用双电机驱动。直线驱动单元主要由同步伺服电机、行星减速器、膜片联轴器、制动器、丝杠专用轴承、轴承座、滚珠丝杠副组成，具体结构图如图 4-13 所示。

Y 轴采用 4 条直线导轨的布置方式，其中两条主承力导轨布置在立柱前侧，两条辅助支撑导轨布置在立柱后部，以增加滑鞍运动的平稳性。立柱前侧两条直线导轨与立柱通过螺钉连接，同样采用楔块夹紧结构，结构与图 4-10 相似。

Y 轴立柱采用整体式结构，虽然加工、装配难度大一些，但比分体式结构刚性高，有利于提高加工精度。立柱采用 HT300 铸造而成，整体构型为一四边形框。立柱两支撑侧做成中空形式，用来放置重力平衡的重锤。在框架内侧的上下面开孔，方便出砂，其结构图如图 4-14 所示。

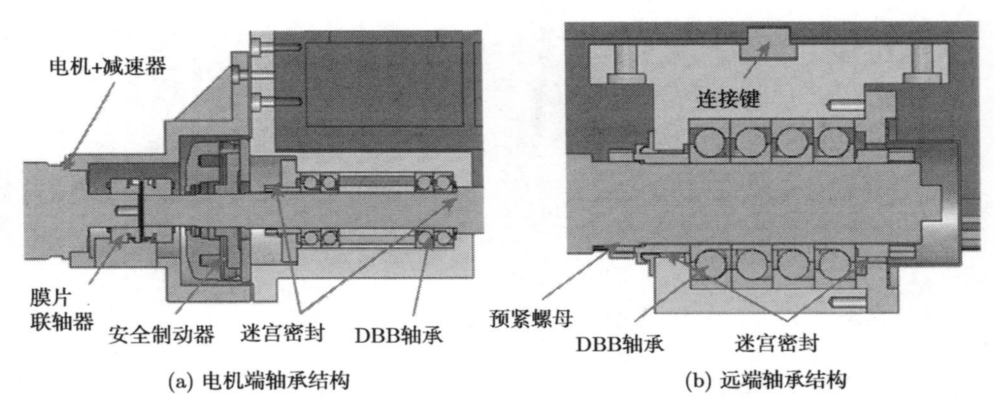

(a) 电机端轴承结构　　　　(b) 远端轴承结构

图 4-13　Y 轴驱动结构

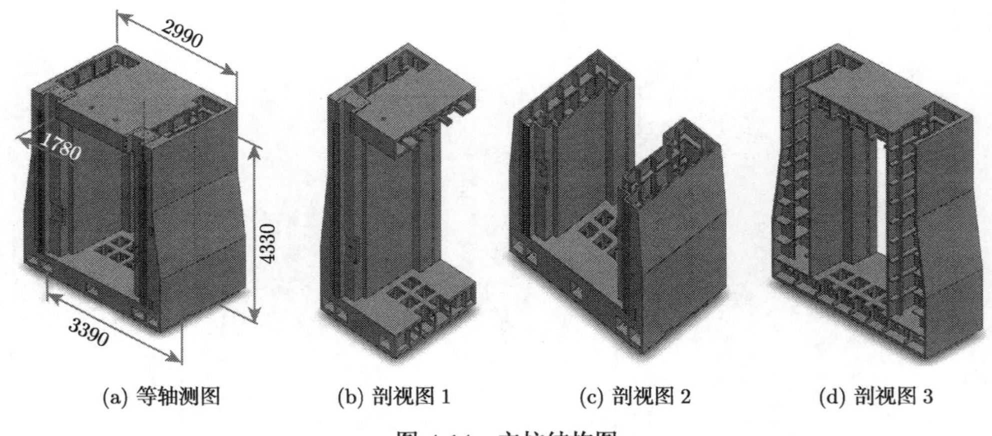

(a) 等轴测图　　(b) 剖视图 1　　(c) 剖视图 2　　(d) 剖视图 3

图 4-14　立柱结构图

滑鞍是立柱与滑枕连接的中间部件，非常关键，采用 HT300 铸造而成，外形为倒 T 字形。Y 轴丝杠驱动螺母座及直线导轨滑块安装凸台均位于滑鞍前侧，Z 轴丝杠驱动螺母座及直线导轨滑块安装凸台位于滑鞍框架内部，如图 4-15 所示。

Y 轴同样有直线光栅尺、机械行程限位开关、防撞缓冲器等安全防护元件，同时采用手风琴防护罩。

3. Z 轴零部件结构设计

Z 轴主要由滑枕、直线驱动单元组件、直线导轨组件等零部件组成，其装配图如图 4-16 所示。

Z 轴采用 4 条直线导轨对称布置方式，其中下面 2 条直线导轨是主承力导轨，上面 2 条直线导轨起辅助支撑作用，以增加滑枕运动的平稳性。立柱前侧 2 条直线导轨与立柱通过螺钉连接，同样采用楔块夹紧结构，结构与图 4-10 相似。

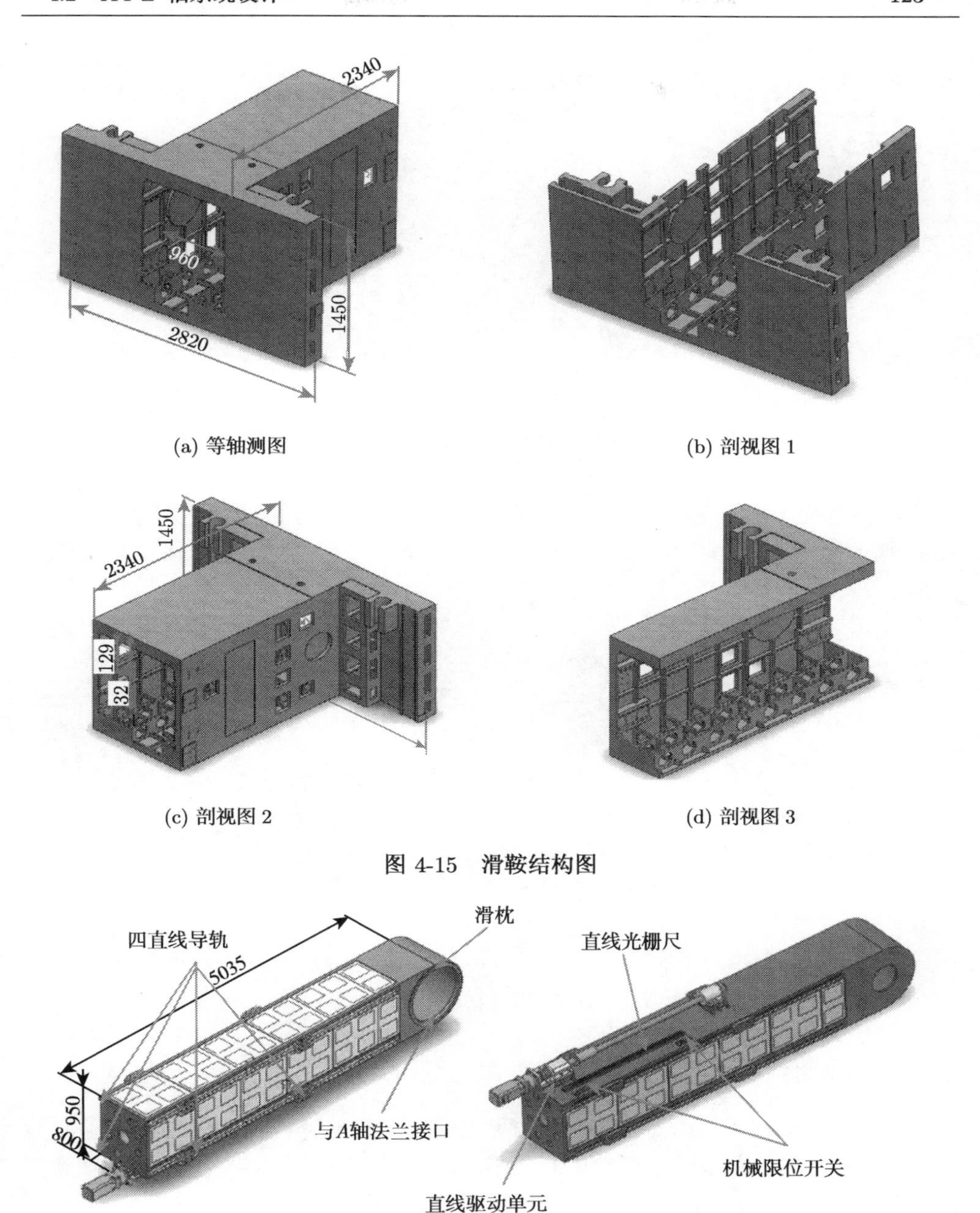

(a) 等轴测图 (b) 剖视图 1

(c) 剖视图 2 (d) 剖视图 3

图 4-15 滑鞍结构图

图 4-16 *Z* 轴零部件装配图

直线驱动单元主要由同步伺服电机、行星减速器、膜片联轴器、丝杠专用轴承、轴承座、滚珠丝杠副组成，具体结构图如图 4-17 所示。

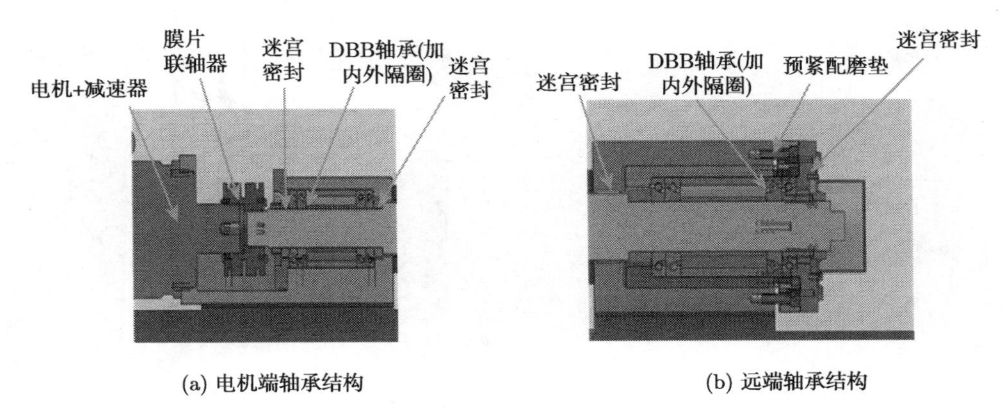

(a) 电机端轴承结构

(b) 远端轴承结构

图 4-17 Z 轴驱动结构

Z 轴滑枕采用铸钢铸造而成，如图 4-18 所示。床身整体采用米字筋布置，在保证刚度的情况下，可以大幅减少重量。其端部与 AB 轴法兰连接，故设计成圆形。

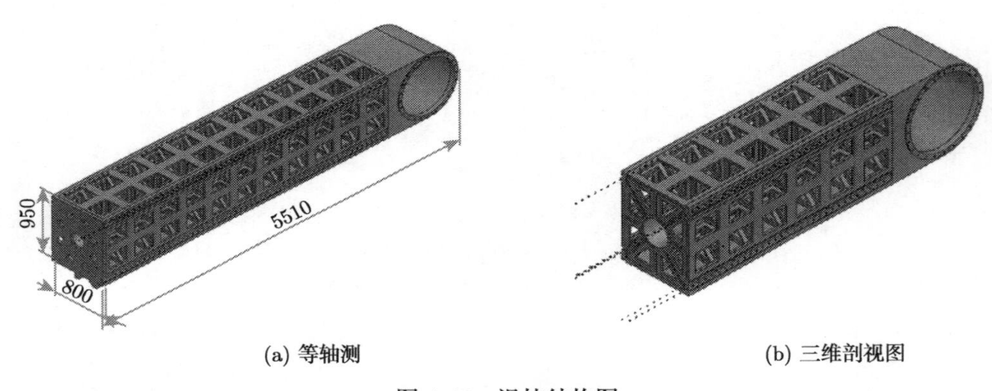

(a) 等轴测

(b) 三维剖视图

图 4-18 滑枕结构图

4.2.4 关键零部件的有限元分析

由于搅拌摩擦焊机床具有典型的四种工况，通过初步分析发现，瓜瓣焊工况是搅拌摩擦焊机床最典型的工况，故基于瓜瓣焊工况 (瓜瓣最顶端)，对 XYZ 轴部件的一些关键零部件，即床身、立柱、滑鞍、滑枕进行强度、刚度、模态分析。

1. 关键零部件的强度及刚度分析

具体的模型简化、网格划分以及约束加载在此不做详细介绍，在此仅列举各个组件和零件的强度与变形云图，如图 4-19~ 图 4-22 所示。

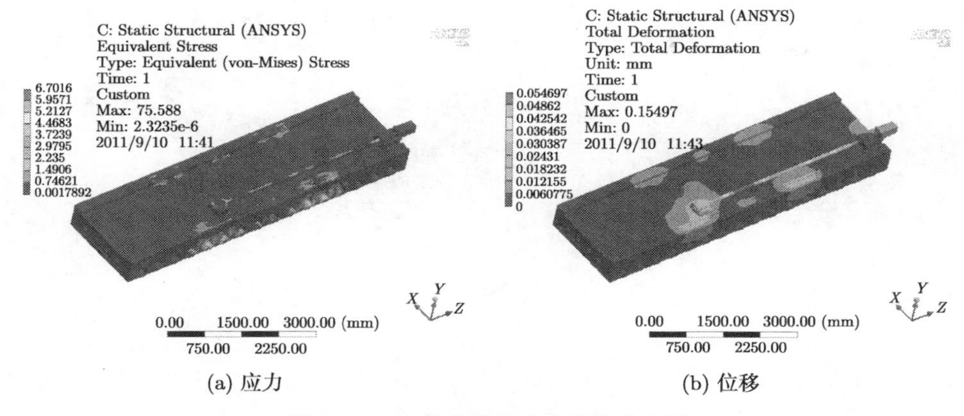

(a) 应力　(b) 位移

图 4-19　X 轴组件的应力和位移云图

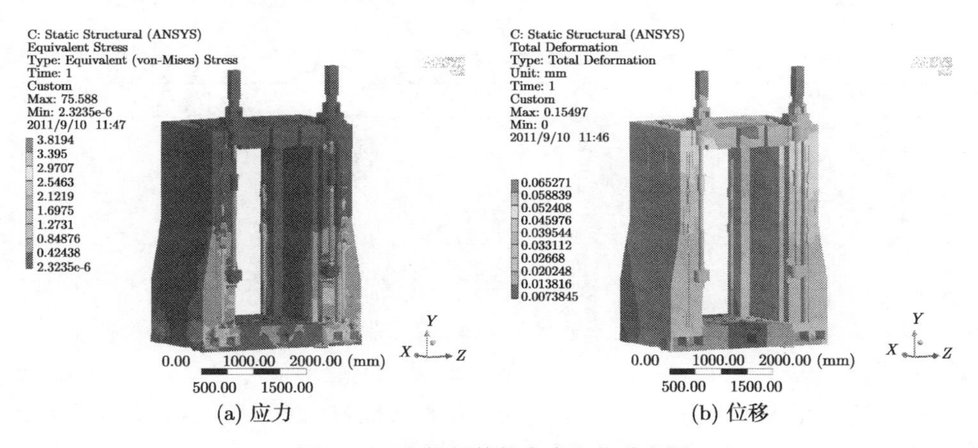

(a) 应力　(b) 位移

图 4-20　立柱组件的应力和位移云图

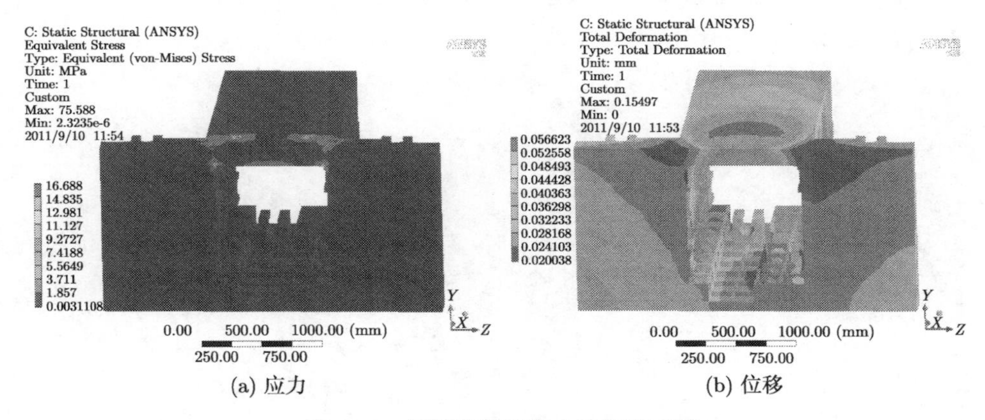

(a) 应力　(b) 位移

图 4-21　滑鞍组件的应力和位移云图

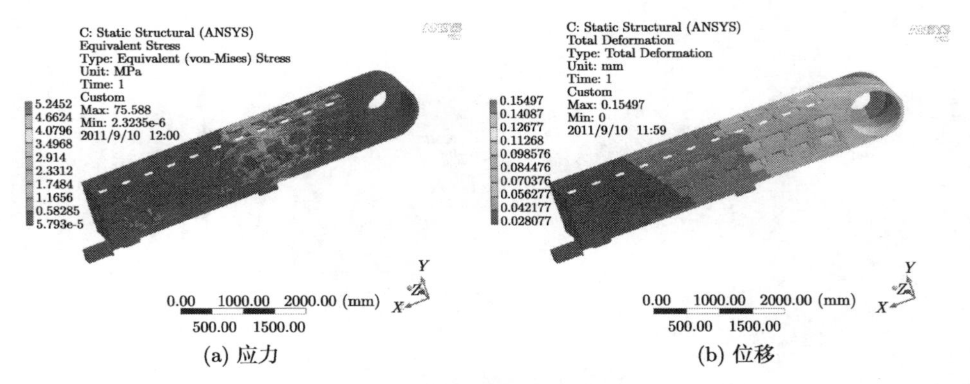

(a) 应力　　(b) 位移

图 4-22　Z 轴组件的应力和位移云图

综上所述，搅拌摩擦焊机器人各零部件的强度和位移值如表 4-2 所示。

表 4-2　各零部件的强度和位移值

零部件名称	强度/MPa	位移/mm
X 轴组件	6.7	0.0547
Y 轴组件	3.8	0.0653
滑鞍组件	16.7	0.0566
Z 轴组件	5.3	0.1549

通过表 4-2 可以看出，搅拌摩擦焊机床 XYZ 轴在瓜瓣焊的焊接工况过程中各个关键零部件的应力都比较小，远远小于材料的屈服强度。通过零部件的应力和位移数值列表 4-2，可以发现在瓜瓣焊工况 Z 轴滑枕的变形量已达到 0.1549mm，该值与 X、Y 轴相比大很多。从结构构型看，Z 轴滑枕为外伸悬臂梁结构，悬臂伸出达 2875mm，故造成其变形较大。

为了验证 Z 轴滑枕结构的合理性，在瓜瓣焊工况下，分别对 Z 轴滑枕为实体结构以及滑枕为现有筋板结构进行了刚度分析，如图 4-23 所示。

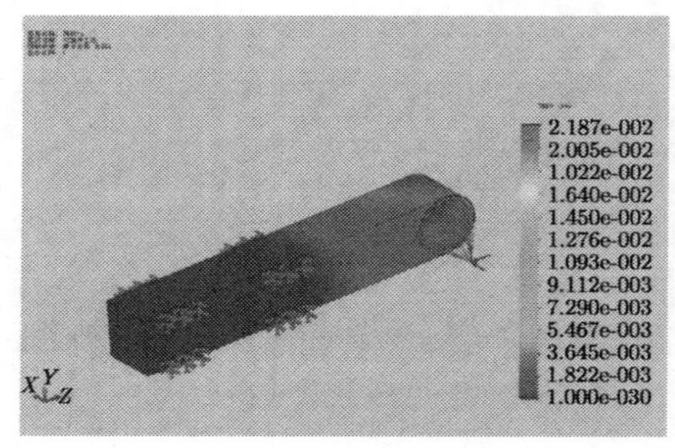

(a) 实体结构

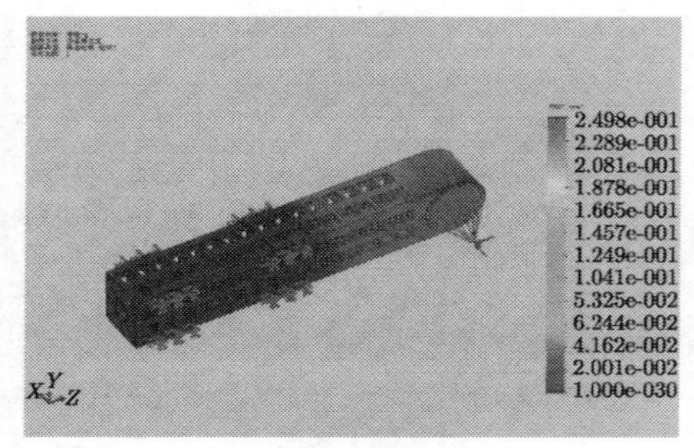

(b) 现有筋板结构

图 4-23　Z 轴滑枕两种结构刚度对比

从有限元分析结果可以看出，Z 轴滑枕为实体结构时，最大变形量为 0.219mm；当 Z 轴滑枕为现有筋板结构时，最大变形量为 0.25mm；最大变形量增加了 14%。但现有筋板结构的质量为 6t，实体结构的质量为 29t，质量减少了 79.3%。即该结构在减重 79.3%的基础上，刚度只损失了 14%。由此可见，该结构的筋板布置、结构形式是合理的。若要减少 Z 轴的变形量，只能减少悬臂值，或者增加截面尺寸。

2. 关键零部件的模态分析

XYZ 轴各零部件的模态振型云图如图 4-24～ 图 4-27 所示。

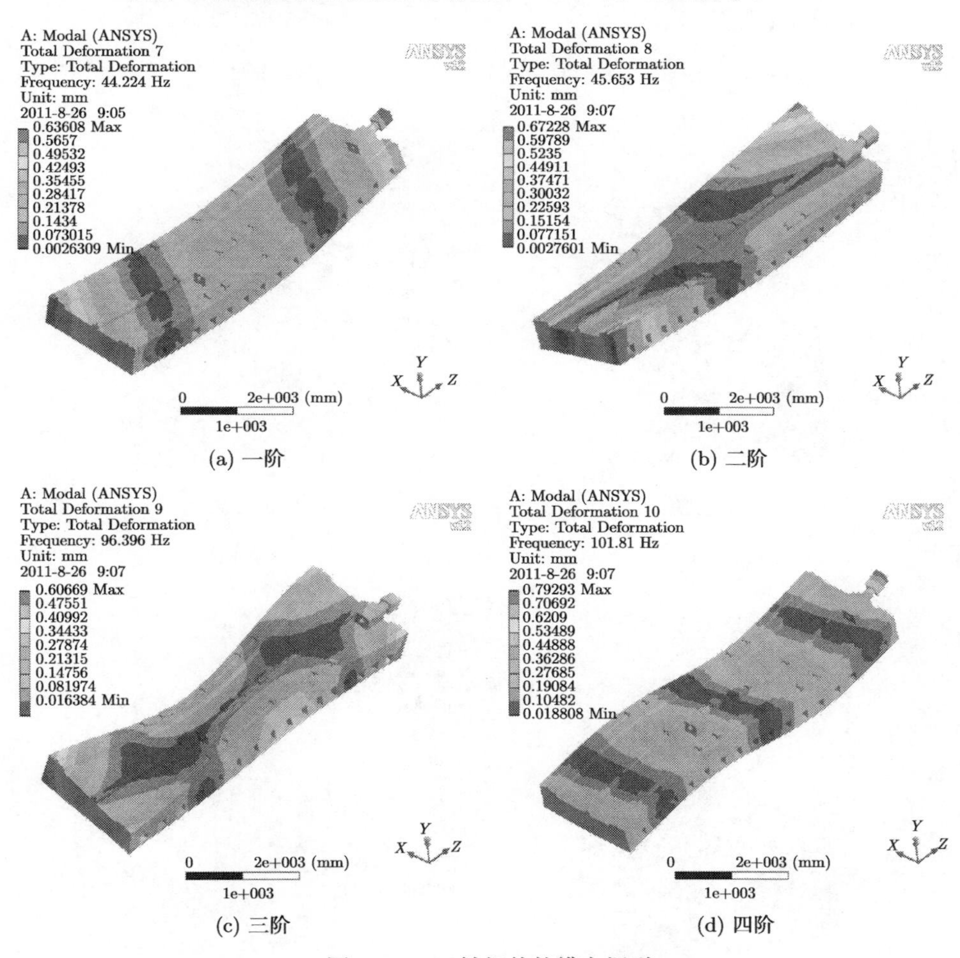

(a) 一阶 (b) 二阶

(c) 三阶 (d) 四阶

图 4-24 X 轴组件的模态振型

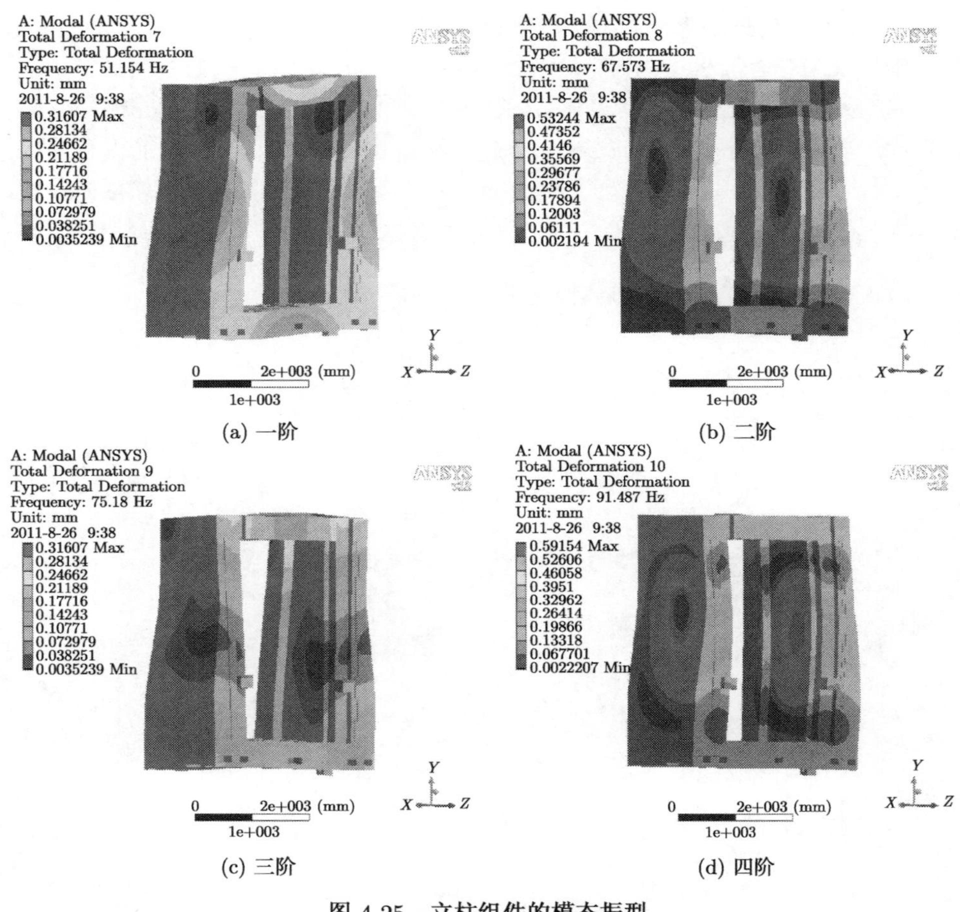

(a) 一阶　　(b) 二阶

(c) 三阶　　(d) 四阶

图 4-25　立柱组件的模态振型

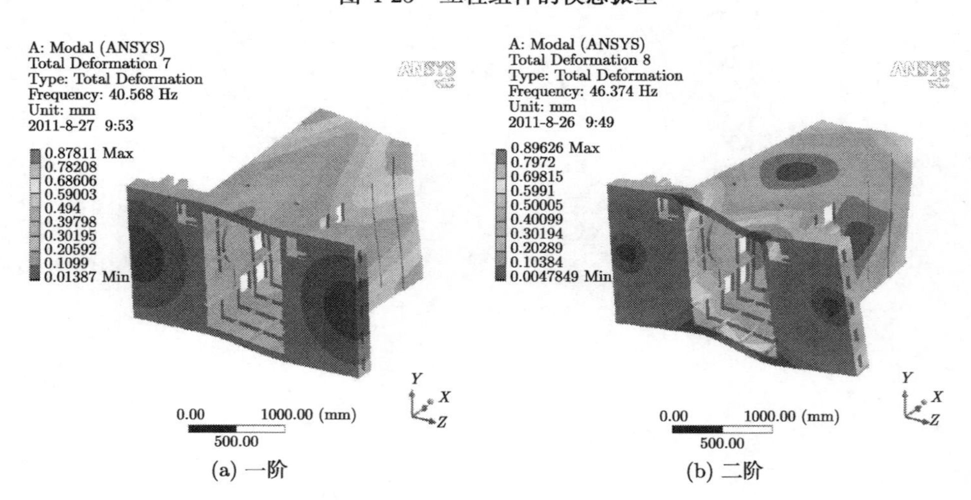

(a) 一阶　　(b) 二阶

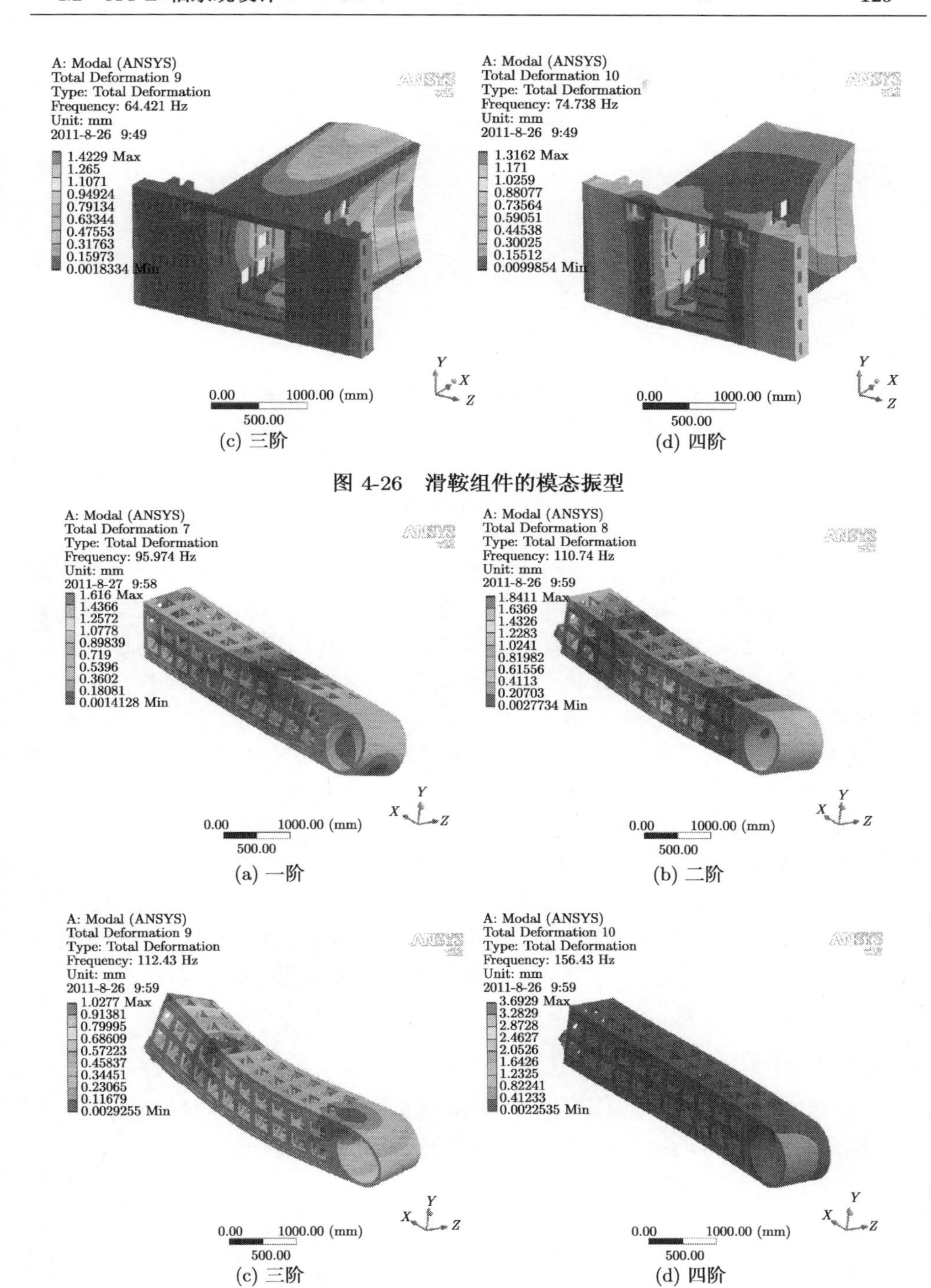

(c) 三阶 (d) 四阶

图 4-26 滑鞍组件的模态振型

(a) 一阶 (b) 二阶

(c) 三阶 (d) 四阶

图 4-27 *Z* 轴组件的模态振型

零部件的各阶频率值如表 4-3 所示。

表 4-3　搅拌摩擦焊机器人零部件的模态频率

零部件名称	模态振型	模态频率/Hz			
		一阶	二阶	三阶	四阶
底座	图 4-19	44.2	45.7	96.4	101.8
立柱	图 4-20	54.2	67.6	75.2	91.5
滑鞍	图 4-21	40.6	46.4	64.4	74.7
滑枕	图 4-22	95.5	110.7	112.4	156.4

从表 4-3 中可以看出，相互连接的零部件的模态频率是相互分开的，但个别零件固有频率数值接近。底座、立柱和滑鞍的频率比较低，频率范围为 40～100Hz。

4.3　*AB* 轴系统设计

AB 轴是指分别沿着 *X*、*Y* 轴旋转的两个旋转关节，其作用为根据焊缝位置调整搅拌摩擦焊机器人末端的位姿，以焊接空间异性曲线。从结构上说，*AB* 轴前端连接 *XYZ* 轴，后端连接搅拌头主轴，设计中不仅要求高刚度、高精度，还需要高连接可靠性与结构紧凑性。因此，从功能结构上说，*AB* 轴是搅拌摩擦焊机器人中的一个重要环节。

搅拌摩擦焊 *AB* 轴采用双摆头方式，双摆头主要形式有机械式传动与直驱式传动。机械式双摆头主要采用齿轮副、蜗轮蜗杆副、皮带副等机械传动件实现双摆运动；直驱式双摆头采用力矩电机直接驱动，没有任何机械传动部件，因此具有良好的精度保持性和动态性能。直驱式双摆头输出力矩直接由力矩电机产生，对于高负载、高精度工况的搅拌摩擦焊，难以选择尺寸与功率都比较合理的力矩电机。机械式相比直驱式结构复杂、动态性能低，但其可以输出非常大的扭矩，并拥有相对成熟的技术，能够满足低速、高负载、高精度搅拌摩擦焊的需要。因此，*AB* 轴的结构采用机械传动方式。

4.3.1　功能要求与设计指标

AB 轴的功能包括实现 *A* 轴、*B* 轴旋转功能、提供搅拌头主轴的安装空间、提供 *XYZ* 轴连接接口、高精度、高刚度要求和结构紧凑几个方面。

AB 轴的主要技术指标，如表 4-4 所示。

表 4-4 AB 轴的技术指标

项目		指标
A 轴	转速	空载：5r/min 满载：2r/mim
	精度	定位精度：±20″ 重复定位精度：±15″
B 轴	转速	空载：5r/min 满载：2r/min
	精度	定位精度：±20″ 重复定位精度：±15″

4.3.2 总体结构方案

AB 轴双摆头的基本拓扑结构为十字交叉轴结构，如图 4-28 所示，B 轴整体固连于 A 轴的回转轴端。

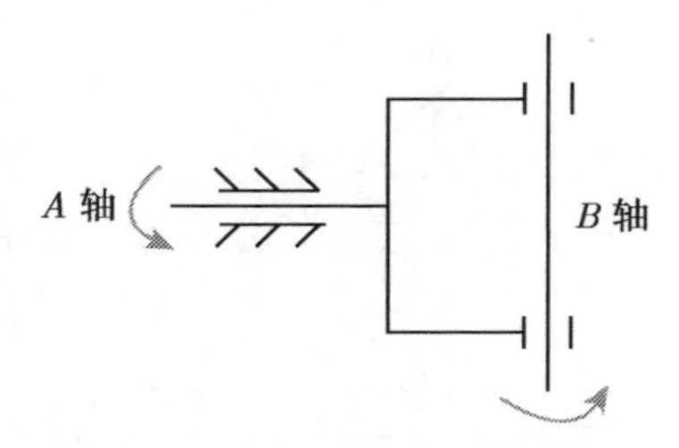

图 4-28 AB 轴运动原理简图

考虑结构的紧凑性与功能要求，AB 轴主传动均采用双蜗轮蜗杆驱动方式，如图 4-29 所示。双蜗轮蜗杆传动一方面可以提高带载能力；另一方面可以使 AB 轴整体结构紧凑，同时能通过双电机消隙提高运动精度。

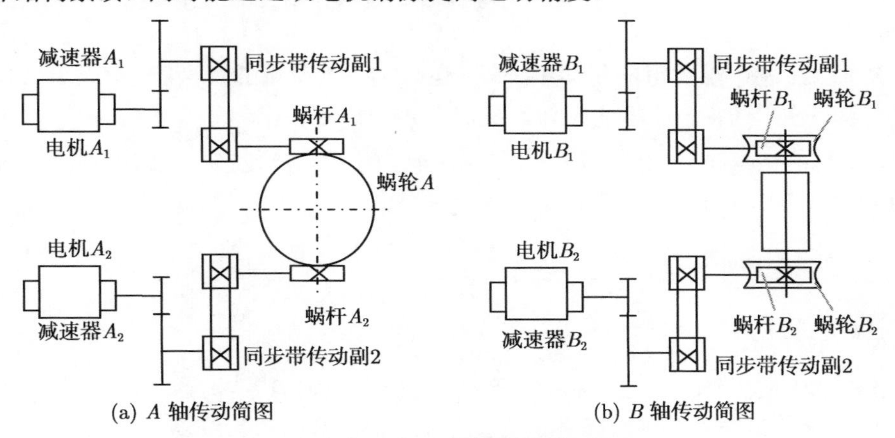

(a) A 轴传动简图　　(b) B 轴传动简图

图 4-29 AB 轴的传动原理图

AB 轴的传动方式为电机—行星轮减速机—同步带—蜗杆副—输出轴，其中同步带主要对设备起减振缓冲的保护作用。传动链的总传动比为 590，其中行星轮减速机传动比为 10，同步带传动副传动比为 1，蜗杆副传动比为 59。*AB* 轴在结构上基本相同，考虑搅拌头主轴的安装空间，*A* 轴的双蜗杆副采用两个蜗杆驱动单个蜗轮结构，*B* 轴采用两套蜗轮蜗杆副结构。

由 *AB* 轴的传动原理可知，其组成结构主要包括 *A* 轴系统与 *B* 轴系统以及 *A* 轴与 *B* 轴的接口。*AB* 轴系统的组成结构如图 4-30 所示。

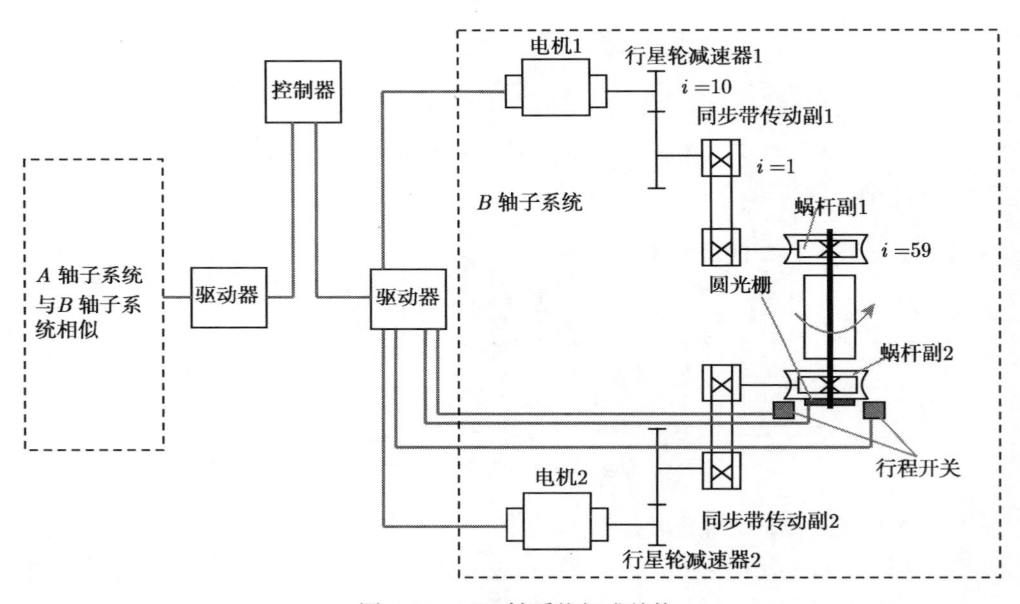

图 4-30　*AB* 轴系统组成结构

A 轴、*B* 轴中除关键的传动系统外，还有定位测量用的圆光栅，以及系统保护用的行程开关、防撞座。驱动控制系统采用 840D 数控系统。

AB 轴的结构布局如图 4-31 所示，*AB* 轴按串联方式连接，*A* 轴的输出轴与 *B* 轴的 C 形座固定连接。*AB* 轴均为双驱动系统。

4.3.3　零部件结构设计

1. *AB* 轴大件结构设计

AB 轴中的大件是指 *B* 轴的 C 形座及 *A* 轴壳体，其结构图分别如图 4-32 与图 4-33 所示。该结构采用整体铸造再加工的制造，其材料为铸钢 ZG45。

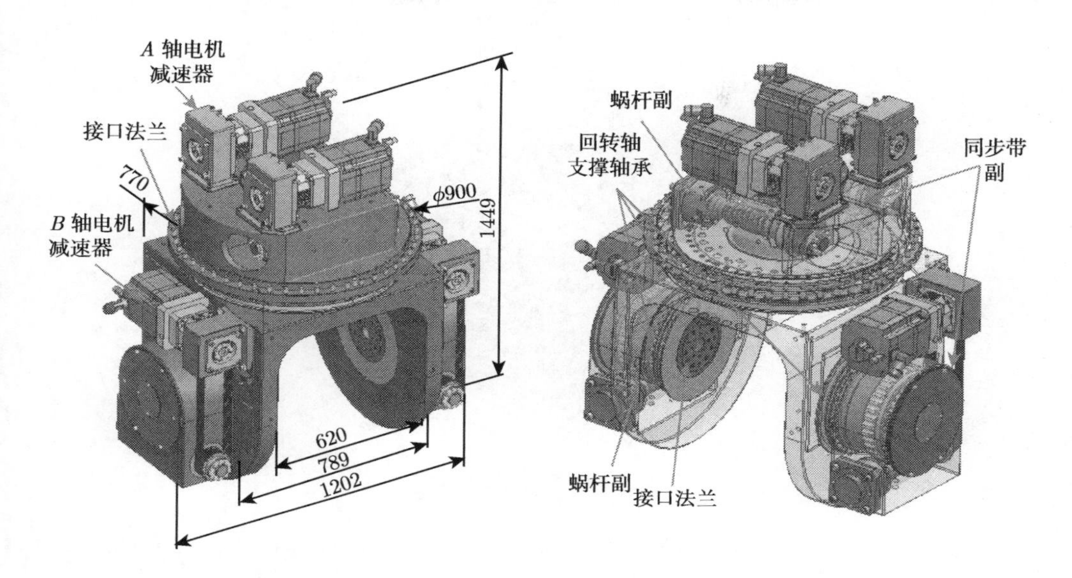

图 4-31 *AB* 轴结构布局

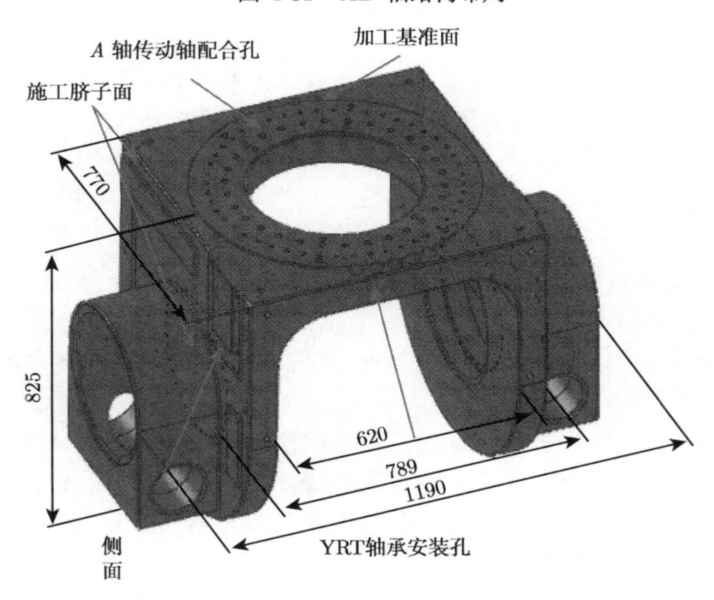

图 4-32 *B* 轴的 C 形座结构

B 轴的 C 形座加工工艺：先加工好加工基准面，再以此面为基准，在立、卧加工中心加工 *A* 轴传动轴配合孔、施工脐子面及侧面，然后用直角头镗刀加工 *B* 轴的 YRT 轴承安装孔，钻攻安装螺纹孔，最后加工蜗杆安装孔。

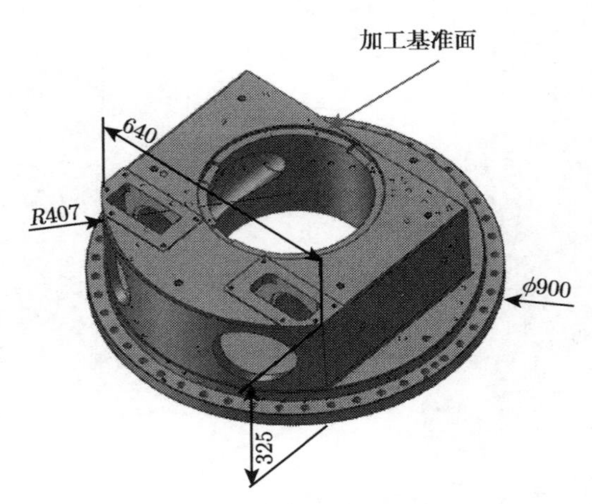

图 4-33　A 轴壳体结构

A 轴壳体加工工艺：先加工好基准面，以此面为基准，再加工法兰面、YRT 轴承安装孔，最后加工蜗杆安装孔。

2. 接口法兰校核

在 AB 轴的各个部件的互相连接中，为保证系统的传动精度，大量使用法兰连接形式。下面对各个连接法兰进行校核计算。

(1) 蜗轮连接法兰校核。A、B 轴共有三套蜗杆副，为结构设计简便起见，A、B 轴蜗轮设计为相同结构，均采用法兰与传动轴端面连接，圆周上均布 24 个螺栓组成法兰。

A 轴蜗轮受到的作用力为两个蜗杆作用力的合力，其中径向力的作用方向相反，合力为零，轴向力为 $4547 \times 2 = 9094$N，力矩为 7840N·m，如图 4-34 所示。蜗轮与轴间采用法兰连接, 力矩 M 及轴向力全部由法兰上的螺栓产生的预紧力来平衡。

(2) B 轴的 C 形座与 A 轴回转轴间法兰校核。法兰连接采用 36 个 M16 螺栓，作用力为蜗轮受到的两个蜗杆的作用力传递到法兰处的力，如图 4-34 所示，则径向力为 0，轴向力为 $4547 \times 2 = 9094$N，力矩为 7840N·m。因此，根据蜗轮法兰的计算结果，此处法兰显然满足设计要求。

(3) 与滑枕连接法兰校核。AB 轴与滑枕间采用法兰连接，共有 48 个 M16 螺栓，法兰半径为 0.43m。从搅拌头传递来的所有载荷均由此法兰承受。图 4-35 所示为顶盖环焊工况的载荷情况，搅拌头处的载荷将在 AB 轴与滑枕间的法兰面处产生旋转力矩、倾覆力矩及径向力、轴向力。搅拌针到 B 轴旋转中心距离为 0.6m，B 轴旋转中心到法兰面距离为 0.552m，则通过不同工况的分析，此法兰处的最大旋转力矩为 7840N·m，倾覆力矩为 27600N·m，径向力为 50000N，轴向力为 12000N。

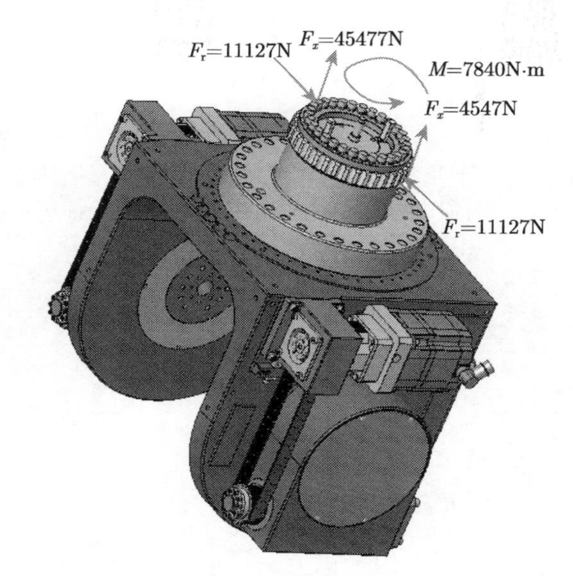

图 4-34 A 轴蜗轮法兰受力示意图

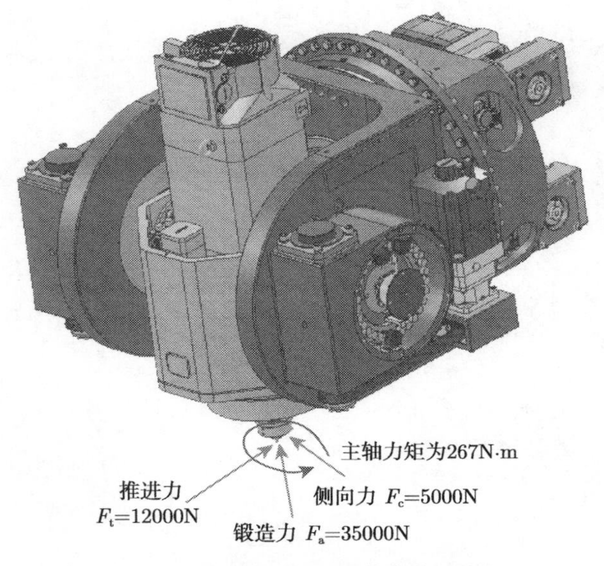

图 4-35 顶盖环焊工况的载荷示意图

4.3.4 AB 轴结构的有限元分析

(1) 模态分析。AB 轴主要零件的模态频率和振型云图如图 4-36 和图 4-37 所示。

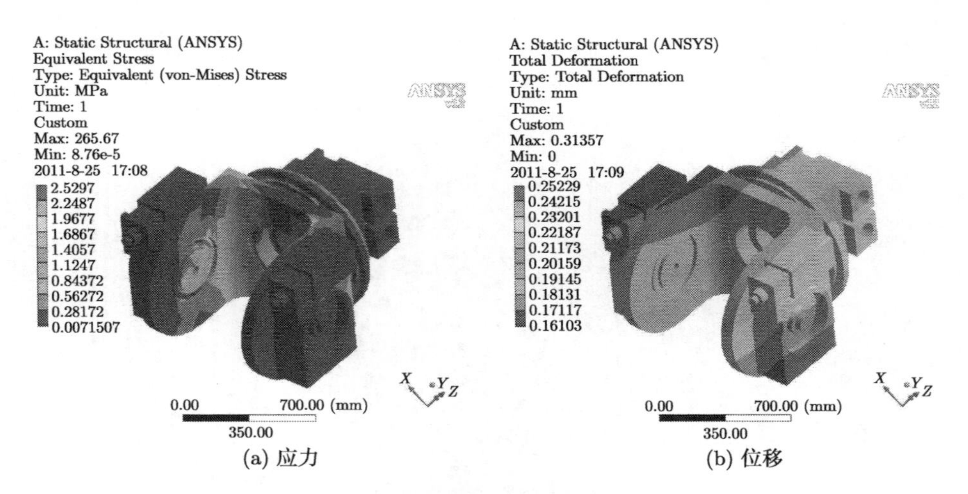

(a) 应力　　　　(b) 位移

图 4-36　A 轴的应力和位移云图

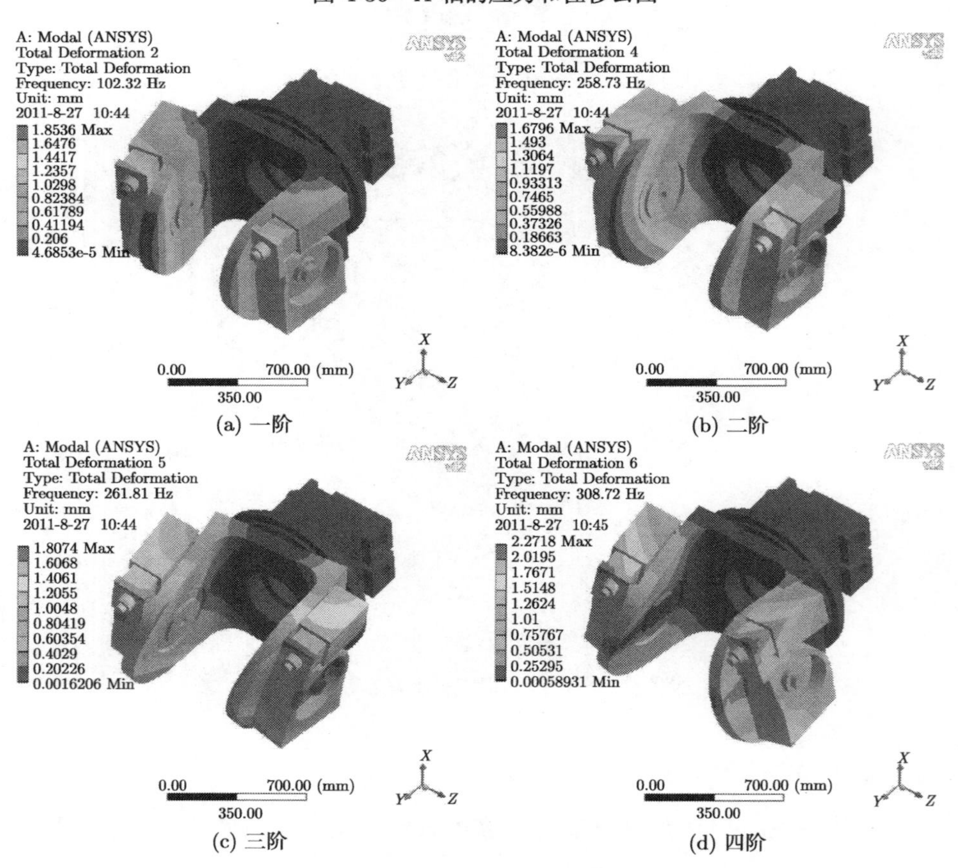

(a) 一阶　　　　(b) 二阶

(c) 三阶　　　　(d) 四阶

图 4-37　A 轴组件的模态振型

(2) 输出轴扭转刚度计算。AB 轴系统的扭转刚度直接决定主轴末端定位精度，是 AB 轴的重要参数。B 轴扭转刚度计算模型及位移分布如图 4-38 所示。因此，B 轴的扭转刚度约为

$$K_B = \frac{3920}{4.6 \times 10^{-4}/25} = 2.13 \times 10^8(\mathrm{N \cdot m/rad})$$

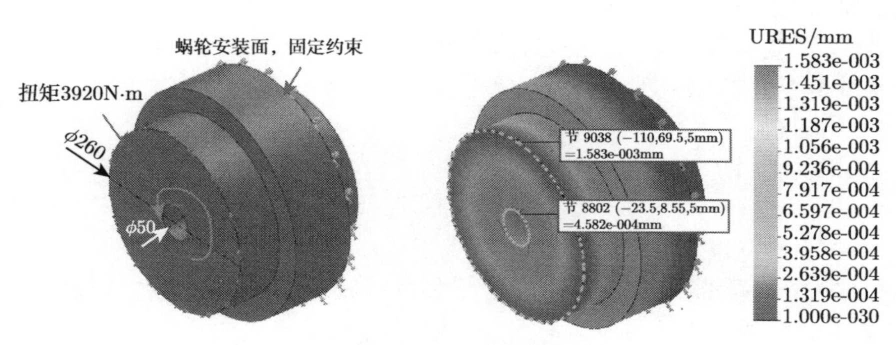

图 4-38 B 轴扭转刚度计算模型及位移分布

A 轴扭转刚度计算模型及位移分布如图 4-39 所示。因此，A 轴的扭转刚度约为

$$K_A = \frac{7840}{4.6 \times 10^{-3}/162.5} = 2.76 \times 10^8(\mathrm{N \cdot m/rad})$$

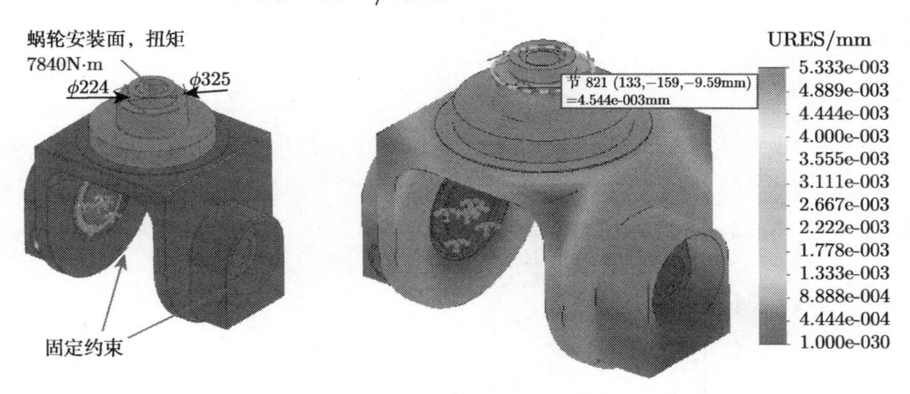

图 4-39 A 轴扭转刚度计算模型及位移分布

4.4 搅拌头主轴设计

搅拌头主轴是搅拌摩擦焊机器人的核心部件，其结构性能直接影响整个系统的性能。本章首先根据搅拌头主轴的设计指标，给出搅拌头主轴的方案原理及其系

统组成结构。然后根据其组成结构对传动系统与支撑结构的各个部件进行详细设计分析，并对系统中的外购件进行选型校核。

4.4.1　功能要求与设计指标

搅拌头主轴是整个系统中最关键的部件，其结构性能会影响系统的焊接性能。其功能要求主要为以下几个方面：

(1) 实现 2 个自由度，包括直线进给自由度与旋转自由度。直线进给自由度主要为实现搅拌头插入运动；旋转自由度主要是为了提供焊接搅拌的旋转运动；

(2) 结构紧凑、高刚度；

(3) 提供与 AB 轴安装的接口；

(4) 提供安装搅拌头与测头的接口；

(5) 提供焊缝跟踪系统的机械接口。

根据 FSW 焊接机器人的要求来确定搅拌头设计指标，搅拌头主轴技术参数，如表 4-5 所示。搅拌头主轴载荷参数，如表 4-6 所示。

表 4-5　搅拌头主轴技术参数

进给速度 /(mm/min)	最大进给量 /mm	最大设计质量 /kg	额定转速 /(r/min)	额定扭矩 /(N·m)
200	50	850	1000	267

表 4-6　搅拌头主轴载荷参数

主轴插入力/N	主轴锻造力/N	主轴进给力/N
50000	35000	12000

搅拌头主轴外形尺寸要求如图 4-40 所示，在完全进给状态下，搅拌针压板距搅拌头主轴连接法兰中心的距离为 600mm，搅拌头主轴与 B 轴连接处的外包络尺寸为 610mm×595mm。

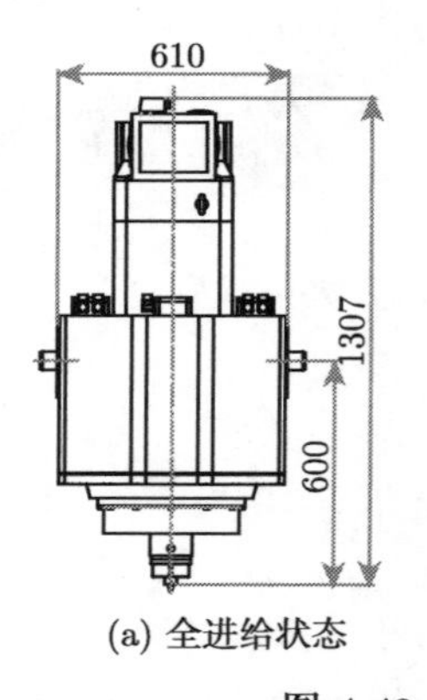

(a) 全进给状态

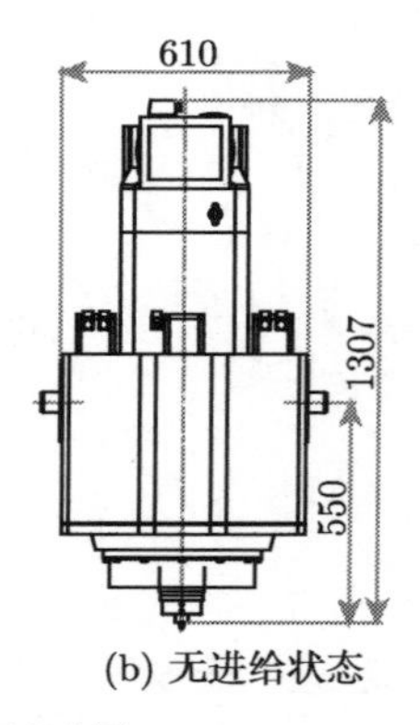

(b) 无进给状态

图 4-40　搅拌头包络尺寸图

4.4.2 总体结构方案

1. *方案原理*

搅拌头主轴的主要功能是实现两个自由度的运动，其传动结构的运动原理如图 4-41 所示。

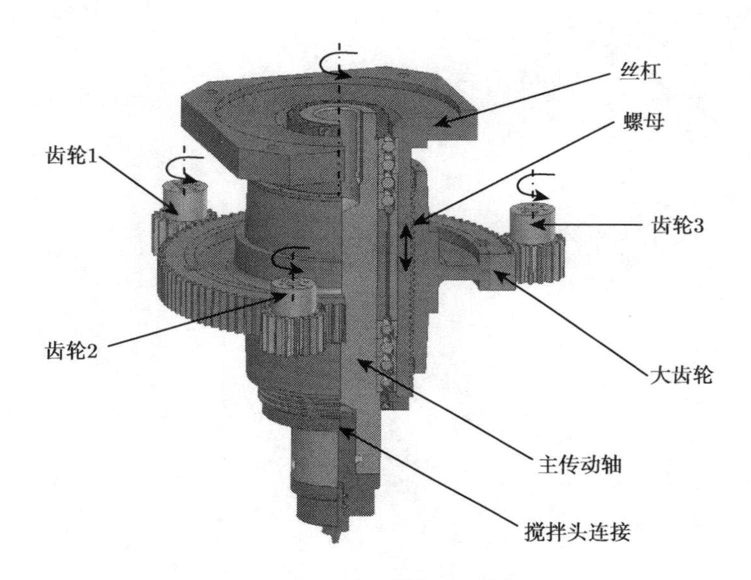

图 4-41 搅拌头主轴的方案原理

螺母丝杠直线进给运动通过三电机驱动 3 个小齿轮 (齿轮 1、齿轮 2、齿轮 3)，3 个小齿轮同时驱动大齿轮，大齿轮与螺母通过键连接传递扭矩，螺母与防旋转的丝杠通过螺纹传动实现直线进给。

主轴传动是通过主轴电机旋转提供动力的，其中电机主轴通过平键与主传动轴相连，主传动轴通过过渡节与搅拌头相连。主轴转动直接带动搅拌头旋转，所以主轴电机力矩直接决定搅拌力矩的大小。

2. *系统组成结构*

搅拌头主轴的组成结构如图 4-42 所示。主要包括进给轴结构、主传动轴结构及支撑箱体。进给轴结构包括进给行星齿轮副、丝杠螺母副及其支撑装置。主传动轴结构以进给轴中的丝杠作为支撑，含在进给轴结构内部，主轴电机通过平键连接扭转轴，扭转轴通过过渡节连接搅拌头。

搅拌头主轴总体设计主要分为进给轴结构、主传动轴结构、支撑箱体及与 B 轴接口 4 部分。

如图 4-43 所示，3 个滚动直线导轨布置是为了防止丝杠直线运动时自转。

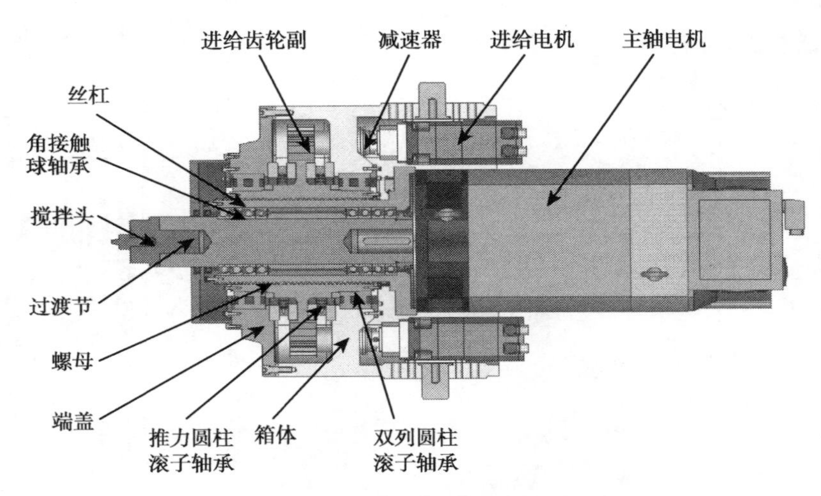

图 4-42　搅拌头主轴的组成结构

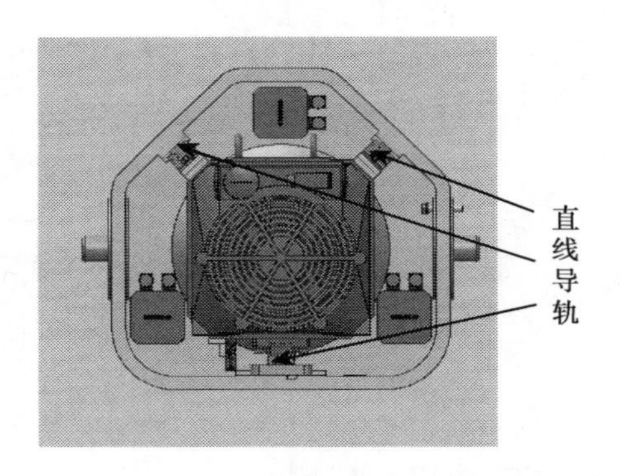

图 4-43　防旋转的直线导轨布置

主传动轴由 8 个角接触球轴承作为支撑，以保证主轴的轴向及径向刚度，轴承选型时还需考虑主轴转速及寿命的要求，如图 4-44 所示。

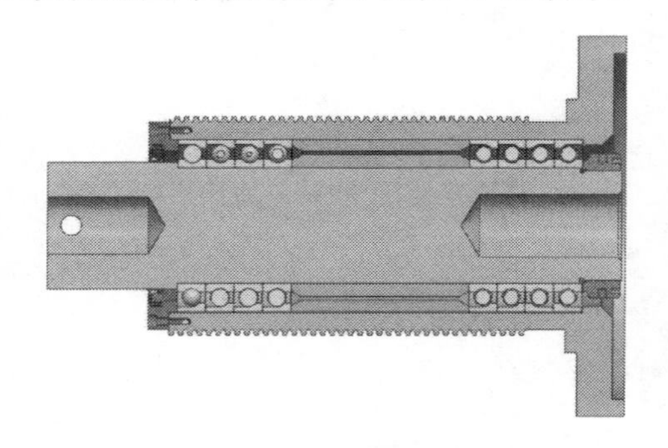

图 4-44　主传动轴轴承布置形式

进给主轴结构通过推力圆柱滚子轴承与双列圆柱滚子轴承进行支撑，具体布置形式如图 4-45 所示。

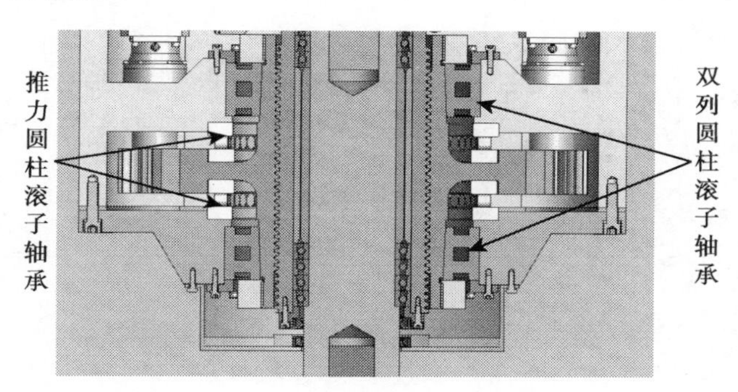

图 4-45 进给主轴布置形式

4.4.3 零部件结构设计

1. 箱体与端盖

箱体与端盖采用整体铸造再加工的制造方法，其材料为铸钢 ZG45。

箱体结构图如图 4-46 所示，其加工工艺为：先加工加工基准面，再以此面为基准，在卧式加工中心上通过直角头进行箱体内导轨安装面、法兰面及减速器安装面等加工。通过卧式加工中心的旋转工作台旋转 180°，对推力圆柱滚子轴承及端盖安装面进行加工。

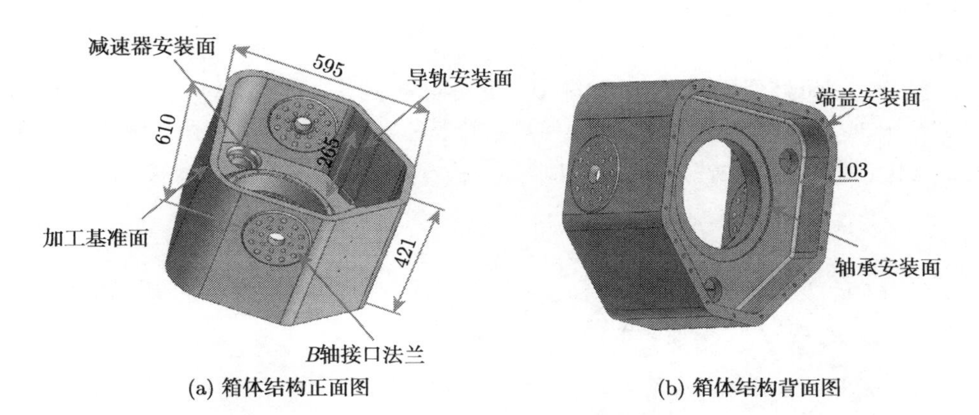

(a) 箱体结构正面图 (b) 箱体结构背面图

图 4-46 箱体结构图

端盖结构图如图 4-47 所示，其加工工艺为：首先以箱体安装面为加工面进行基准面的加工，然后反过来加工预留焊缝跟踪机构结构接口定位接口面、双列圆柱滚子轴承安装面，最后反过来以预留焊缝跟踪机构结构接口定位接口面为基准精加工箱体安装面及推力圆柱滚子轴承安装面，由于推力圆柱滚子轴承安装面对加工精度要求相对较低，故通过此种加工能够满足精度要求。

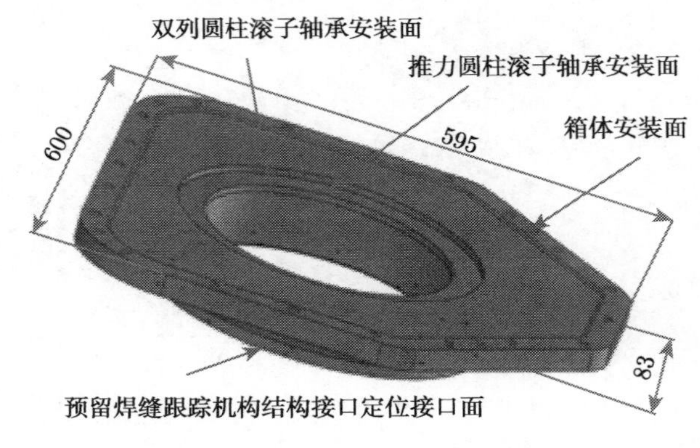

图 4-47 端盖结构图

2. 大齿轮与小齿轮

大小齿轮采用 40Cr 材料。其加工工艺为：通过车床进行车削加工，保证定位面精度，然后通过滚齿机或铣齿机加工成型 8 级精度齿轮；加工后的齿轮进行调质热处理，然后通过磨齿机磨齿及定位面，保证齿轮精度为 5~6 级精度。大小齿轮为外协件，通过给图，外协厂家负责毛坯件及加工，目前主要有南京高速齿轮制造有限公司及苏州亚太金属有限公司外接精密齿轮加工。

3. 丝杠与螺母

丝杠、螺母外形如图 4-48 和图 4-49 所示，其型号为 Tr190×8。首先通过普通车床车出 8~9 级精度丝杠及螺母，然后通过精密丝杠磨床进行磨削，达到 7 级精度。丝杠、螺母为外协件，目前已知加工厂家为山东华珠机械有限公司。

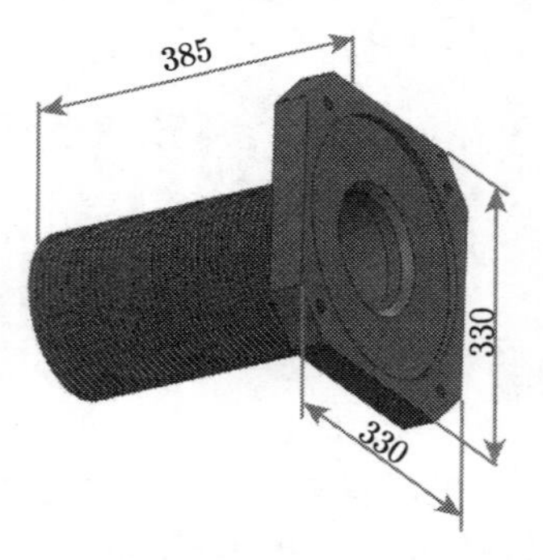

图 4-48 丝杠外形图

图 4-49 螺母外形图

4.4.4 搅拌头主轴有限元分析

1. 输入条件

搅拌头结构部分有限元分析在 ANSYS Workbench 中进行，考虑到网格划分因素，特把转台按以下原则进行简化：

(1) 所有小的倒圆角处进行去圆角化处理；

(2) 轴承简化成合金钢实体。

搅拌头结构进行有限元网格划分后，总单元数为 109248，总节点数为 231050。网格划分完成后的效果图如图 4-50 所示。

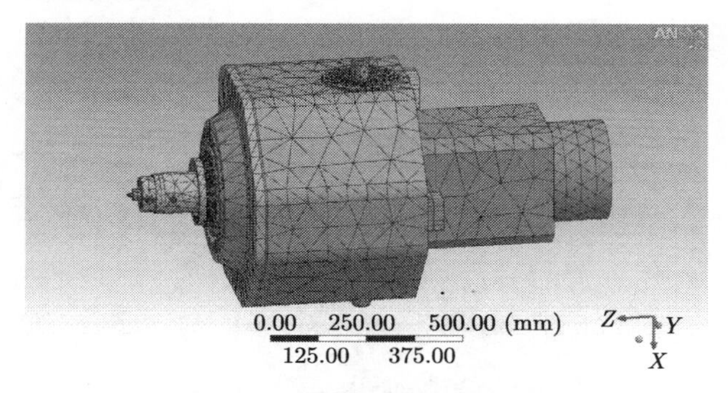

图 4-50 搅拌头结构部分网格图

搅拌头箱体及端盖采用铸钢铸造，其材料为 ZG45，弹性模量为 2.0×10^{11}Pa，泊松比为 0.3；其余采用合金钢，弹性模量为 2.1×10^{11}Pa，泊松比为 0.3。

搅拌头主轴根据进给状态可分为全进给状态和非全进给状态两种，全进给状态是指主轴进给轴向外伸出到最大位置 (行程为 50mm) 时的状态，这时主轴沿 B 轴旋转的扭力臂最大，非全进给状态是指主轴直线进给轴伸出量小于 50mm 或完全没有进给的状态。相同受力情况下全进给状态时 B 轴所受力矩最大，变形最大，属于最差工况。因此，对搅拌头主轴全进给状态时的结构进行有限元分析，即可满足设计需要。

搅拌头插入时主轴添加约束及载荷如图 4-51 所示，其中图 4-51 (a) 为焊接插入时主轴受力情况；图 4-51 (b) 为纵缝焊与瓜瓣焊过程中的受力情况；图 4-51 (c) 为环焊与顶盖环焊过程中的受力情况。焊接插入时，主轴承受沿轴线方向的 50000N 插入力；纵缝焊与瓜瓣焊过程中，主轴承受沿轴线方向的 35000N 顶锻力，以及沿进给方向反方向的 12000N 的进给阻力，这两个力所在的平面平行于 B 轴；环焊与顶盖环焊过程中的受力情况与纵缝焊及瓜瓣焊相似，不同的是顶锻力与进给阻力所在的平面与 B 轴垂直。

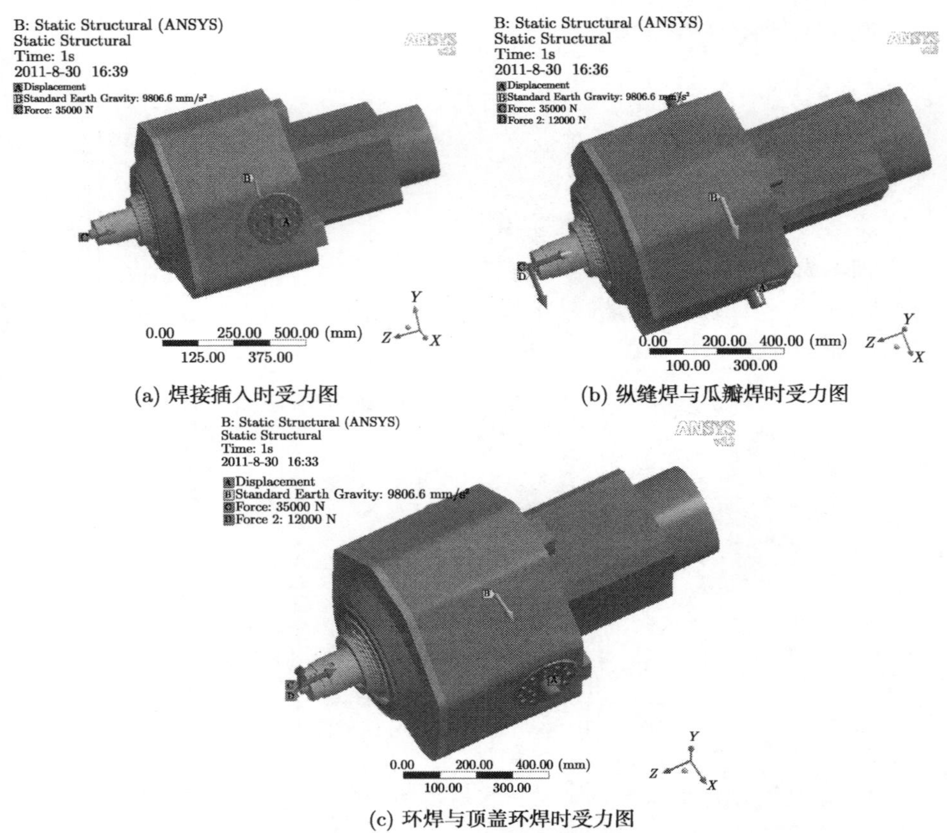

(a) 焊接插入时受力图　　(b) 纵缝焊与瓜瓣焊时受力图

(c) 环焊与顶盖环焊时受力图

图 4-51　搅拌头主轴的受力情况

2. 结构有限元分析

焊接插入时搅拌头主轴有限元分析结果如图 4-52 所示，其最大应力与应变值如表 4-7 所示。

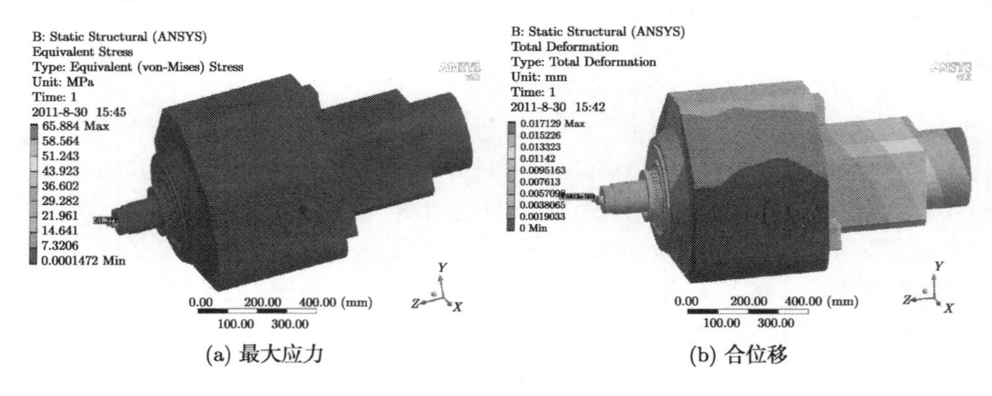

(a) 最大应力　　(b) 合位移

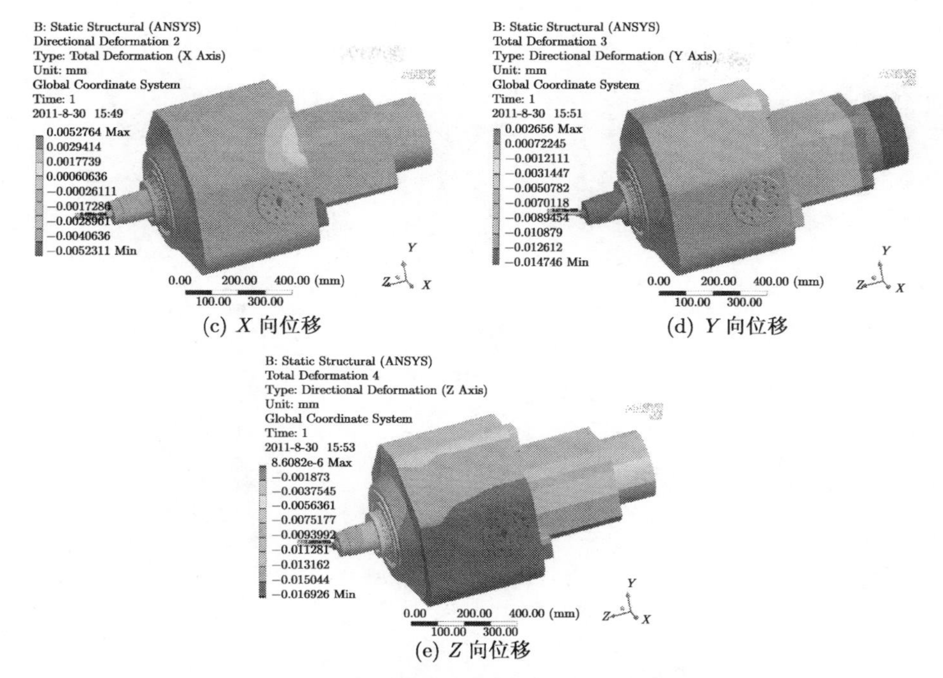

(c) X 向位移　(d) Y 向位移

(e) Z 向位移

图 4-52 焊接插入时搅拌头主轴有限元分析结果

表 4-7 焊接插入时应力与应变的最大值

分析类型	数值	图示
最大应力/MPa	66	图 4-52 (a)
最大合位移/mm	0.017	图 4-52 (b)
X 向最大位移/mm	0	图 4-52 (c)
Y 向最大位移/mm	0.002	图 4-52 (d)
Z 向最大位移/mm	0.016	图 4-52 (e)

注：X、Y、Z 向最大位移为搅拌针处数据。

纵缝焊与瓜瓣焊的过程中搅拌头有限元分析结果如图 4-53 所示，其中最大应力与应变值见表 4-8。

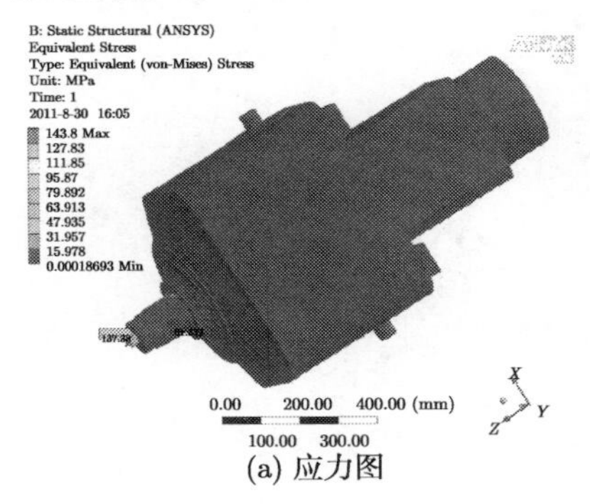

(a) 应力图

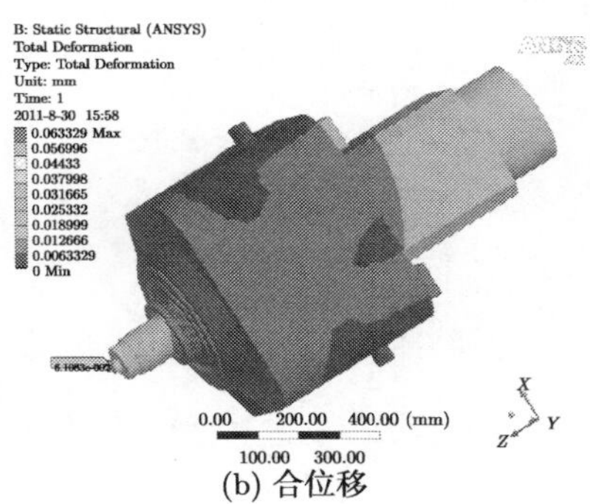

(b) 合位移

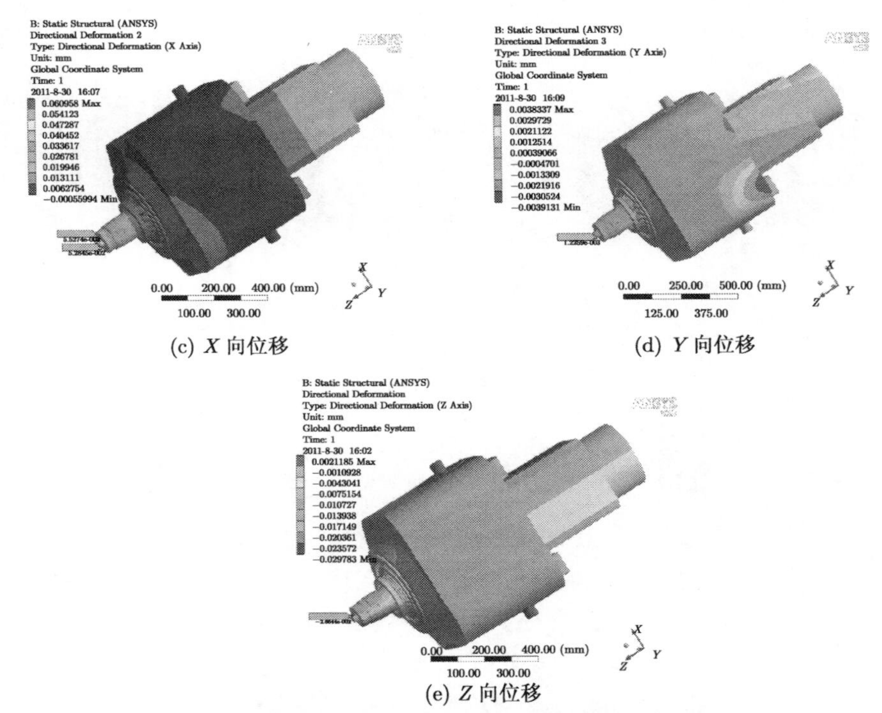

(c) X 向位移　　(d) Y 向位移

(e) Z 向位移

图 4-53　纵缝焊与瓜瓣焊的过程中搅拌头有限元分析结果

表 4-8　纵缝焊与瓜瓣焊的过程中应力与应变的最大值

分析类型	数值	图示
最大应力/MPa	144	图 4-53 (a)
最大合位移/mm	0.063	图 4-53 (b)
X 向最大位移/mm	0.06	图 4-53 (c)
Y 向最大位移/mm	0	图 4-53 (d)
Z 向最大位移/mm	0.027	图 4-53 (e)

注：X、Y、Z 向最大位移为搅拌针处数据。

环焊与顶盖环焊过程中搅拌头有限元分析结果如图 4-54 所示，其最大应力与应变值见表 4-9。

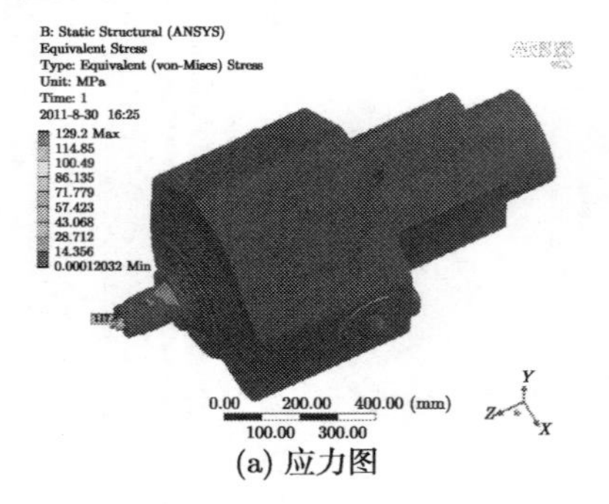

(a) 应力图

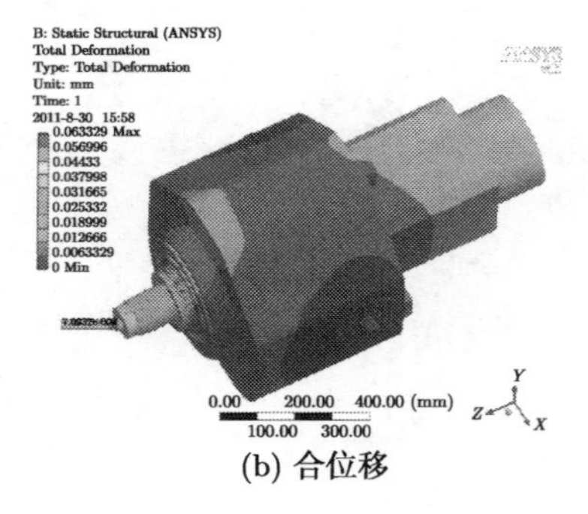

(b) 合位移

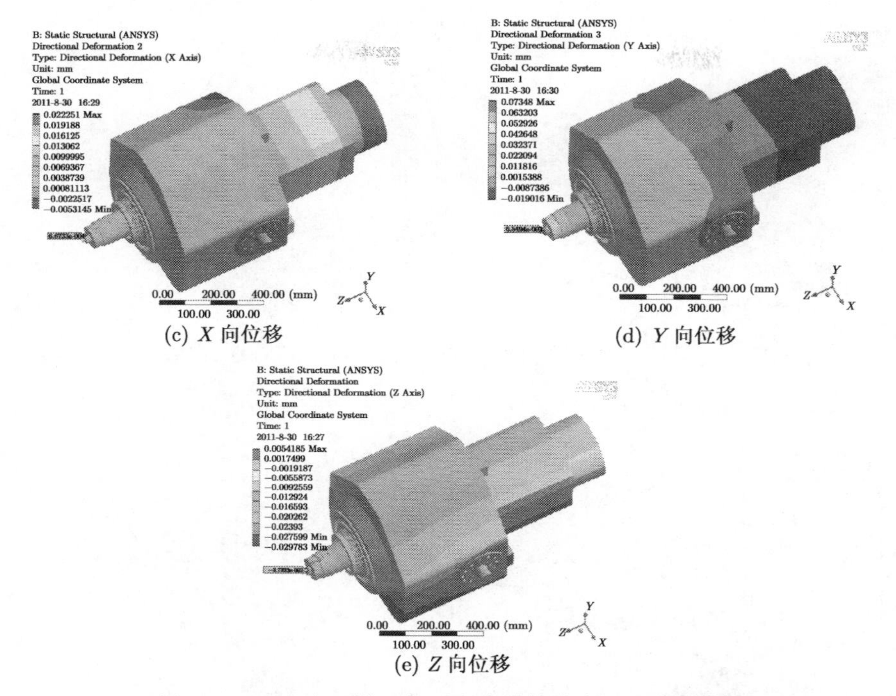

(c) X 向位移　　(d) Y 向位移

(e) Z 向位移

图 4-54　环焊与顶盖环焊过程中搅拌头有限元分析结果

表 4-9　环焊与顶盖环焊过程中应力与应变的最大值

分析类型	数值	图示
最大应力/MPa	129	图 4-54 (a)
最大合位移/mm	0.075	图 4-54 (b)
X 向最大位移/mm	0	图 4-54 (c)
Y 向最大位移/mm	0.065	图 4-54 (d)
Z 向最大位移/mm	0.027	图 4-54 (e)

注：X、Y、Z 向最大位移为搅拌针处数据。

通过以上分析可知，在焊接过程中搅拌头主轴的最大变形处均发生在搅拌头轴肩处。对于纵缝焊与瓜瓣焊过程中，最大总变形达 0.067mm，在环焊与顶盖环焊过程中总变形达到 0.075mm。该变形量沿主轴轴向的分量，在这几种焊接工况下均不超过 0.027mm。该变形量对沿主轴轴向定位精度影响不大，沿侧向方向的 0.075mm 的偏差对搅拌摩擦焊影响很小。分析结果表明，该搅拌头主轴结构的刚度是满足设计要求的。

3. 模态有限元分析

搅拌头主轴模态有限元分析是为了分析搅拌头主轴连接处全约束状态下的共振频率。其模态分析结果如图 4-55 所示，模态频率见表 4-10。

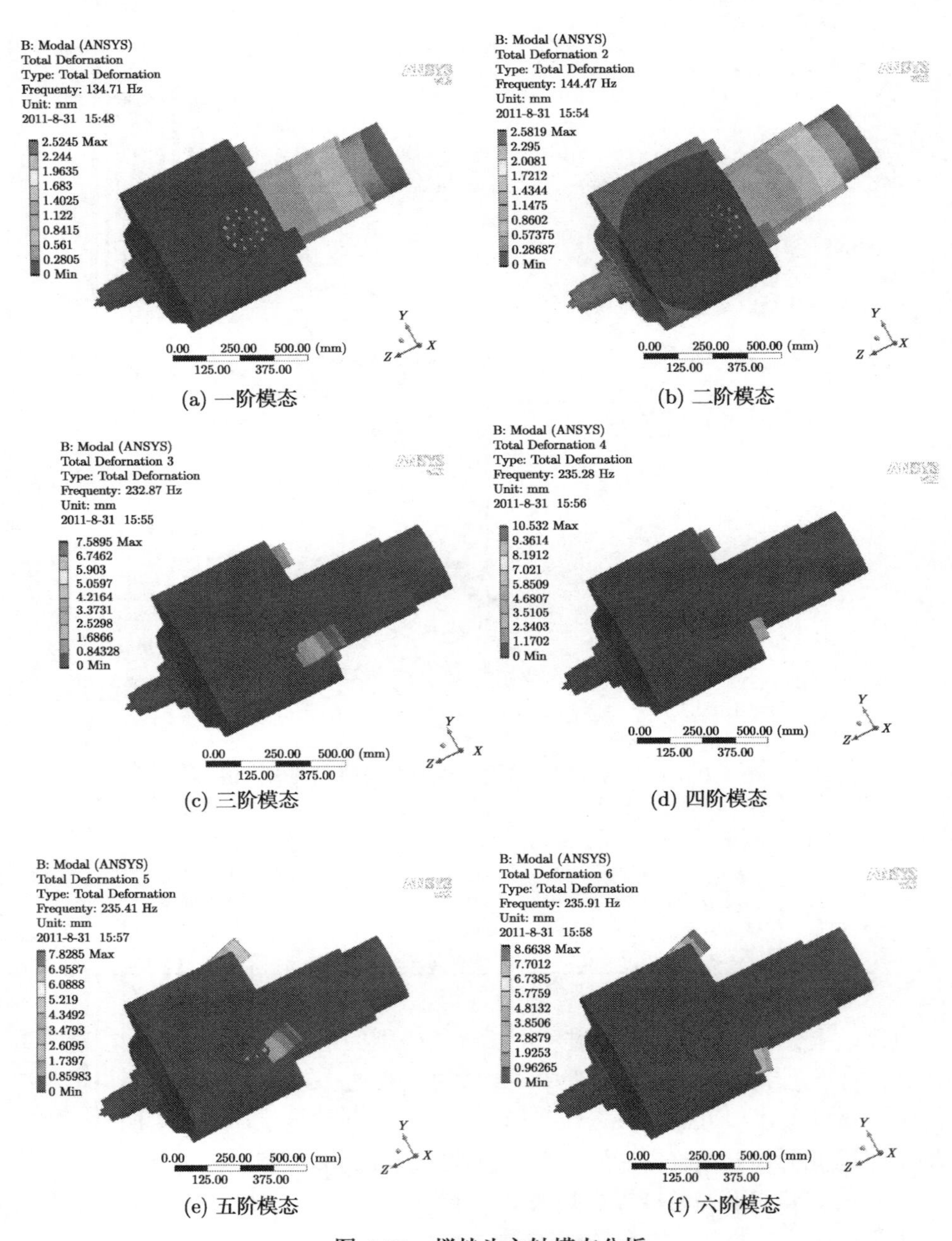

(a) 一阶模态　(b) 二阶模态
(c) 三阶模态　(d) 四阶模态
(e) 五阶模态　(f) 六阶模态

图 4-55　搅拌头主轴模态分析

表 4-10 搅拌头主轴模态频率 (单位：Hz)

分析类型	值	图示
一阶模态频率	134.7	图 4-55 (a)
二阶模态频率	144.4	图 4-55 (b)
三阶模态频率	232.8	图 4-55 (c)
四阶模态频率	235.2	图 4-55 (d)
五阶模态频率	235.4	图 4-55 (e)
六阶模态频率	235.9	图 4-55 (f)

由于主轴转速为 1000r/min，可以得出激振频率为 16.7Hz，搅拌头主轴固有频率大于主轴激振频率，故搅拌头主轴不会发生共振。

4.5 本 章 小 结

本章以搅拌摩擦焊机器人的技术指标为目标，以高精度、高刚度、大负载、结构紧凑为设计约束，详细阐述了搅拌摩擦焊机器人的 XYZ 轴、AB 轴和主轴系统的结构设计过程。

根据搅拌摩擦焊机器人的五种典型工况，给出了 8 自由度搅拌摩擦焊机器人机械系统的方案原理，根据方案原理给出了切实可行的系统组成结构，进而完成系统中的各个子系统的原理设计、方案设计及详细设计。详细设计模型的动力学分析及有限元分析结果表明，系统的受力情况、系统的刚度及系统的振动均能满足设计要求。

第 5 章 搅拌摩擦焊机器人动态优化设计

5.1 引 言

有限元技术在结构分析和优化设计方面有着众多的便利和优点，因此它在很多应用领域被越来越广泛地使用。尤其是在大型重载设备的结构设计和分析上，结构有限元的分析思路和优化方法能够使得这些大件复杂结构件的设计工作时间有效地减少，设计成本降低，极大地提高了所设计产品的各项力学性能，使得重载设备的结构设计工作更加得心应手。

结构优化是根据已知约束条件，包括结构的尺寸、质量、位移和最大应力等并结合拟选定材料的各项性能参数，最终为研发设计人员找到整个结构的最优方案以达到能够制造出满足性能要求产品的目的。结构优化研究的内容比较广泛，从分类上讲可分为拓扑优化、尺寸优化、形状优化和形貌优化 [97]。从优化对象上讲，从最初的板壳和梁的优化到现在的三维实体以及复合材料的优化，优化对象越来越复杂，材料种类也越来越多。它的设计变量主要包括结构的密度、体积、质量和尺寸等，优化目标包括结构的柔度、刚度和质量等 [98,99]。

对于结构优化问题的求解，最早发明了一种依靠直觉的准则方法，它把结构优化问题转变为结构的变量满足某一准则的函数问题，这些准则包括最大应力准则和最大应变能准则等；19 世纪 60 年代，Schmit 等最早将结构优化问题改变成一个给定约束条件的目标规划问题 [100-103]，它将运筹学的知识引入整个优化问题中，为近代的优化算法和理论奠定了坚实的基础。到了 19 世纪 70 年代，出现了一种基于数学理论的迭代方法，它将求解数学问题中的极值问题作为最优目标，多利用四阶的龙格–库塔迭代公式进行数值求解 [104-108]。到了 19 世纪 80 年代末，它将上述两种方法进行了很好的结合，分别利用各自的优点发明了一种结构优化的新方法，并在约束条件中引入了载荷的概念 [109-112]。到了 21 世纪，有限元分析方法在结构设计中凸显出越来越重要的地位，出现了很多优越的优化算法和迭代计算公式，有效地指导了大型重载设备的研发设计工作 [112-114]。

搅拌摩擦焊机器人的许多大件结构，如底座、立柱、滑枕等不但结构复杂，而且体积庞大，只有通过合理的设计才能在满足整个机器人轻量化的同时，又能保证整机的动态性能，最终满足给定的机器人焊接精度指标 [115]。本章首先提出了一种基于结构分解的大件结构动态优化设计方法，将复杂大件划分成外部的总体框架和组成内部的基本单元样式。对于外部的总体框架可以通过拓扑优化来找到组成结构的最佳材料分布路径，对于内部的基本单元可以通过寻找不同样式的组成单元并进行筋板尺寸的合理配置来满足最终结构的各项综合力学性能，最后给出了结构的改进方案。

5.2 基于结构分解的动态优化设计方法

搅拌摩擦焊机器人由于要受到搅拌头工具末端重载和强扰动的影响，它对机器人整体刚性和综合动态性能提出了一个更高的要求。而机器人的动静态刚度主要是由组成机器人的大件结构刚度以及各个大件之间相连接的部位，也就是结合部的刚度来共同决定的。通常情况下，这些大件的内部结构十分复杂，有很多的铸造砂孔和加强筋板结构，难以用常规的拓扑优化法进行方案设计。因此，如何找到一种高效便捷的动态优化设计流程来对搅拌摩擦焊机器人的大件复杂结构开展相关研究一直是热点研究问题 [116-118]。

本节提出了一种将复杂的问题简单化，也就是化繁为简的优化分析思路。它将构成机器人的大件结构分为外部和内部两部分，然后采用有限元分析方法分别对这两部分进行动态优化设计。采用具体的设计变量和优化目标，将对影响整个结构动态性能的重要因素量化，并采用性能优越的迭代算法来进行求解计算。这样，可以保证从组成结构的外形也就是宏观上的外部材料分布以及内部的具体样式也就是微观上的内部细节所构成的结构具有优越的综合性能，这种方法易于操作，实用性强。

5.2.1 结构框架和结构单元的基本概念

1. 结构框架

任何一个机械结构件都会有一个基本的外形尺寸，例如，搅拌摩擦焊机器人底座的长、宽、高；立柱结构的三维尺寸；滑枕结构的截面尺寸及总长等。这些尺寸的变化都会影响机床大件及整机的动态性能。其中，底座的长、宽是由机器人的待焊工件尺寸决定的，而底座的高度可以用结构的基频最高来确定。其他的大件结构根据机器人的构型和相应的尺寸也有类似的作用。

这些大件结构的三维尺寸的变化会对这些大件结构的动态性能产生一定的影响，通过合理的优化分析，可以得到大件结构框架尺寸如何给定的合理建议。例如，可通过研究复杂大件的质量和固有频率的分布规律来确定其外形框架尺寸设计的一般原则 [119]。基于这些指导性的原则和优化规律，可在这些复杂大件的结构设计方面找到综合力学性能最佳的结构方案。

2. 结构单元

把组成机器人的复杂大件就其内部结构进行划分，最终可以得到一些具体形状不同、拓扑构型多样的基本单元样式，这些基本的单元样式，称为组成复杂大件内部的结构单元 [120,121]，如机器人底座大件的内部支撑结构、立柱配重孔道内的筋板样式等。通过构造出各种类型的结构单元，在基于一些列的优化算法分别对这些结构单元进行相关尺寸的参数优化，最终可找到每一个结构单元的最佳动态性能所对应的具体方案，如机器人底座结构的出砂孔筋格长、宽、筋板厚度以及孔径尺寸等，从而形成了多个筋格单元的数据库，以方便设计人员快速选用和结构分析，以验证整体结构的各项力学性能是否达标 [122]。

除此之外，在进行其他大型重载设备的复杂结构设计工作中，由于已经对众多的结构单元单独地进行了优化和设计工作，先前的这些工作和所获得的各组数据可以用于后续的结构设计中，并且可以形成一个通用的数据库以方便类似工作的选用。因此，该种基于结构分解的综合动态优化设计方法具有一定的规律性，可以推广到其他同类的机械产品设计中，该种分析流程具有普遍的应用和指导意义。

5.2.2　复杂大件结构的参数化设计流程

搅拌摩擦焊机器人的大件，主要是为了承受搅拌头末端的恶劣负载并起到一定的支撑和连接作用，它们是整个机器人的重要组成部分。为了保证机器人的焊缝高精度，必须增强焊接本体的刚度、抗振性和抗扰动能力。而这些大件结构具有优良的动态性能是确保机器人本体具有卓越动态性能的前提。这些大件上面安装有许多重要的设备或是相关的测量系统，因此其整体的尺寸和质量都比较大，也比较复杂，这些大件的设计将会经历多次的迭代和改进。为了增强设计方法的鲁棒性，提高设计效率，在设计过程中需要进行必要的简化。这些简化工作包括保留重要的结构，如筋格、导轨、滑块、滚珠丝杠等结构，而忽略结构的局部细节，如微小的倒角、导轨防护套、安全梯以及挡铁等。

搅拌摩擦焊机器人复杂大件结构的综合动态优化设计方法和流程，如图 5-1 所示。

在上述组成大型复杂零件的结构框架尺寸和基本单元样式基础上，通过有限元方法进行相关目标函数的动态特性分析，使得结构无论是在外部的具体拓扑形态上，还是内部的详细构成方面都具有最优的力学性能。这样即在“微观”和“宏观”两个方面均考虑到了最终设计出来的大件结构的动态性能 [123,124]。但是，还不能保证这样的组合会使得整个大件结构的综合动态性能最优。因此，还需要对其再进行更加深入的分析和验证工作。

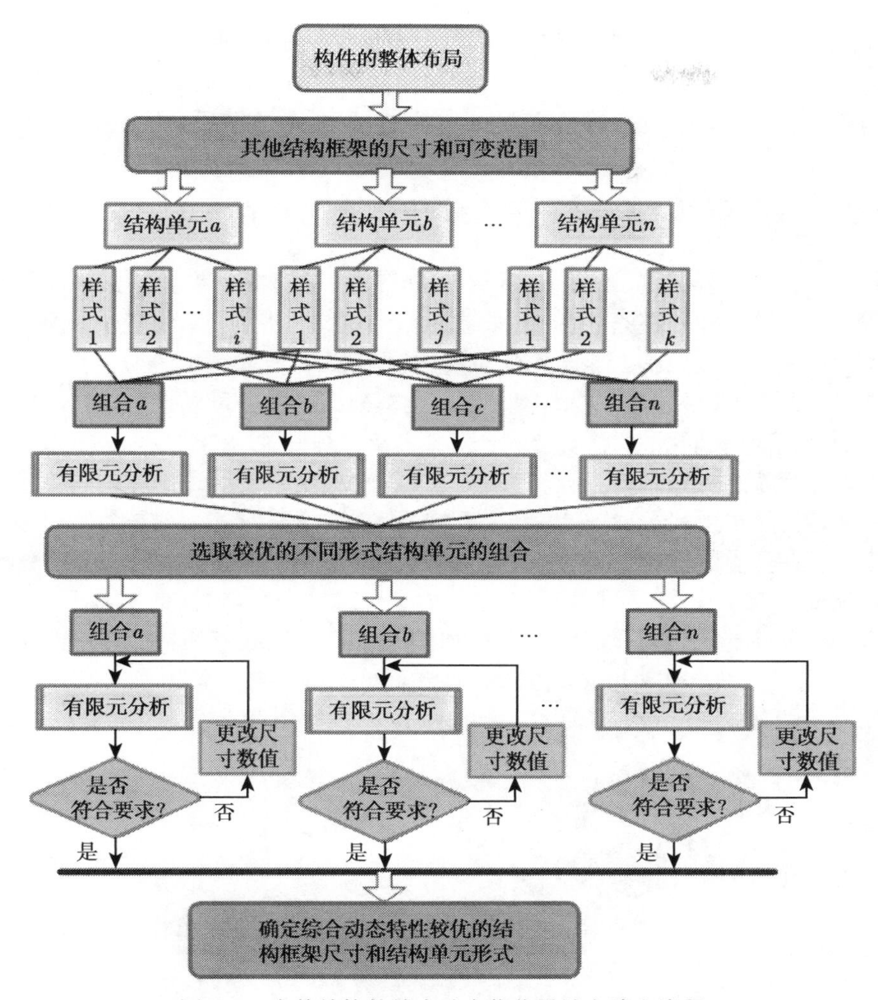

图 5-1 大件结构的综合动态优化设计方法和流程

根据数学理论，线性系统的目标函数可以看成多个影响因子的线性叠加。而上述所分析的结构框架尺寸和结构单元样式是对整个大件结构的一部分进行的分析和优化，而整体组合体的动态性能还不能得到确定。这就需要对这两个的结合体进行综合力学性能的评估。而目前组成复杂大件结构的基本单元比较有限，而整个大件结构的外部框架尺寸根据任务的要求或是特殊功能上的应用也基本明确，因此它们的组合并不是无穷无尽的，有时受到相关条件的约束和限制，这些组合只有几种或十几种。即使是设计变量非常多的情况下，在淘汰了一些非关键尺寸后，对于组成大件结构的外部框架尺寸和内部基本单元样式以及单元样式上面的关键尺寸来说还是可以接受的。因此，通过选定一些典型的结构单元样式和筋板尺寸，并根据需求设定大件结构的关键外部框架尺寸，再进行基于有限元优化方法的综合动态特性分析，从而得到满足最终设计要求的结构设计方案。因此，这种将结构框架和结构单元进行组合以筛选出所需要的结构设计变量的方法还是比较实用的。

5.3　X 轴底座结构的动态优化设计

搅拌摩擦焊机器人的 X 轴底座结构，如图 5-2 所示。该模型主要包含内部的支撑筋板、出砂孔和外部的导轨、地脚螺栓安装框架、吊装孔、丝杠安装座、光栅尺及行程开关等主要结构。根据上述基于结构框架和结构单元的划分方法，其中内部的支撑筋板、出砂孔、导轨、地脚螺栓安装框架这几部分可以作为单独的结构单元进行分析。而吊装孔、丝杠安装座、光栅尺及行程开关等对 X 轴结构动态特性的影响微乎其微，可以忽略不计。但是，在 X 轴底座的上顶面安装着三条矩形导轨，由于导轨的材质和布局，它们会显著增强底座结构的刚度。但是为了使问题的规模简化，在初步的优化分析过程中，可以暂时不考虑这些结构。同理，地脚螺栓安装框架的几何尺寸在一个比较小的范围内变化时，对底座刚度的影响很小，此时也可以暂时不考虑。这样，影响如图 5-2 中机器人 X 轴底座结构动态特性的因素只有整个底座的三维框架尺寸、内部筋格单元样式和筋格基本尺寸。

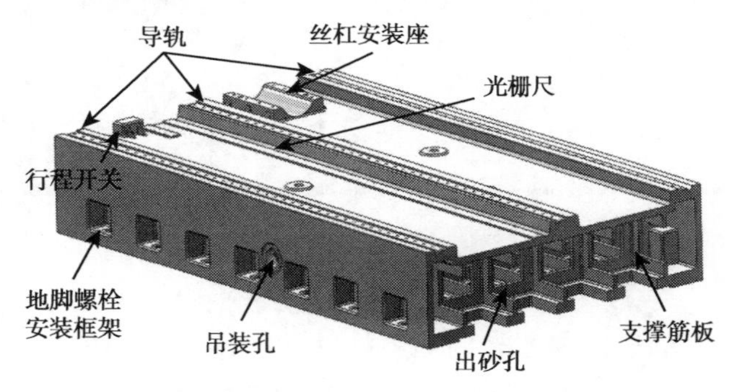

图 5-2　搅拌摩擦焊机器人的 X 轴底座结构示意图

为了研究 X 轴底座结构的各项动态性能，将不同的外部框架尺寸和内部结构单元样式进行组合，并指定优化分析问题的设计变量和目标响应。通过有限元分析，找到对底座结构优化目标敏感的设计变量，并求得这些设计变量在基于指定的多目标加权优化算法中的一组最优解，最终给出结构设计的合理方案，用于改善底座结构的综合动态性能。

为了尽可能减重，现将底座结构进行拓扑优化分析，采用全六面体的网格对其进行网格划分，如图 5-3(a) 所示。定义导轨、滑块和螺母座以及螺栓固定位置为非设计域，其他部分为设计域，采用变密度法，保留单元密度大于 0.3 的材料部分，最终得到底座拓扑优化后的结构如图 5-3(b) 所示。

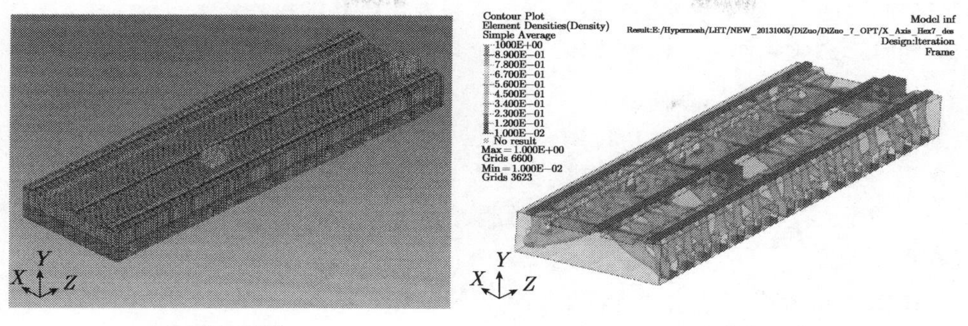

(a) 有限元网格　　(b) 密度云图

图 5-3　底座结构拓扑优化

5.3.1　筋格出砂孔与筋格固有频率的关系

搅拌摩擦焊机器人的 X 轴内部是由不同样式的结构单元来填充的，而不是完全的实体。这样在保证机器人底座具有良好刚性的同时又极大地减轻了结构的质量，节约了成本。将组成机器人 X 轴底座内部的结构单元称为筋格。这样一个个的格子支撑起底座结构的上顶面包括其导轨安装面。这些筋格的腔体并不是封闭的，这主要考虑到铸造加工工艺方面的因素，一般来说在这些腔体上面需要开一定数目的孔，称为砂孔。出砂孔的大小和形状可以根据需求自由改动，出砂孔分别为圆孔和方孔两种不同的筋格，如图 5-4 所示。

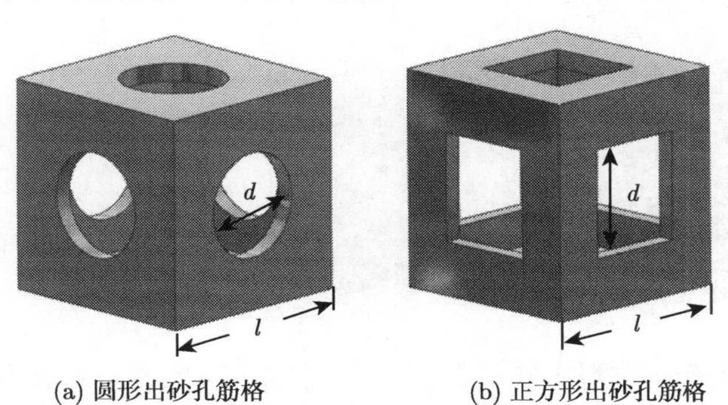

(a) 圆形出砂孔筋格　　(b) 正方形出砂孔筋格

图 5-4　X 轴内部结构两种筋格示意图

根据有限元分析的结果，筋格的筋板是整个框架结构的薄弱环节，其前两阶振型主要表现为筋板的“呼吸”振动和整个筋格的扭转振动。而扭转振动对底座上导轨面的变形影响是比较严重的，因此力求将这个影响因素降到最低。筋格的长宽高和出砂孔的形状及尺寸对整个筋格结构的模态频率和振型会产生较大影响，因此着重从这几个影响因素来研究筋格的动态性能，并通过把它简化成由三维实体单元组成的六面体，设定筋格的框架三维尺寸以及出砂孔的尺寸作为设计变量，结构的前四阶模态频率作为目标函数。

假设筋格是一个立方体结构，其边长为 300mm，弹性模量为 1.73×10^{11}Pa，密度为 7600kg/m^3，泊松比为 0.3。在其中的四个面上开孔，孔的形状分别为圆形和正方形，开孔的位置在两两相对面的正中央。通过改变出砂孔的尺寸以及出砂孔的数目来改变结构单元的具体样式，最后通过模态分析得到筋格的各阶频率数据曲线和模态振性。

图 5-5 是 4 个圆形出砂孔筋格的第一阶振型示意图，它表现为筋格未开圆孔两个面的收缩和膨胀振动。图 5-6 表示筋格面上出砂孔的数目分别是 2、4 和 6 时，筋格出砂孔孔径占筋格长度百分比与筋格整体的第一阶固有频率之间的变化关系；从图中可以得到如下规律：筋格出砂孔的孔径越大，筋格的一阶固有频率越小。当圆形出砂孔的孔径占到筋格边长总长的 40%~50%时，它的基频开始明显下降；当筋格圆形出砂孔的数目为 2 或 4 时，它在这两种情况下的基频比较接近，而当圆形出砂孔的数量增加到 6 时，也就是每个面都开圆孔，由于其整体质量明显降低并且其振动形态发生了改变，相反所得到的筋格一阶固有频率是比较高的。

图 5-5　4 个圆孔筋格振型示意图

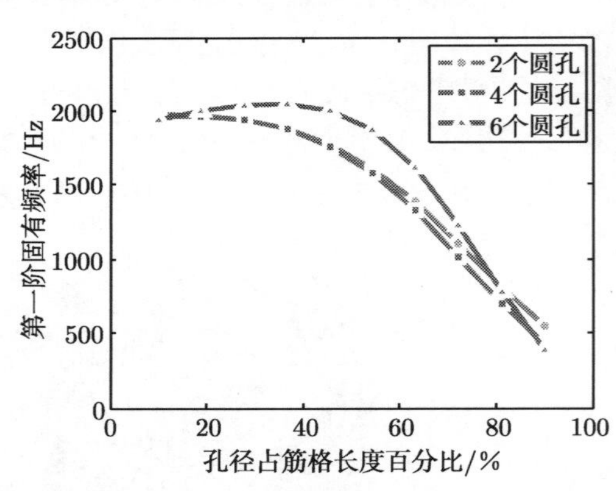

图 5-6　出砂孔孔径、孔数与频率的关系曲线

图 5-7 是 4 个正方形出砂孔筋格的第一阶振型示意图，它表现为整体左右的摇摆和扭转变形。图 5-8 表示具有 2 个、4 个、6 个正方形出砂孔时，筋格基频随方孔边长占筋格边长比例变化的关系曲线图；通过观察振型动画可以发现，这种振动形态将会导致导轨表面发生弯曲变形，会极大削弱 X 轴整体结构的刚度。从图 5-8 中可以得出，随着正方形出砂孔边长的增大，筋格的固有频率逐渐下降，并且正方形出砂孔边长占到筋格边长的 40%以上时，筋格的基频开始明显下降；筋格上开 2 个、4 个、6 个正方形出砂孔时，筋格的基频相差不大。

图 5-7 4 个方孔筋格振型示意图

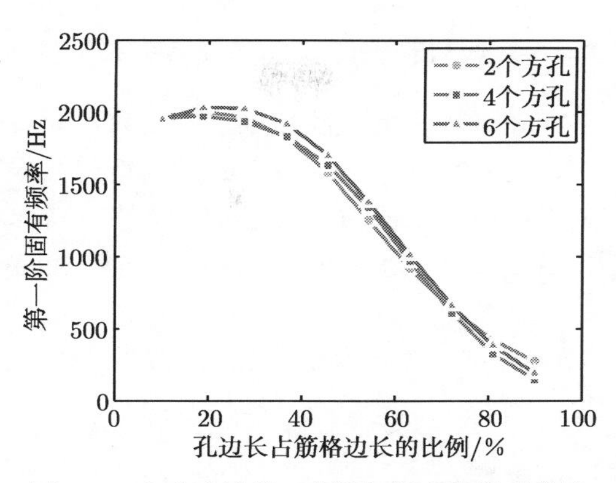

图 5-8 出砂孔边长、孔数与频率的关系曲线

据此，得到搅拌摩擦焊机器人 X 轴底座结构筋格选用的基本原则：应在保证机器人 X 轴底座刚度的前提下，应使出砂孔的孔径适中以及数目较多，以便尽可能地减轻结构的重量。通过上面分析可以得到，采用圆形出砂孔的筋格比采用正方形出砂孔的筋格更有利，整体的前 4 阶固有频率更高。更加清晰的 6 圆孔和 6 方孔筋格基频比较结果，如图 5-9 所示；在出砂孔的孔径或边长与筋格边长的比例不太大的情况下，筋格各阶模态频率并不随着砂孔的数目发生显著变化。因此，可以将组成机器人 X 轴底座的筋格上开 4 个或 6 个出砂孔。但往往为了最大限度上减轻底座的重量，相对来说会选择较好的 6 个圆孔的筋格结构。

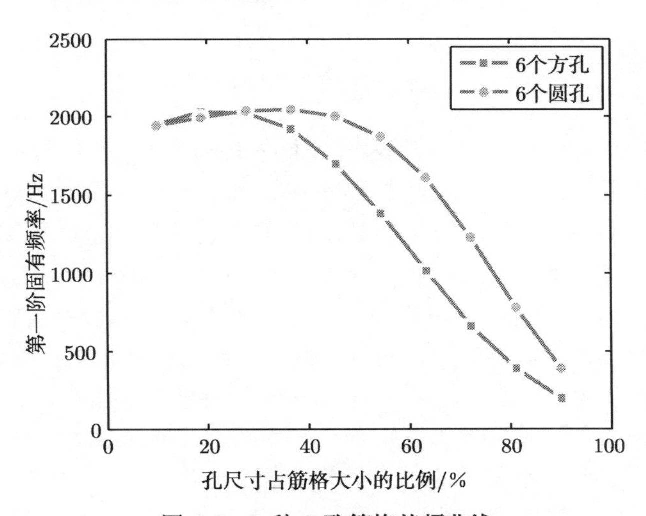

图 5-9 2 种 6 孔筋格基频曲线

5.3.2 边长和壁厚与筋格固有频率的关系

在设计机器人底座的筋板配置时，有时要想使筋格正好成为正方体是很困难的，这受制于整个结构上面的其他尺寸限制和制约。当筋格的长宽高之比有较大的不同时，会很容易发生扭转振型，这将会导致整个筋格的基频较低。为了量化筋格长宽高之间的比例对筋格整体固有频率的大小影响，需要将筋格的三维尺寸看成设计变量。图 5-10 是具有 6 个圆形出砂孔六面体筋格在其三边中有高度固定为 300mm 时，随长宽比而变化的筋格基频变化曲线。

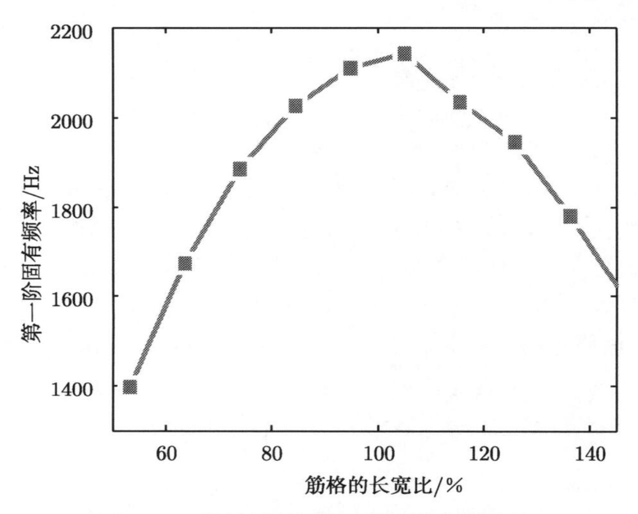

图 5-10 筋格边长比例变化时的固有频率

从曲线的形状可以看出，随着筋格长宽比的逐渐增加，筋格的一阶固有频率是先增加后逐渐下降，当长宽比达到或接近 100%时，它的一阶固有频率最大，接近 2100Hz。因此，当在配置机器人 X 轴的底座筋格时，应该尽量使其接近正方体。

在某些情况下，需要更改已经优化完成后的产品结构尺寸而生成新一种型号的产品。例如，对机器人的 X 轴底座尺寸进行了更改，但仍然保持了其内部的筋格单元结构整体布局，筋格的固有频率会发生一定的变化，它会受到筋格尺寸的影响。这里以图 5-4(a) 中的筋格单元结构为研究对象，通过模态分析可以得到在不同厚度比情况下筋格单元的第一阶固有频率随着筋格边长的变化关系曲线，如图 5-11 所示。指定圆形砂孔的直径占筋格边长总长度的 2/5，出砂孔的数目是 6，同时将筋格的壁厚与筋格的边长之比分别设定为 5%～10%，则筋格的整体一阶固有频率会随着筋格边长的增加而减小。因此，在设计筋格的过程中要合理地增加筋板的厚度，以使其他的基频最高并且保证筋格结构的整体质量最小。

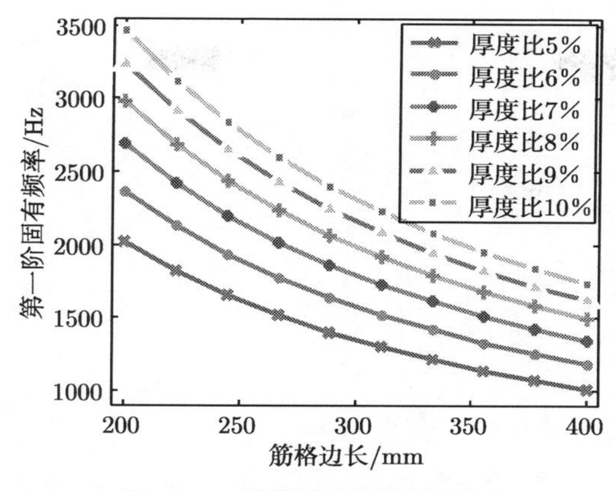

图 5-11 筋格边长与频率关系

5.3.3 筋格密度对底座固有频率的影响

图 5-12 所示为搅拌摩擦焊机器人 X 轴底座沿着与地面平行的剖视结构。由于是剖面图，在这里面看不到立体的砂孔、导轨、地脚螺栓安装框架等结构。其中 X 轴底座的基频大小以及各阶振型的振动形态会使机器人对待焊工件的焊接精度产生较大的影响，而 X 轴底座结构的模态分析结果受制于整个底座的外部框架尺寸和内部的筋格单元的配置。通过研究这两个因素与筋格整体固有频率的关系来进行详细阐述。

给定机器人 X 轴底座结构的三维尺寸长、宽、高分别为 3000mm、1600mm 和 500mm，底座筋格的布置策略仍然是遵循设计成正方体的样式。筋格在沿着高度方向是设计变量，共 6 层。令筋板的厚度为 15mm，则通过计算出由这 1~6 层筋格所构成的 X 轴底座的固有频率，即可以得到 X 轴底座结构的基频随筋格层数的变化曲线，如图 5-13 所示。通过分析可知，机器人底座筋格的分布有一个最优的密度区间，而筋格排布的层密度过大将会使底座基频快速下降。从图中可以看出，在给定机器人 X 轴高度为 500mm 的约束下，筋格层数在 1~2 层时底座的基频较高。因此，在对机器人 X 轴底座筋格的实际设计和布置过程中，应该保持任意两个筋格之间的距离为 250~500mm，这样才能在保证底座轻量化的同时能确保整个底座的最佳动态性能。

在实际焊接过程中，机器人底座的长和宽是由待焊零件的尺寸范围决定的，它的高度允许在某一个特定的区间内连续变化。这里指定机器人底座的长度为 3500mm、宽度为 1600mm，高度在 500~2000mm 变化，并且在高度方向上布置了 3 层筋格，然后设定筋格与筋格之间的距离分别是 200mm、250mm、300mm 和 350mm，筋格的壁厚给予 20mm。通过有限元模态分析，得到筋格间距不同时 X 轴底座结构的固有频率随床身高度的变化曲线，如图 5-14 所示。

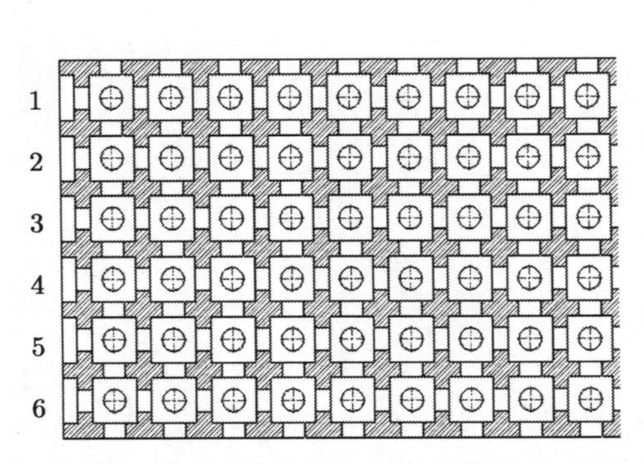

图 5-12　X 轴结构剖视图中的筋格示意图

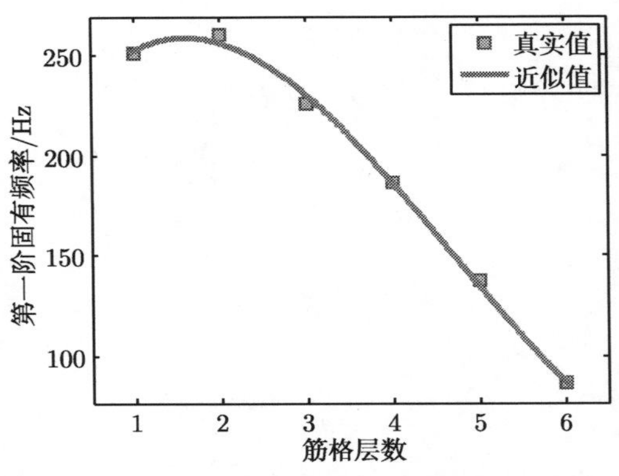

图 5-13　筋格层数对 X 轴基频的影响

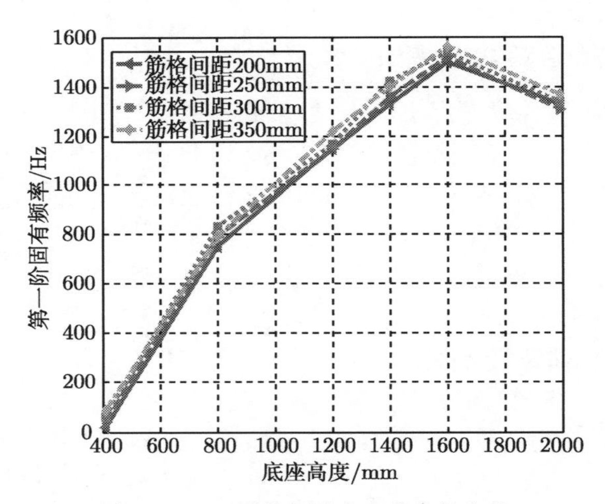

图 5-14　X 轴基频随底座高度的变化

从图 5-14 中发现，床身的固有频率随着底座高度的增加而增加。当机器人 X 轴底座的高度与宽度近似相等时，整个床身具有最佳的固有频率。而当它的宽度小于床身高度时，它的一阶固有频率会逐渐减小，这主要是由于床身的振型发生了变化。从图 5-14 中还能看出，床身一阶固有频率的设置并不随着筋格间距而发生显著的变化，并且当底座的高度为 1400~1800mm 时，X轴底座结构的第一阶固有频率最高。但本书所研制的搅拌摩擦焊机器人由于待焊工件外形尺寸的限制要求，需要X轴底座比较庞大。若是使其高度方向上的尺寸与其宽度达到一致是不可能的，因此在实际设计过程中往往使其基频能够有效地避开整机的一阶固有频率即可。

5.3.4　X 轴底座结构的最优方案验证

通过上述基于结构框架和结构单元的参数化有限元分析，总结出了对机器人

床身 X 轴结构模块化优化设计的选用标准和设计原则。为了更进一步地证实这种设计理念的正确性和有效性，本节对如图 5-15 所设计的两种机器人床身 X 轴结构进行了对比验证。

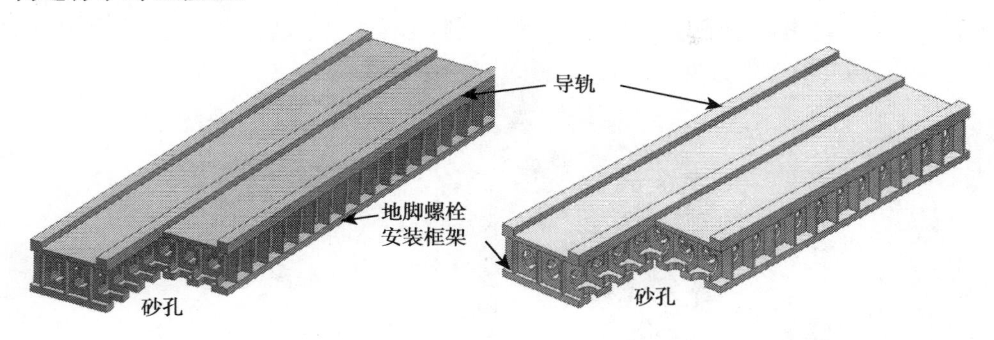

(a) 正方形出砂孔底座　(b) 圆形出砂孔底座

图 5-15　两种由不同筋格构造的 X 轴 3D 模型

其中，图 5-15(a) 是正方形出砂孔底座，图 5-15(b) 是圆形出砂孔底座，两个模型的长宽高都为 7100mm × 1900mm × 480mm，筋板厚度都为 30mm，在结构上忽略一些不重要的细节，保留导轨和地脚螺栓安装框架等部分。对于圆形出砂孔底座，其第一阶振型如图 5-16(a) 所示。当筋格的孔径 d 占筋格边长 l 的比例发生变化时，X 轴底座前四阶固有频率随出砂孔孔径逐渐增大时的变化趋势如图 5-16(b) 所示。从图中的曲线可知，随着出砂孔孔径的增大，X 轴底座的固有频率也将跟着下降，并且当孔径与筋格边长的比例达到 50%左右时降幅明显。这与前面分析的结果一致。

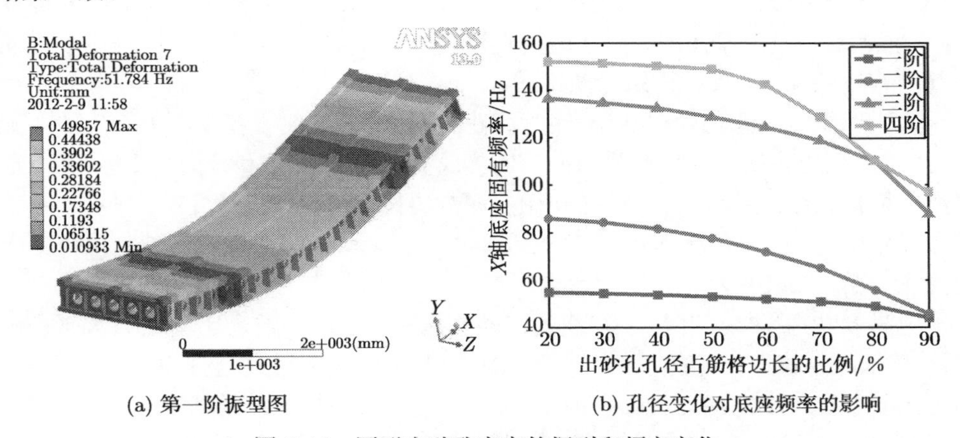

(a) 第一阶振型图　(b) 孔径变化对底座频率的影响

图 5-16　圆形出砂孔底座的振型和频率变化

开正方形出砂孔底座的第一阶振型如图 5-17(a) 所示。同理，随着砂孔的边长与筋格边长比例的变化，前四阶固有频率随出砂孔边长逐渐增大时的变化趋势如图 5-17(b) 所示。从图中曲线可知，X 轴底座的固有频率呈现下降趋势，并且当砂孔边长与筋格边长的比例达到 50%以上时下降最快。除此之外，其各阶频率值整体低于圆孔底座分析的频率值，并且曲线的下降趋势更快，这也说明了开圆形出砂孔 X 轴底座的动态特性要优于开正方形出砂孔的底座。

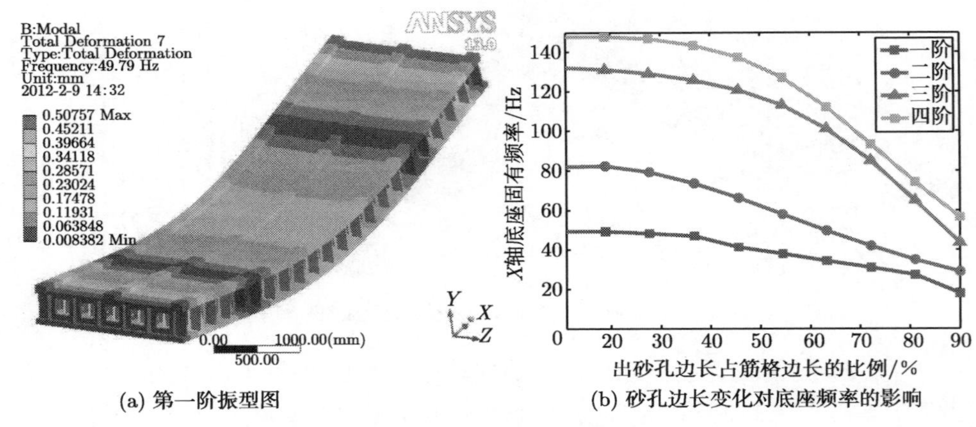

(a) 第一阶振型图　　(b) 砂孔边长变化对底座频率的影响

图 5-17　正方形出砂孔底座的振型和频率变化

搅拌摩擦焊机器人大件的固有频率 f 是刚度和质量的函数，它是一个综合评价指标，其表达式为 $f \propto \sqrt{K/M}$。因此，经常把评价所设计结构动态性能优劣的标准用结构的固有频率来体现。而组成整个机器人的大件结构刚度是整机刚度的基础，只有这些大件结构具有优良的动态性能才能最终保证整机结构设计的可行性。一般来说，只需保证这些大件结构具有良好的动刚度，那么它们的静刚度也能够得到有效的保障，反之该结论并不适合。

为了计算出砂孔孔径对 X 轴底座大件静刚度的影响，在模型矩形导轨的上表面对应的位置上施加 10000N 垂直向下的静载荷，图 5-18(a) 是开圆形出砂孔 X 轴底座的位移云图。因此，以出砂孔孔径占筋格边长的比例为设计变量，建立参数化的有限元模型，经有限元分析，导轨面在垂直方向上最大变形量随出砂孔孔径变化的曲线如图 5-18(b) 所示。

由图 5-18 中曲线可知，当筋格的出砂孔孔径与它的边长之比接近 50%时，机器人 X 轴底座整体在竖直方向的变形迅速上升，相应方向上的静刚度会明显降低。再结合图 5-16 可知，当对机器人的 X 轴底座结构进行了前述的动态优化后，它的静、动刚度也同时改善并增强了。这也说明这种采用结构框架和结构单元的搅拌摩擦焊机器人大件动态优化设计流程是正确的和可行的。

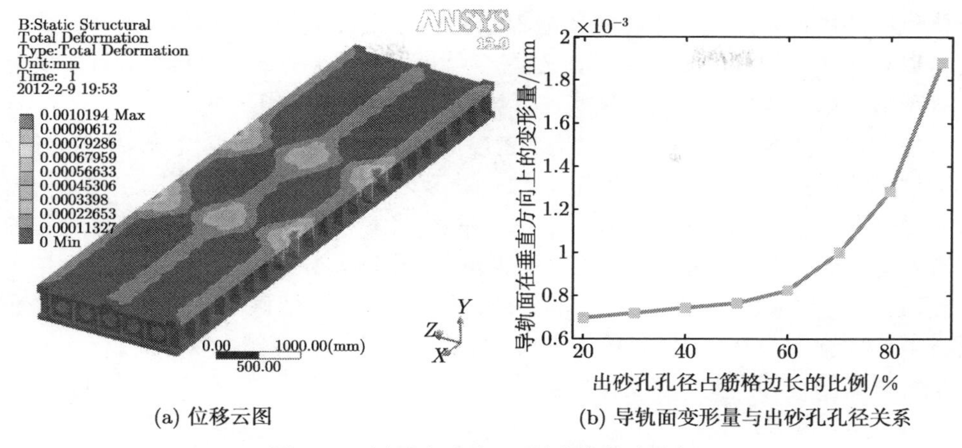

(a) 位移云图 (b) 导轨面变形量与出砂孔孔径关系

图 5-18 圆形出砂孔 X 轴底座静力分析

5.4 Y 轴立柱结构的动态优化设计

搅拌摩擦焊机器人的立柱结构位于 X 轴底座组件和 Z 轴滑鞍、滑枕组件之间，其体积较大且结构复杂。它与其他大件结构连接位置较多，因此其受载状况也相对复杂。立柱的下底面通过导轨滑块副和滚珠丝杠副与底座相连接，它的前后端面以及内侧的两端面也是通过导轨滑块副以及滚珠丝杠副与滑鞍相连接。除此之外，重力补偿机构的滑轮组组件安装在立柱的上顶面两侧，搅拌摩擦焊机器人在焊接作业时配重块的重量通过每一个滑轮组施加给立柱的上顶面。

要想获得一个综合动态特性较优的立柱结构，它的内部并不是充满材料的。立柱的内部通常是用各种样式的加强筋来构成的薄壁结构，这样既能实现轻量化又能增强整个结构的动态性能。研究表明，对于一个复杂的大件结构只有根据它的载荷和约束情况找到合理的材料分布，最终才能设计出综合动态性能较优的产品 [14,18]。因此，这里基于本章开头提出的结构分解的动态优化设计理念，结合结构框架和结构单元的大件创成方法，分别对立柱结构进行了拓扑优化设计和尺寸优化设计。根据优化之后的结构，反过来对立柱结构进行了新一轮的矫正设计，并对比了优化前后立柱结构的力学性能，最终得到了综合动态性能较优的轻量化立柱结构。

5.4.1 拓扑优化的方法和流程

为了实现对结构力学性能和结构组成的优化，可以采用拓扑优化的手段来改变结构整体的拓扑样式。通过有限元的手段来分析最佳的材料分布位置，并确定哪些部分材料可以去除，而哪些部分又必须要求保留。并且为了实现轻量化，根据拓扑优化的结果可以确定出结构的哪些部分能够开孔以及开孔的形状和大小。这样既可以有效减轻结构的整体质量，又提高了其力学性能 [123,124]。因此，许多实际工程项目应用中都采用拓扑优化来进行结构的研发设计工作。

拓扑优化的方法众多，一般包括变密度法、进化结构法、变厚度法、均匀化法、等周法、泡泡法、ICM 法和水平集法等。而本章对搅拌摩擦焊机器人的立柱结构进行拓扑优化主要采用了变密度法，该种方法的原理是采用一种假设的密度可调的材料，通过单元的伪密度来决定材料的去留。在有限元分析结果中，红色部分的单元密度为 1，建议保留；蓝色单元部分的材料密度是 0，建议去除。而中间的颜色部分其单元密度为 0~1，可以酌情考虑。优化时以单元密度作为设计变量，其目标函数可以是结构的刚度、柔度和基频等。其中，拓扑优化的材料特性是其单元密度的指数函数，其表达式为

$$E(x) = E_0\rho(x)^P \tag{5-1}$$

式中，$E(x)$ 为结构的弹性模量；E_0 为结构最初的弹性模量；ρ 为材料相对密度；P 为惩罚因子。惩罚因子 P 可以促进单元的相对密度靠近 0 或 1，以清晰显现拓扑后的材料分布位置。在给定不同惩罚因子的情况下，结构的弹性模量随相对密度的变化曲线，如图 5-19 所示。

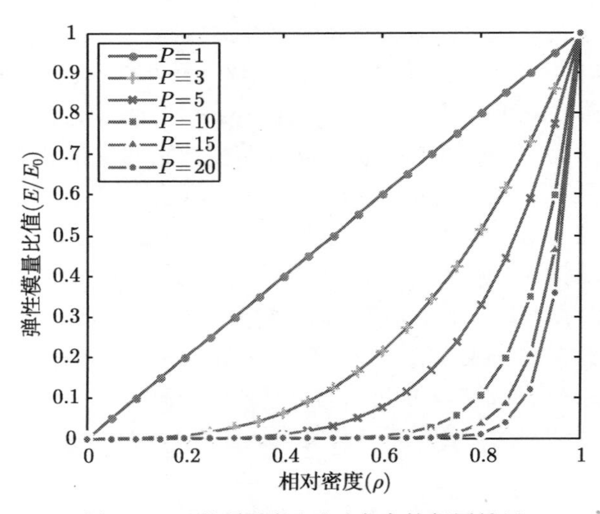

图 5-19　不同惩罚因子对密度的惩罚效果

对于上述拓扑优化求解，由于优化问题的设计变量较多，一般采用有限元分析方法来解决。而该优化过程需要反复迭代并且进行重启动分析，通过对刚度矩阵和质量矩阵的重新组集来求解方程，计算烦琐且工作量大。这里采用了一种基于

带惩罚的变密度材料法插值理论 (SIMP)，在以结构的柔度最小为优化目标的基础上，对材料的密度变量进行更新并代入优化算法中进行迭代计算。

首先，已知上述的目标函数和约束条件，其拉格朗日函数为

$$L = C + \lambda_1(V - V^*) + \lambda_2(F - KX) + \lambda_3(\rho_{\min} - x) + \lambda_4(\rho - 1) \tag{5-2}$$

式中，λ_1、λ_2、λ_3、λ_4 为拉格朗日乘子，λ_1 为标量，λ_2、λ_3、λ_4 为向量；ρ 为由 ρ_i 组成的列向量。当 ρ_i 取极值 ρ_i^* 时，拉格朗日函数满足 Kuhn-Tucker 必要条件：

$$\begin{cases} \dfrac{\partial L}{\partial \rho_i} = \dfrac{\partial C}{\partial \rho_i} + \lambda_1 \dfrac{\partial V}{\partial \rho_i} - \lambda_2 \dfrac{\partial (KX)}{\partial \rho_i} - \lambda_3 + \lambda_4 = 0 \\ V = V^* \\ F = KX \\ \lambda_3(\rho_{\min} - \rho^*) = 0 \\ \lambda_4(\rho^* - 1) = 0 \\ \rho_{\min} \leqslant \rho^* \leqslant 1 \end{cases} \tag{5-3}$$

其中，偏导数 $\dfrac{\partial (KX)}{\partial \rho_i}$、$\dfrac{\partial V}{\partial \rho_i}$、$\dfrac{\partial C}{\partial \rho_i}$ 分别为位移、体积和目标函数的灵敏度。

最终得到基于最小柔度为优化目标的拓扑问题迭代公式：

$$\begin{cases} (C_i^k)^{\xi} \rho_i^k, & \rho_{\min} < (C_i^k)^{\xi} \rho_i^k < 1 \\ \rho_{\min}, & (C_i^k)^{\xi} \rho_i^k \leqslant \rho_{\min} \\ 1, & (C_i^k)^{\xi} \rho_i^k \geqslant 1 \end{cases} \tag{5-4}$$

式中，$C_i^k = \dfrac{p(\rho_i)^{(p-1)} u_i^{\mathrm{T}} k_0 u_i}{\lambda_1 v_i} = 1$ 作为设计准则；ξ 为阻尼系数，它可以保证迭代计算结果的收敛性和稳定性。

最终，采用上述 SIMP 材料法迭代计算公式，对机器人的立柱结构实施完整的拓扑优化计算和求解，主要步骤简述如下：

(1) 指定整个优化问题的设计域和非设计域，在有限元模型中设定载荷和边界条件，其中材料的密度可以随迭代过程而改变。

(2) 对整个模型进行网格划分，计算单个离散单元的刚度矩阵。

(3) 给设计变量一组初值，即将相对密度赋给设计域内的每一个离散单元。

(4) 通过单个离散单元的受载情况计算出相应的力学参数，并将每个单元的刚度矩阵合并成为整个结构的刚度矩阵。

(5) 由整体刚度矩阵计算出结构上任意一节点的位移向量。

(6) 求解优化问题的灵敏度和结构的柔度系数，最终计算出拉格朗日乘子。

(7) 根据所采用的优化算法，更新设计变量并循环迭代计算直到问题收敛。

(8) 得到最佳的材料分布密度，获得一组最优设计变量以及目标函数值。

5.4.2 *Y* 轴立柱结构的载荷和边界条件

搅拌摩擦焊机器人立柱的下底面和竖直内侧表面分别通过滚珠丝杠副和直线导轨滑块副与底座和滑鞍相连接，立柱的上顶面两侧安装有用于重力补偿装置的滑轮组组件，每一侧滑轮组组件对立柱的反作用力为 22000N。搅拌摩擦焊机器人在实际焊接过程中，搅拌头位置处所承受的力和力矩载荷通过滑鞍和立柱相连接的导轨滑块副和滚珠丝杠副传递到立柱竖直的内侧表面上。除此之外，滑鞍滑枕组件、*AB* 轴组件和搅拌头组件的重力也通过其传递到立柱上。而立柱的下底面通过相应的导轨滑块副和滚珠丝杠副来限制立柱的运动。因此，在对立柱进行拓扑优化的有限元建模过程中，可以将底座结合部位置作为约束处理，其导轨滑块结合部限制立柱的横向自由度和垂向自由度，而滚珠丝杠结合部用于限制丝杠的轴向自由度，如图 5-20 所示。

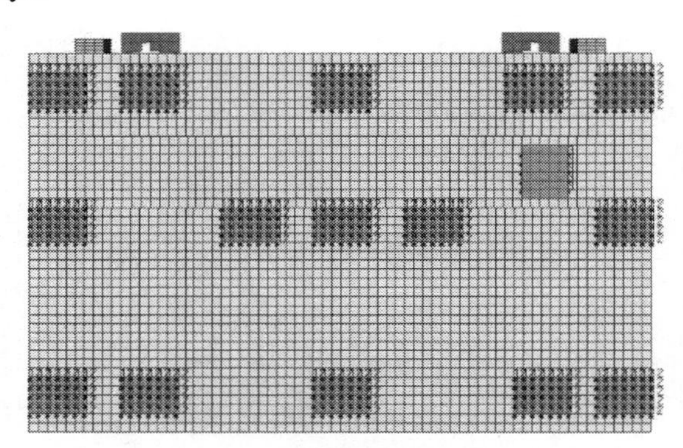

图 5-20 立柱下底面滑块和螺母座孔的约束

根据搅拌摩擦焊机器人的不同典型焊接工况，立柱所承受的载荷位置是随时间发生变化的，它取决于焊缝的不同样式。这里，建立了滑鞍滑枕组件位于立柱的上中下三个位置处的受载情况，如图 5-21 所示，通过固定结合部机器人的静力分析可以很容易地获得这些结合部位置的载荷大小。这里采用软件内部载荷变量参数化的方式自动提取，并将所提取的载荷值直接用于后续立柱结构的拓扑优化中。

在立柱的底部丝杠轴承座施加移动方向约束，滑块施加垂向约束和横向约束；在立柱导轨与动力刀架滑块装配区域的节点上施加节点力，节点力的大小通过力学模型求解得到，即区域集中载荷与区域节点总数相除获得。

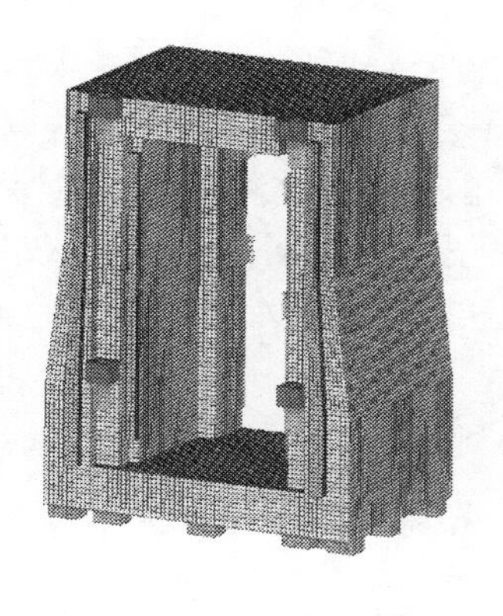

(a) 工况1

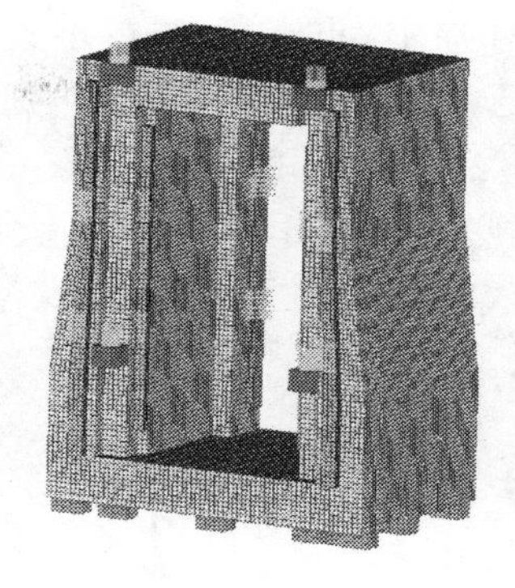

(b) 工况2

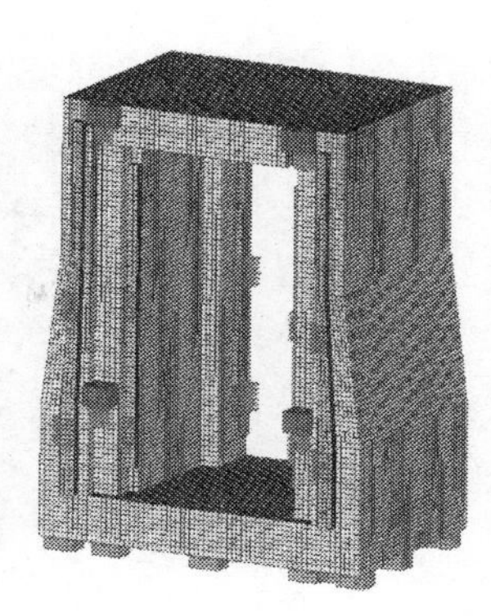

(c) 工况3

图 5-21 立柱的三种载荷工况

5.4.3 Y 轴立柱结构的拓扑优化分析

搅拌摩擦焊机器人的立柱是影响机器人焊接精度和结构特性的关键部位，它的刚度和固有频率等动力学特性对整机特性影响非常大。通过对整机进行静力分析和模态分析可知，立柱和 Z 轴组件对整机的振型影响较大。如果立柱的结构设计不是很合理，它将会导致立柱和床身的结合面处刚性变差，使整机基频变低。因此，有必要对立柱进行拓扑优化以增强结构的力学性能，最终找到一个较为合理的优化结果，并为立柱的改进设计提供参考。

1. 立柱拓扑优化设计域与非设计域定义

根据搅拌摩擦焊机器人对 Y 轴立柱的结构设计方案，在进行三维建模过程中需要根据它的外部约束条件建立相应的外部轮廓尺寸，而由外部轮廓所围成的空间即立柱结构的最原始优化体空间，如图 5-22(a) 所示。通过结构分析，发现 Y 轴立柱与滑鞍滑枕组件是通过滚珠丝杠副和导轨滑块副相连接的，而立柱的底部与 X 轴床身的上表面是采用同样的连接关系，因此在这些结合部位置是整个立柱结构的承载或是施加边界条件约束的地方。把相应的导轨滑块和滚珠丝杠螺母座看成非设计域，如图 5-22(b) 所示。在整个拓扑优化过程中，内部设计域的材料分布是通过非设计域的引导而发生明显作用的。

2. 立柱模型的有限元网格划分

在建立好立柱结构的几何模型之后，需要对其进行网格划分。这里采用 Hypermesh 软件将其离散成全六面体的结构化网格，并在结合部位置上施加边界条件和载荷。由于对于特定的复杂大件结构，六面体单元比四面体单元对拓扑优化后的结果更精确，材料分布更加清晰，并且得到的网格数量也更少，相应的计算规模就会有所下降。这些都是六面体网格的优点，其缺点就是该种网格的划分需要花费大量的时间，并且需要一定的技巧。一旦对结构的剖分方案不合理就会导致整个立柱网格的节点不连续，最终导致优化问题不能进行。同时，由于六面体网格的均匀性，在进行加载时载荷均布在这些结合部的位置上，大大缩短了迭代计算时间。这里设置了六面体单元边长的平均尺寸为 50mm，共生成了 216523 个六面体单元，如图 5-23 所示。

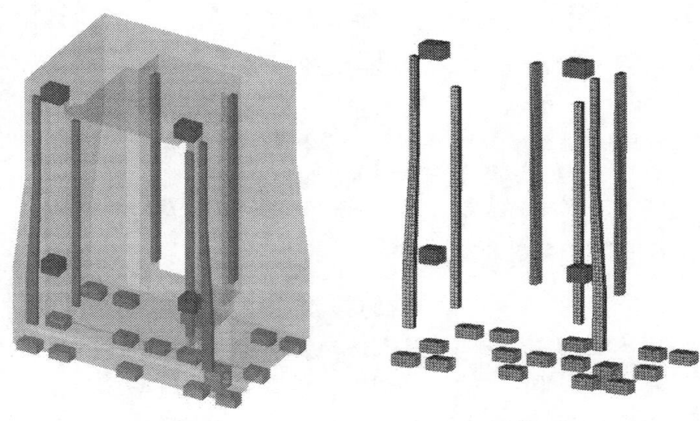

(a) 阴影部分设计域　　(b) 导轨滑块螺母座非设计域

图 5-22　立柱拓扑优化的设计域和非设计域定义

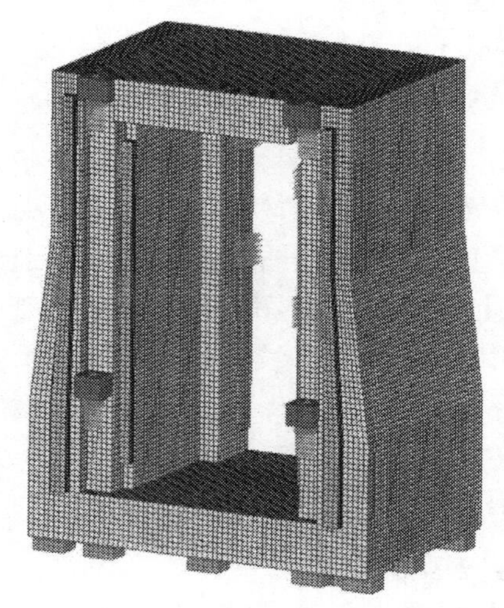

图 5-23　立柱结构的全六面体网格划分

3. 立柱拓扑优化设置

在进行搅拌摩擦焊机器人立柱结构的拓扑优化之前，需要给定整个结构的设计变量和目标函数。根据变密度法的思想，设计变量是各个离散单元的伪密度，目标函数采用总体柔度最小来表示。除此之外，需要给定相应的约束条件以及采取何种优化准则，还要考虑立柱的铸造工艺和约束，确保最终能制造出来。

在 Hypermesh 软件中，采用 Optistruct 用户模板设定材料的密度、弹性模量、泊松比以及实体单元属性，并将其分别命名再赋予立柱结构的不同区域，以此来区分设计域与非设计域。在优化模块中，指定单元密度为设计变量，并添加制造工艺约束，分别是最大最小成员约束以及关于竖直平面的左右对称约束。这里指定最大单元尺寸为 150mm，最小单元尺寸为 50mm，并设定目标函数为结构的最小柔度，约束响应是优化前后的体积比。为了尽可能减轻结构的重量，设定体积比为 0.1。为了缩短优化问题的迭代计算时间，对于全六面体单元的拓扑优化问题，设定离散参数 DISCRETE=3，棋盘格的控制参数 CHECKER=1，以期得到更加清晰的拓扑优化后的结构。

4. 立柱拓扑优化结果

采用上述拓扑优化流程，开展针对结构柔度最小为优化目标的三种工况下的加权优化分析，并输出最后的优化结果。其中，红色区域 (A 区域) 为建议保留区 (图 5.24(a))，浅蓝色区域 (B 区域) 可以酌情考虑材料的取舍。最后，将六面体单元密度大于 0.3 的单元保留，去掉其他材料部分，得到剩下立柱结构拓扑优化的最终模型，如图 5-24(b) 所示。

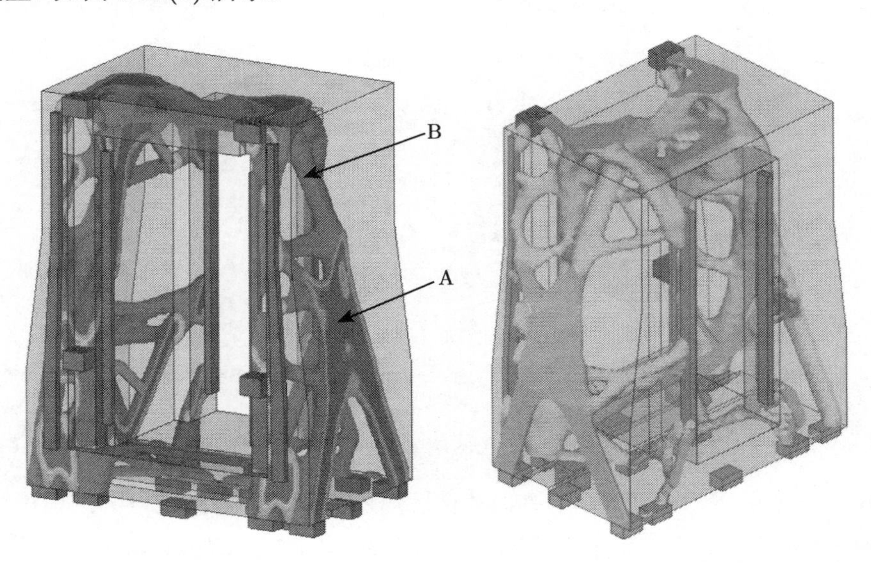

(a) A区域为保留区　　(b) 材料的最优分布

图 5-24　立柱结构的拓扑优化结果

从图 5-24 可以发现，由于之前设置了对称约束，在关于立柱中间 XY 平面的左右两侧材料是对称分布的。由于立柱的受载位置位于竖直内侧的六个导轨上，可以发现从这些位置到立柱下底面的各个滑块和螺母座孔上都形成连续的材料分布。此外，由于定义了最大最小成员约束，能够看出拓扑优化后的立柱结构材料分布更加清晰，有力地指导了下一步的结构设计工作。

5.4.4　*Y* 轴立柱结构筋板的合理配置

由立柱实体单元拓扑优化结果可知，立柱外部轮廓的材料主要集中分布在立柱左右的侧板上，而立柱后面的材料较少，因此立柱的侧板为主要承载区域。为了增强主要承载区域的刚度，在立柱外轮廓的左右侧板上布置筋板，用来加强整个立柱结构的刚度；同时结合实体单元拓扑优化结果，在材料较少的部位开孔，尤其是在立柱的上下底面开孔减轻结构重量。根据拓扑优化后的结果，立柱结构筋板的合理设计方案如图 5-25 所示。

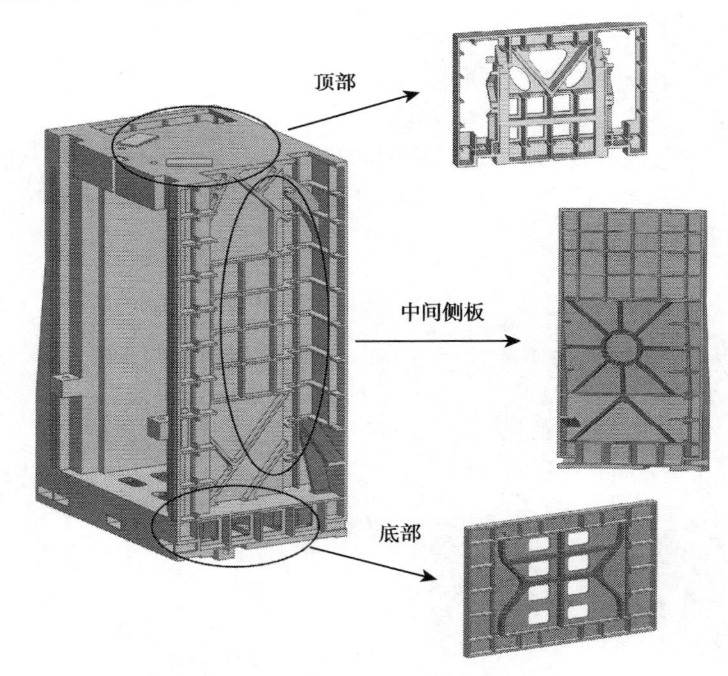

图 5-25　立柱结构筋板合理配置

除了上述拓扑优化之外，应该选择合适的筋板结构来对立柱内部结构进行加强。这些加强筋的选取原则可以参照 5.2 节内容。根据常见的机械结构设计中加强筋的样式，对其进行了总结和归纳，分别将不同样式和不同尺寸的加强筋用于立柱内部的结构中，然后通过有限元分析来进行筛选，最终选取综合力学性能较优的筋板配置样式。同时，在进行筋板配置和设计过程中还需要考虑到工艺上美观和易于加工制造等因素，在立柱左右侧面内部的筋板布置样式如图 5-26 所示。

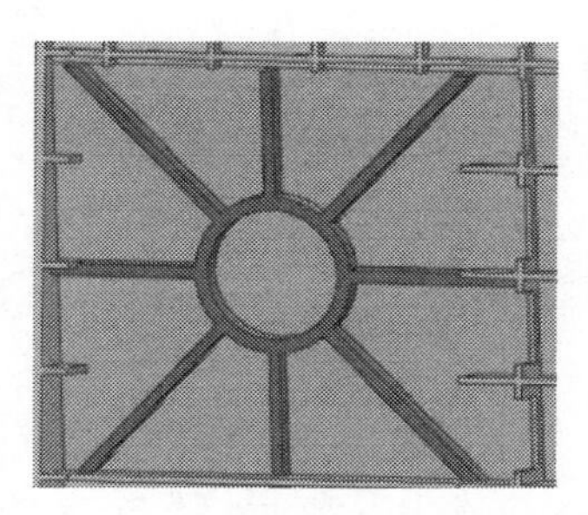

图 5-26　立柱侧板采用辐射状太阳筋

5.5　Z 轴滑枕结构的动态优化设计

由于不同型号航空航天件的焊接需求不同，整个机器人体积庞大，结构复杂。而滑枕自重若很大将直接导致机器人的焊接精度急剧下降，这主要体现在自重对滑枕结构静动态特性的影响方面。因此，滑枕结构的优化设计对搅拌摩擦焊机器人的研制具有重要的现实意义。

为了有效地减轻滑枕的重量，主要是根据机器人的实际工况需求对材料进行合理的去留和对其内部添加不同尺寸的筋格样式，以增强其抵抗变形和防止外界干扰的能力。目前，基于拓扑优化和尺寸优化的综合优化设计是一种先进的方法。

本节根据空间梁单元的基本理论，对搅拌摩擦焊机器人的滑枕结构进行有限元建模和理论推导，并根据实际工况对其进行受力分析。利用 Hypermesh 软件建立滑枕结构的有限元模型，并利用 Isight 软件分别进行基于变密度法的拓扑优化和近似响应面法的尺寸优化，以确定滑枕的最终结构样式。优化结果表明，在滑枕质量大幅减少的同时，可以保证其末端变形量缓慢增加，并达到使其基频迅速提高的目的。这种综合优化设计方法验证了理论和思想的一致性，为滑枕及其相关结构的减重设计提供了一种新的尝试，具有非常重要的借鉴和指导意义。

5.5.1　Z 轴滑枕结构的受力分析

搅拌摩擦焊机器人在实际焊接过程中具有五种典型工况，它们分别是：瓜瓣焊、瓜顶环缝焊、瓜底环缝焊、圆筒环缝焊和圆筒纵缝焊。而滑枕在每一种典型工况中所受到的载荷各不相同，通过对这五种工况进行综合比较，并以相对比较恶劣的瓜瓣焊工况为例来对滑枕进行受力分析，如图 5-27 所示。

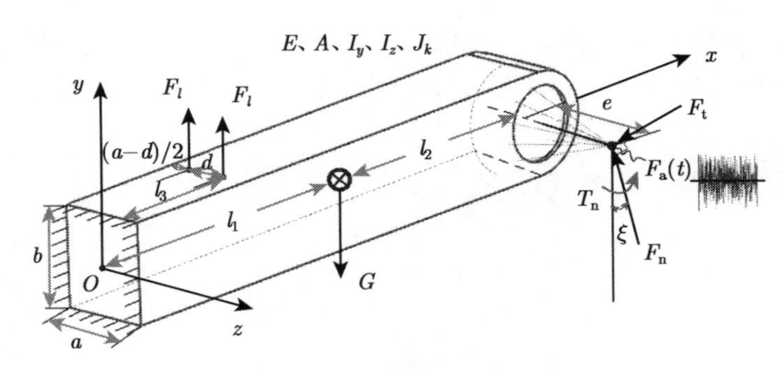

图 5-27　滑枕结构受力分析

在瓜瓣焊工况，滑枕受到的载荷主要有：自重 G；搅拌头的插入阻力 F_{n}；搅拌头的进给阻力 F_{t}；搅拌头焊接的横向波动力 $F_{\mathrm{a}}(t)$；搅拌头的旋转阻力矩 T_{n}；钢丝绳的拉力 F_l；搅拌头轴心线距滑枕内侧端面的距离为 e；滑枕质心距滑枕固定端面和前端轴线的距离分别为 l_1 和 l_2；钢丝绳距滑枕固定端的距离为 l_3；搅拌头插入阻力与竖直方向的夹角为 ξ；滑枕截面长宽分别为 a 和 b；在上述空间梁单元推导的基础上，滑枕所受到的六维力和力矩具体如下。

(1) x 轴轴向力：

$$N_x = F_{\mathrm{n}}\sin\xi + F_{\mathrm{t}}\cos\xi \tag{5-5}$$

(2) y 轴剪切力：

$$Q_y = F_{\mathrm{n}}\cos\xi - F_{\mathrm{t}}\sin\xi + 2F_l - G \tag{5-6}$$

(3) z 轴剪切力：

$$Q_z = F_{\mathrm{a}}(t) \tag{5-7}$$

(4) x 轴扭矩：

$$M_x = -T_{\mathrm{n}}\sin\xi - (e + a/2)(F_{\mathrm{n}}\cos\xi + F_{\mathrm{t}}\sin\xi) \tag{5-8}$$

(5) y 轴弯矩：

$$M_y = T_{\mathrm{n}}\cos\xi - (e + a/2)(F_{\mathrm{n}}\sin\xi + F_{\mathrm{t}}\cos\xi) \tag{5-9}$$

(6) z 轴弯矩：

$$M_z = (F_{\mathrm{n}}\cos\xi - F_{\mathrm{t}}\sin\xi)(l_1 + l_2) - Gl_1 + 2F_l l_3 \tag{5-10}$$

通过上述受力分析，可以看出搅拌摩擦焊机器人的滑枕是以受弯矩为主的双向压弯构件。为了综合评价其抵抗末端负载的能力，需要对滑枕的总体结构刚度进行性能评估，滑枕在瓜瓣焊工况下发生弹性变形，如图 5-28 所示。

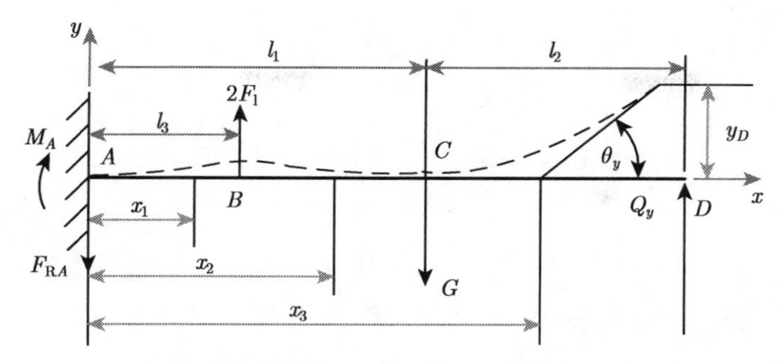

图 5-28 瓜瓣焊工况滑枕弯曲变形示意图

根据材料力学基本理论，假定滑枕为等剖面的悬臂梁，当其受到如图 5-28 所示的集中力载荷时，滑枕位于固定基座 A 处截面的剪切力和弯矩为

$$\begin{cases} F_{RA} = 2F_l - G + Q_y \\ M_A \ = 2F_l l_3 - G l_1 + Q_y(l_1 + l_2) \end{cases} \tag{5-11}$$

由于有 3 个集中力分别作用在滑枕的不同位置，滑枕梁截面的弯矩需要分段计算，则 AB、BC 和 CD 段的弯矩方程为

$$\begin{cases} M(x_1) = (2F_l - G + Q_y)x_1 - [2F_l l_3 - G l_1 + Q_y(l_1 + l_2)], & 0 \leqslant x_1 < l_3 \\ M(x_2) = Q_y(l_1 + l_2 - x_2) - G(l_1 - x_2), & l_3 \leqslant x_2 < l_1 \\ M(x_3) = Q_y(l_1 + l_2 - x_3), & l_1 \leqslant x_3 \leqslant l_1 + l_2 \end{cases} \tag{5-12}$$

根据各段的弯矩方程不同，相应的挠曲线方程也各不相同。因为滑枕的弹性变形属于小变形，滑枕的挠度远小于它的跨度，所以采用挠曲线的近似微分方程和转角方程：

$$\begin{cases} y = \iint \left(\dfrac{M}{EI_y} \mathrm{d}x \right) \mathrm{d}x + Cx + D \\ \theta = \displaystyle\int \dfrac{M}{EI_y} \mathrm{d}x + C \end{cases} \tag{5-13}$$

在滑枕的固定端 A 处，挠度和转角都等于 0，则 AB、BC 和 CD 段的挠度方程为

$$\begin{cases} y_{AB} = \dfrac{(2F_l + U)x_1^3 - 3(2F_l l_3 + V)x_1^2}{6EI_y} \\ y_{BC} = \dfrac{-Ux_2^3 + 3Vx_2^2 + C_2 x_2 + D_2}{6EI_y} \\ y_{CD} = \dfrac{Q_y x_3^3 - 3Q_y(l_1 + l_2)x_3^2 + C_3 x_3 + D_3}{6EI_y} \end{cases} \tag{5-14}$$

为了表述清晰，这里引入 U 和 V 两个符号常量，其中，$U = Q_y - G$，$V = Q_y(l_1 + l_2) - Gl_1$，再由挠曲线方程的连续性条件，可确定出式 (5-14) 中的 4 个积分常数。

相应的 C_2、D_2 和 C_3、D_3 的表达式为

$$\left\{\begin{array}{l} C_2=(U-F_l)l_3^2-2Vl_3 \\ D_2=\dfrac{(F_l-2U+3V)l_3^3}{3} \\ C_3=\dfrac{1}{2}(Q_y-U)l_1^2+(U-F_l)l_3^2+Vl_1-2Vl_3+Q_yl_1l_2 \\ D_3=(2U-Q_y)l_1^3+(6V-4U+2F_l)l_3^3-3Vl_1^2-3Q_yl_1^2l_2 \end{array}\right. \tag{5-15}$$

通过对挠曲线方程进行求导，即可得到 AB、BC 和 CD 段的转角方程。对于图 5-31 所示的滑枕弯曲变形，可以得到在端点 D 处的最大位移和最大转角，分别为

$$\left\{\begin{array}{l} |y|_{\max}=y_D=\dfrac{1}{6}Q_yl_1^3-\dfrac{1}{2}Q_y(l_1+l_2)l_1^2+C_3l_1+D_3 \\ |\theta|_{\max}=y'_D=\dfrac{1}{2}Q_yl_1^2-Q_y(l_1+l_2)l_1+C_3 \end{array}\right. \tag{5-16}$$

求得滑枕的挠度和转角方程后，根据需要限制最大挠度和最大转角或者是特定截面位置的挠度和转角不超过某一规定数值，即可得到如下刚度条件：

$$\left\{\begin{array}{l} |y|_{\max}\leqslant[y] \\ |\theta|_{\max}\leqslant[\theta] \end{array}\right. \tag{5-17}$$

式中，$[y]$ 和 $[\theta]$ 分别为规定的许用挠度和转角。

5.5.2 *Z* 轴滑枕结构的拓扑优化分析

搅拌摩擦焊机器人在作业的过程中，例如，瓜瓣焊工况，滑枕结构 (Z 轴) 处于悬臂状态。滑枕结构自重大并受到来自搅拌头末端超重载的影响，就会使其自身的静态和动态特性急剧下降，从而影响末端焊缝的焊接精度。

为了减轻滑枕结构的质量，并且在满足规定的减少材料的同时最大化结构的刚度，本节采用有限元方法的基本理论，把结构离散成有限个单元。另外，根据算法确定设计空间内单元的去留，保留下来的单元即构成最终的拓扑方案，从而实现拓扑优化。

这里采用 SIMP 变密度法并以柔度最小为优化目标，则滑枕结构的拓扑优化数学模型为

$$\begin{array}{l} \text{Find:}\quad \rho=[\rho_1\quad \rho_2\quad \cdots\quad \rho_n]^{\mathrm{T}}\in\mathbf{R}^n \\ \text{Min:}\quad C(\rho)=F^{\mathrm{T}}X=X^{\mathrm{T}}KX \\ \text{s.t.}\quad F=KX \end{array}$$

$$
\begin{aligned}
&V(\rho)=\sum_{i=1}^{n}\rho_i v_i \leqslant fV_0=V_{\max} \\
&0<\rho_{\min}\leqslant\rho_i\leqslant 1,\quad i=1,2,\cdots,n
\end{aligned}
\tag{5-18}
$$

式中，ρ 为设计变量，表示材料的相对密度；n 为滑枕结构离散成的单元总数；$C(\rho)$ 为优化目标函数，表示滑枕结构的柔度；K 为结构的总体刚度矩阵；X 为结构的总体位移向量；F 为结构所受的载荷向量；v_i 为结构单元的体积；V 为滑枕优化后的体积；V_0 为滑枕初始状态的体积；$V_{\max}$ 为体积上限；f 为体积比；$\rho_{\min}$ 为最小相对密度。

当惩罚因子取为中间值时，搅拌摩擦焊机器人滑枕结构的拓扑优化结果如图 5-29(a) 所示。从图上不同的颜色区域可以看出，密度范围是按层分布的，其中 A 区域是保留区，B 区域是材料去除区域，而其他颜色范围是过渡区域。在瓜瓣焊工况下，最终得到的拓扑优化构型为类似于“拱桥”结构。从图 5-29(b) 的迭代曲线来看，目标函数收敛速度很快，最终稳定在某一值上。

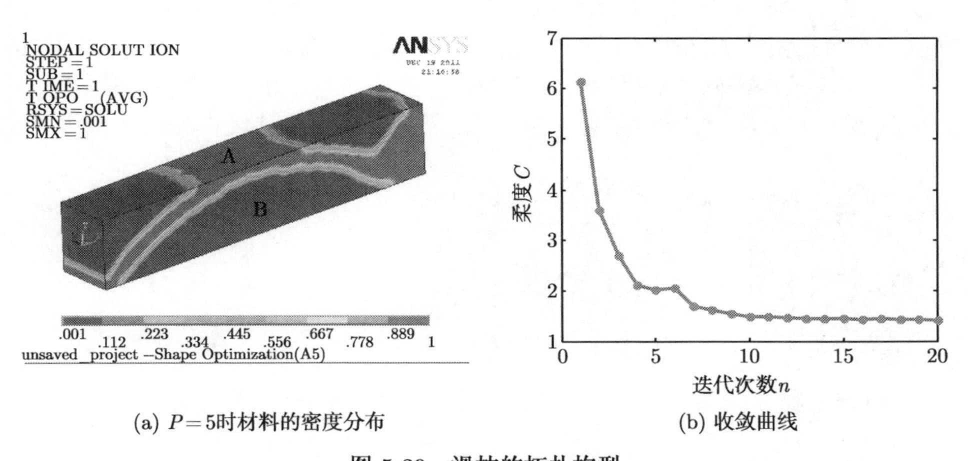

(a) $P=5$时材料的密度分布　　(b) 收敛曲线

图 5-29 滑枕的拓扑构型

滑枕的拓扑优化，使研发人员找到了设计方向。在此基础上为了满足外部约束条件和刚度强度等设计要求，还需对其材料去除的区域进行合理填充，如增加筋板和横梁立柱等。这样既可以减重又能达到结构和工艺上的性能要求，最终设计的滑枕结构样式如图 5-30(a) 所示。将搅拌摩擦焊机器人瓜瓣焊工况下的载荷作用于滑枕的末端，另一端施加固定约束，则此时滑枕沿 Z 轴方向的变形量如图 5-30(b) 所示。从路径图上可以看出，经过拓扑设计后的滑枕最大位移值与原始位移值相比提高了近 40%，优化效果显著。

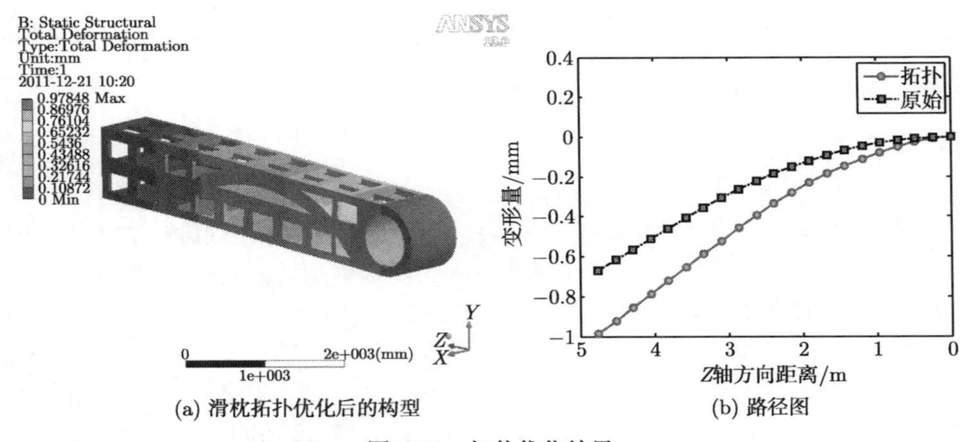

(a) 滑枕拓扑优化后的构型　　(b) 路径图

图 5-30　拓扑优化结果

5.5.3　Z 轴滑枕结构的尺寸优化分析

为了进一步增强滑枕结构的刚度和抗振性，提高其抵抗变形和防止外界干扰的能力，本节在拓扑优化的基础上进行进一步的设计和细化。这里主要考虑滑枕的实际加工和安装的需求，根据现有的几种设计方案对滑枕的筋板类型和框架尺寸进行合理配置，以达到结构的整体性能最优。不同样式的筋格类型如图 5-31 所示。

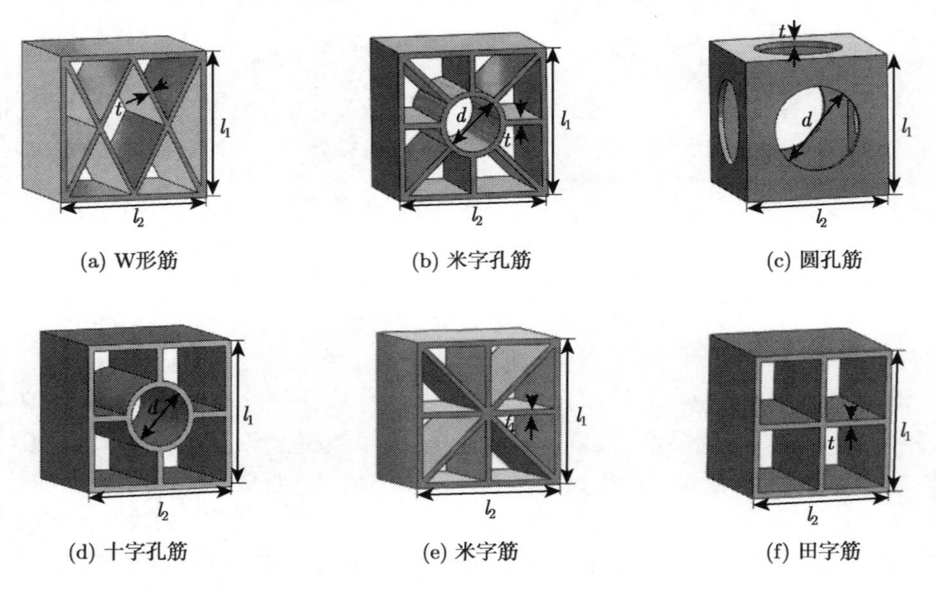

(a) W形筋　(b) 米字孔筋　(c) 圆孔筋

(d) 十字孔筋　(e) 米字筋　(f) 田字筋

图 5-31　六种不同的筋格类型

尺寸优化方法主要有梯度优化法、直接搜索法、多岛遗传法、模拟退火法和粒子群算法等。但由于滑枕结构体积庞大，采用真实的仿真模型运行时间长，计算代价高，本节采用近似模型方法。

近似模型方法是通过数学建模来逼近一组输入变量与输出变量的方法。20 世纪 70 年代，Schmit 等在结构设计优化中首次引入了近似模型的概念，加快了优化算法的寻优速度，推动了其在工程领域中的应用，得到了良好的效果。近似模型方法主要有响应面法模型和径向基神经网络模型，其中响应面法模型是试验设计和数理统计相结合的方法，响应面法尺寸优化的流程如图 5-32 所示。

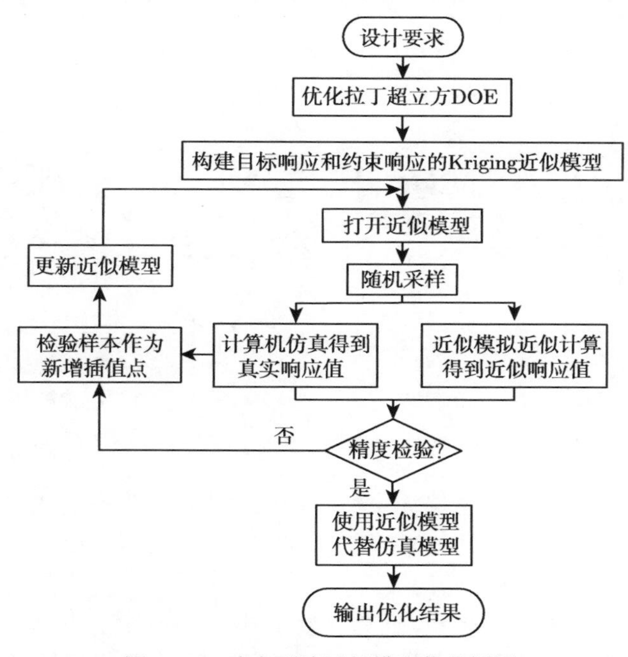

图 5-32　响应面法近似模型优化框图

响应面法的优点主要有：①通过较少的试验在局部范围内比较精确地逼近函数关系，并用简单的代数表达式展现出来，计算简单给尺寸优化带来极大的方便；②通过选择回归模型，可以拟合复杂的响应关系，具有良好的鲁棒性；③数学理论基础充分扎实，系统性、实用性强，适用范围广，逐步成为复杂工程系统设计有力的工具。

对滑枕结构进行尺寸优化的数学模型为

$$
\begin{aligned}
&\text{Find:} && X = [x_1 \quad x_2 \quad x_3 \quad x_4]^{\mathrm{T}} = [d \quad t \quad l_1 \quad l_2]^{\mathrm{T}} \\
&\text{Min:} && F(X) = W/f_1' \\
&\text{s.t.} && g(d,t,l_1,l_2) = f_1 - f_1' \leqslant 0 \\
& && X \in \mathbf{R}
\end{aligned}
\tag{5-19}
$$

式中，W 为滑枕质量；d 为筋格孔径；t 为筋格厚度；f_1、f_1' 为优化前后立柱的第一阶固有频率；l_1、l_2 为筋格的长度和宽度。

为了进一步降低滑枕质量，增强其刚度，在上面拓扑优化后的构型基础上，分别对组成滑枕框架内部的结构单元进行优化分析。最终发现米字孔筋是滑枕框架内部首选的一种筋格样式，并得到了组成米字孔筋格的各个筋板的最优厚度尺寸，如图 5-33(a) 所示。最后，通过对最终的滑枕模型进行工况模拟并把此时的路径 (图 5-33(b)) 与前面的分析结果进行对比分析，发现尺寸优化后的滑枕刚度性能更加优越，质量分布更加合理。

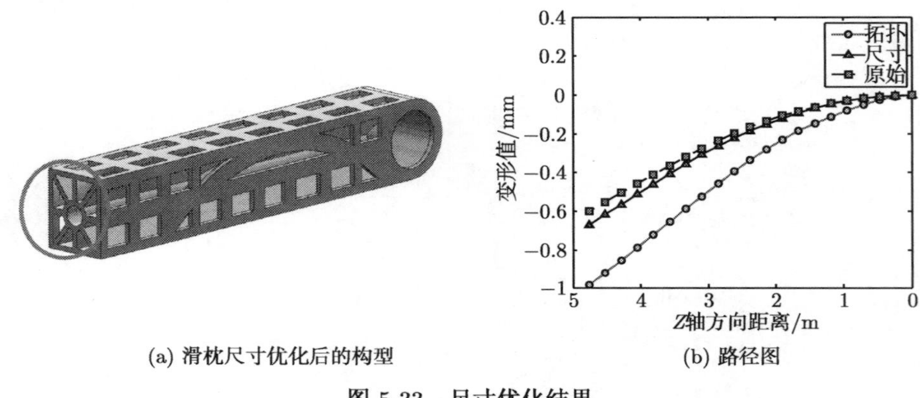

(a) 滑枕尺寸优化后的构型　　(b) 路径图

图 5-33　尺寸优化结果

为了更加直观地反映出滑枕优化前后各项基本性能指标的变化程度，将滑枕的质量、位移和基频数据列入表 5-1 中。从表 5-1 中，可以发现拓扑优化的作用是大幅度减重，为设计者指明原始的设计方向。而尺寸优化的作用是利用材料的合理分布来大幅度地提高刚度，并且保证其模型质量少量地增加。最终，通过这样的两次优化即可以使滑枕在焊接作业过程中末端位移变小，又能保证基频在可行的范围内。

表 5-1　滑枕结构各项性能指标优化前后的对比

性能指标	原始结构	拓扑优化后	尺寸优化后	与原结构的比例
质量/t	30.15	11.25	14.36	52.4% (减少)
位移/mm	0.67	0.98	0.76	13.4% (增加)
基频/Hz	86	114	133	54.6% (提高)

搅拌摩擦焊机器人的动态特性分析和结构优化设计，为在机器人的抗振性、高刚度和结构减重等设计方面提供了合理建议，从而为提高机器人的焊接精度创造了条件。

5.6 本 章 小 结

本章以组成结构的外部框架和内部单元为出发点，研究它们的几何外形尺寸与力学性能之间的关系。综合考虑结构的外形尺寸、内部单元样式尺寸、质量、质心和固有频率等约束条件，合力配置结构框架尺寸、基本单元样式和质量分布形态以改善结构的动态特性。最终通过基于有限元分析的大件创成方法，从微观和宏观上保证设计出的产品具有较优的力学性能。

在 Optistruct 优化模块下，采用三维实体单元建立了底座、立柱和滑枕等大件复杂结构的初始优化模型，运用变密度拓扑优化方法在体积约束下分别以结构柔度或固有频率为目标对其进行拓扑优化分析，获得了结构的详细传力路径。采用尺寸优化概念对构成大件复杂结构内部的基本单元样式进行了合理选择，并通过最优方案验证，确定了该种分析方法的正确性和有效性。

第 6 章　搅拌摩擦焊机器人静动态特性研究

6.1　引　　言

结构的静动态特性分析是指在给定外载或激励的条件下，建立其完整的振动微分方程，并采用相应的数值算法来求解结构不同位置的静动态响应。目前，对于结构动静态特性的研究方法主要有基于 MATLAB 的数值迭代法、有限元分析法和试验测试的方法等。而有限元分析法相比其他两种方法有着方便快捷、易于实现的优点 [125-129]。它将复杂的结构离散成有限个单元，再通过单个单元的数值解来推广到整个结构的解。因此，该种分析方法在样式的研制过程中发挥了重大的作用，有效地缩短了研发周期并节约了成本。

搅拌摩擦焊机器人是由许多大型复杂结构件组合而成的，前面对单个结构件的动态特性分析和结构优化并不能完整地反映出整机的静动态性能 [130,131]。因此，需要对搅拌摩擦焊机器人整体进行相应的静动态性能考核。为了获得机器人在控制系统中的质心补偿数据，需要对滑枕悬伸出不同长度的机器人进行静力分析，以考察在只有重力作用下搅拌头的变形。为了得到机器人的各阶模态频率和模态振型，需要进行整机的模态分析并通过试验测试的手段来验证仿真分析结果的正确性。为了获得机器人在焊接过程中各个节点位置的位移和加速度响应，需要进行搅拌摩擦焊机器人的频响分析。

搅拌摩擦焊机器人总体设计的最终评价标准是整机静动态性能的优劣，在前面的章节中已经对机器人结合部的刚度和重要大件的结构优化进行了研究，本章首先将这两个因素引入机器人的整机模型中，利用数值模拟求得作用于搅拌头末端的各种机械载荷数据，分别对机器人的五种典型工况进行边界条件和载荷的设置，然后通过有限元分析法进行整机的静力分析、模态分析和频响分析，最后通过刚柔耦合动力学仿真的方法进行典型工况下机器人的焊接精度仿真，最终得到机器人在典型焊接工况下的搅拌头轴肩端面在沿着焊缝法向方向的相对误差和绝对误差。

6.2　搅拌头焊接过程中的受力分析

搅拌摩擦焊机器人通过搅拌头与工件的相互作用来完成工件的焊接作业，焊头和工件之间的作用载荷只与被焊工件的材质和几何参数有关，与焊接工况和机器人的位姿无关。因此，在进行搅拌摩擦焊机器人的整机静动态特性分析之前需要搅拌头工具末端的载荷来作为后续分析的边界条件。

搅拌头作为搅拌摩擦焊的心脏，其受载状态将直接影响整个机器人的结构设计。由于搅拌头与被焊工件的焊接发生在塑性阶段，为了软化材料形成焊缝，搅拌头将在被焊工件内部高速旋转而产生摩擦，最终以摩擦阻力矩的形式作用于搅拌头上。为了保证焊缝的焊接精度，必须要求搅拌头具有足够大的下压锻造力并能有效地控制。除此之外，搅拌头在焊接方向上的行进还会产生进给阻力和波动力 [132]。这些载荷不同于以往意义上的切削和钻削载荷，与其相比它的受载状态不但复杂而且更加严酷，严重影响了整机的静动态性能。

正是由于该种焊接工艺不同于普通的切削加工，它的超重载和强扰动等显著特点将给机器人的本体设计带来了极大的挑战。目前，有关搅拌头的受载分析报道很少，多数研究主要集中于搅拌摩擦焊工艺和被焊工件的力学性能上 [133]。而搅拌头的受载分析作为机器人结构设计的最原始输入条件，如何根据给定的任务要求设计出刚度和力学性能良好的焊接系统 [134,135]，并能满足被焊工件的焊缝精度，是评价搅拌摩擦机器人设计成功与否的关键所在。

6.2.1 搅拌头的受力模型

在整个焊接过程中，搅拌头的受力状态可分为两个工况：插入工况和行进工况。在每一个工况状态下，搅拌头所受到的载荷都包括正压力和摩擦力的作用 [136]，如图 6-1 所示。其中，正压力主要来自于被焊接件材料与搅拌针外表面和轴肩端面的接触和挤压，它最终合成沿各坐标轴方向上的阻力，如插入阻力和进给阻力。摩擦力来自于搅拌头的高速旋转作用，它最终等效成搅拌头焊接过程的阻力矩，如旋转扭矩。

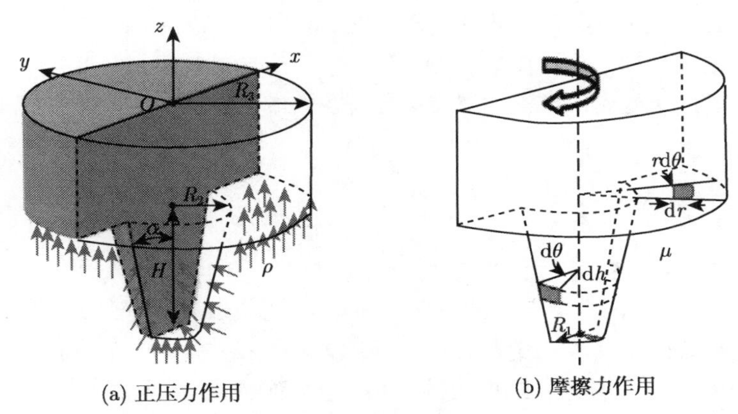

(a) 正压力作用 (b) 摩擦力作用

图 6-1 搅拌头的受力分析

假设被焊接件的材料质地均匀，搅拌头在焊接过程中始终与板面垂直。因此，在插入工况下搅拌头所受到的插入阻力主要包括：搅拌针底面的正压力、搅拌针侧面正压力的竖直分量和搅拌头轴肩端面所承受的正压力作用 [137]，如图 6-1(a) 所示。

搅拌针底面和轴肩端面所受到的正压力产生沿 Z 轴正向的插入阻力，即

$$\begin{cases} F_{\mathrm{c1}} = \rho_1 \pi R_1^2 \\ F_{\mathrm{c3}} = \rho_1 \pi (R_3^2 - R_2^2) \end{cases} \tag{6-1}$$

式中，F_{c1}、F_{c3} 分别为搅拌针底面和轴肩端面所受的正压力；R_1、R_2、R_3 分别为搅拌针底面半径、搅拌针根部半径和搅拌头轴肩半径；ρ_1 为插入工况下的均布压力。

搅拌针侧面所受到的正压力在竖直方向上正交分解产生另一部分的插入阻力，方向沿 Z 轴正向，即

$$F_{\mathrm{c2}} = \int_0^{2\pi} \int_0^{H} \rho_1 \sin\alpha (R_1 + h\tan\alpha) \mathrm{d}\theta \mathrm{d}h \tag{6-2}$$

式中，F_{c2} 为搅拌针侧面所受的正压力的竖直分量；α 为搅拌针的锥角；H 为搅拌针的高度。

搅拌针底面和轴肩端面由于搅拌头的旋转与工件之间发生摩擦而产生旋转扭矩，如图 6-1(b) 所示。

$$\begin{cases} T_{\mathrm{c1}} = \displaystyle\int_0^{2\pi} \int_0^{R_1} \mu_1 \rho_1 r^2 \mathrm{d}r \mathrm{d}\theta \\ T_{\mathrm{c3}} = \displaystyle\int_0^{2\pi} \int_{R_2}^{R_3} \mu_1 \rho_1 r^2 \mathrm{d}r \mathrm{d}\theta \end{cases} \tag{6-3}$$

式中，T_{c1}、T_{c3} 分别为搅拌针底面和轴肩端面所受到的旋转扭矩；μ_1 为插入工况下搅拌头与被焊材料之间的摩擦系数。

搅拌针侧面所受到的摩擦力通过力分解等效成沿搅拌头 Z 轴负向的旋转扭矩，即

$$T_{\mathrm{c2}} = \int_0^{2\pi} \int_0^{H} (R_1 + h\tan\alpha) \frac{\mu_1 \rho_1 (R_1 + h\tan\alpha)}{\cos\alpha} \mathrm{d}\theta \mathrm{d}h \tag{6-4}$$

式中，T_{c2} 为搅拌针侧面所受到的旋转扭矩。

在行进工况下，高度塑性化的材料不断地流动到搅拌针前进方向的后部，故搅拌针的侧面只有前半部分会受到材料的正压力和摩擦力 [138,139]。而搅拌针底面和轴肩端面仍会承受正压力和摩擦力的作用，它们分别等效成搅拌头的插入阻力和旋转扭矩，其表达式与插入工况类似，这里不再赘述。

搅拌针侧面前半部分所受到的正压力可以分解成搅拌头的一部分插入阻力和一部分进给阻力。由搅拌针前半侧正压力所导致的插入阻力为

$$F_{x1} = \int_{\pi}^{2\pi}\int_{0}^{H} \rho_2 \sin\alpha(R_1 + h\tan\alpha)\mathrm{d}\theta\mathrm{d}h \tag{6-5}$$

式中，ρ_2 为行进工况下的均布压力。

由搅拌针前半侧正压力所导致的进给阻力为

$$F_{x2} = \int_{\pi}^{2\pi}\int_{0}^{H} \rho_2 \left|\sin\theta\right| \cos\alpha(R_1 + h\tan\alpha)\mathrm{d}\theta\mathrm{d}h \tag{6-6}$$

搅拌针侧面前半部分所受到的摩擦力可以分解成搅拌头的一部分横向阻力和一部分旋转力矩。由搅拌针前半侧摩擦力所导致的横向阻力为

$$F_{x3} = \int_{\pi}^{2\pi}\int_{0}^{H} \left|\sin\theta\right| \frac{\mu_2\rho_2\cos\alpha(R_1 + h\tan\alpha)}{\sin\alpha}\mathrm{d}\theta\mathrm{d}h \tag{6-7}$$

式中，μ_2 为行进工况下搅拌头与被焊材料之间的摩擦系数。

由搅拌针前半侧摩擦力所导致的旋转力矩为

$$T_{x1} = \int_{\pi}^{2\pi}\int_{0}^{H} (R_1 + h\tan\alpha)\frac{\mu_2\rho_2(R_1 + h\tan\alpha)}{\cos\alpha}\mathrm{d}\theta\mathrm{d}h \tag{6-8}$$

6.2.2 焊接过程的数值模拟

值得说明的是，上述所建立的搅拌头受力模型是在给定假设的基础上得出的，这些假设包括：焊接过程中忽略搅拌头的倾角、被焊工件的材质均匀一致以及被焊材料的流动对搅拌针的运动不产生影响。尽管如此，搅拌头的受力分析不仅有助于对焊接过程的深入理解，还可以为分析搅拌摩擦焊过程中搅拌头的温度场和受力状态提供参考，它们起相互验证的作用 [140]。

目前，国内在有关搅拌摩擦焊的数值模拟上进展顺利。本节应用 Deform-3D 软件，在三维直角坐标系下建立好搅拌头和焊件的三维实体模型，采用 ALE 有限元方法并使用动态网格变形技术。材料发生流动的区域主要位于焊缝附近，因此搅拌头周围的网格需要较细，而远离焊缝区域的网格应该粗些，这样可以兼顾求解的精度和速度 [141,142]。

焊接过程的有限元模型如图 6-2(a) 所示。其中，被焊工件的材料为铝合金 7075，铝板厚度为 10mm，搅拌头的材料为合金钢。首先，在 Hyprmesh 软件中划分网格，赋予材料属性。然后，将模型导入 Deform-3D 软件中定义边界条件和进行分析设置。设定好搅拌头的插入速度、进给速度和转速后进行仿真计算，一共模拟了 5.8s(121

步) 焊接过程结束。整个焊接过程，焊缝区域剖截面的温度场分布如图 6-2(b) 所示，可以看到焊缝区域的最高温度达到 447℃，温度场呈倒三角形状 [143]。

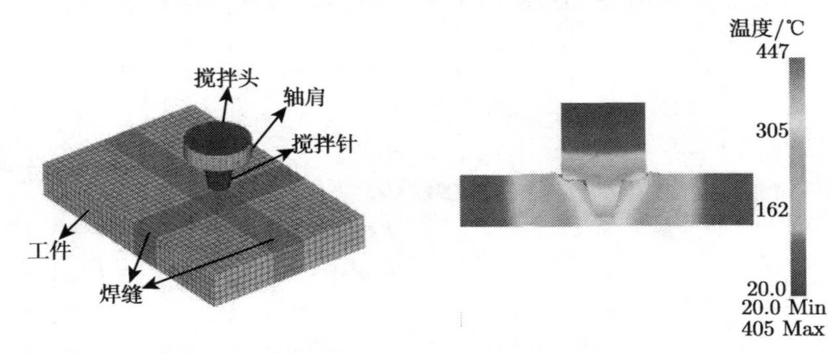

(a) 有限元模型　　(b) 温度场分布

图 6-2 焊接过程的数值模拟

搅拌头在整个焊接过程中所受到的各项载荷数据曲线，如图 6-3 所示。在不同的焊接工况下，各项载荷数据曲线各不相同。搅拌摩擦焊机器人在每一种典型工况的力学边界条件可以按照数值模拟过程中各项载荷数据的峰值作为输入，以此来校核重要结构的刚度和强度性能。

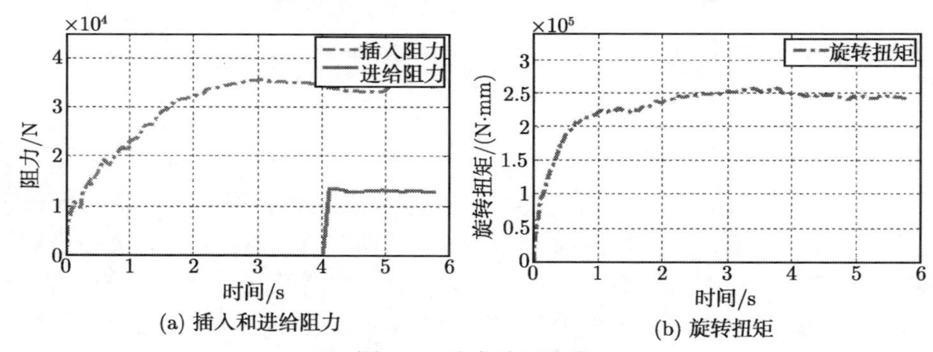

(a) 插入和进给阻力　　(b) 旋转扭矩

图 6-3 仿真结果曲线

在搅拌头的插入工况 (0~4s)，随着插入深度的不断增加，插入阻力和旋转扭矩都从零逐渐上升，而进给阻力始终为零，这是因为该工况下搅拌头还没有沿焊缝移动，所以进给方向不受力。通过测量可以得到插入工况下搅拌头的最大插入阻力为 36520N，最大旋转扭矩为 261N·m。

在搅拌头的行进工况 (4~5.8s)，可以看出各项载荷数据趋于稳定，插入阻力有所降低并稳定在 243N·m。这是插入停留时，温度升高被焊材料软化而使插入阻力略有下降，随着搅拌头的前行由于前方材料尚处于冷却状态，插入阻力再次获得进一步提升。而进给阻力受到搅拌头沿焊缝移动的作用，所受载荷从零迅速上升，并逐渐稳定到 12260N。其中，旋转扭矩变化范围很小，基本稳定在 240N·m 附近。

6.3 搅拌摩擦焊机器人静力分析

搅拌摩擦焊机器人的静力分析主要是为了评价机器人整体的刚度情况，进而为机器人的结构设计焊接精度是否达标作为参考。整机刚度是一个重要的动力学参数，它是影响机器人动态特性和定位精度的主要因素。而对于搅拌摩擦焊机器人，整机的刚度对于焊缝的焊接精度至关重要 [144,145]。搅拌针和轴肩端面在机器人焊接过程中要时刻保持与待焊工件均匀接触，以此来保证焊后焊缝能够满足给定的误差范围。因此，搅拌摩擦焊机器人的焊接精度主要取决于搅拌针轴肩端面的位移变化。通过选定搅拌摩擦焊机器人处于五种典型工况下的焊接构型，利用上述搅拌头在数值模拟过程中的载荷边界条件，分别计算出搅拌针轴肩端面沿坐标系各方向分位移以及合位移。最后，通过分析比较即可以定量地评价出不同焊接工况下机器人所处构型的刚度情况 [146]。

6.3.1 结合部等效刚度模型的建立

研究表明，结合部是整个机器人的薄弱环节，它对焊接精度将产生重要的影响。根据第 3 章论述，搅拌摩擦焊机器人的结合部主要有固定结合部和运动结合部两种样式。固定结合部主要是螺栓连接结合部，而运动结合部主要是轴承、丝杠螺母和导轨滑块结合部。在有限元建模过程中，对于固定结合部采用的是刚性区加梁单元来等效螺栓连接的刚度；对于运动结合部，这三种功能元件都是通过滚珠来传递载荷的，因此根据赫兹接触理论，可以将其等效成不同方向上的弹簧阻尼单元 [147]。搅拌摩擦焊机器人导轨丝杠结合部的等效刚度模型如图 6-4 所示。

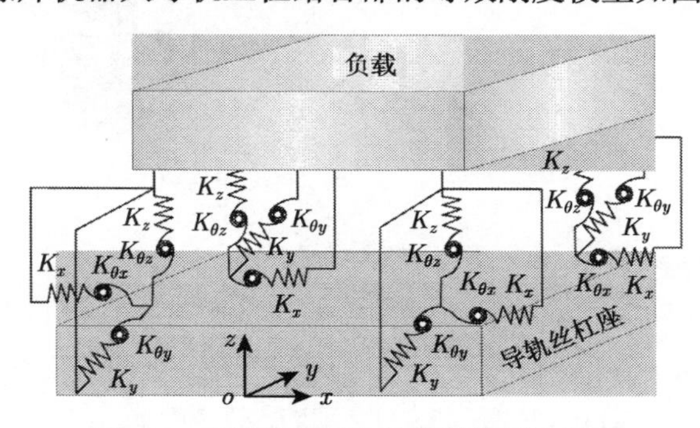

图 6-4 导轨丝杠结合部的等效刚度模型

这样，与该结合部相连接的上下两个零件之间承受了六维的刚度，分别是沿 x、y、z 轴的三个线刚度 K_x、K_y 和 K_z 以及三个方向上的角刚度 $K_{\theta x}$、$K_{\theta y}$ 和 $K_{\theta z}$。这些刚度数据的获得需要分清不同结合部的类型以及对应于每一种结合部的外载情况，再根据第 3 章中关于不同结合部类型的刚度计算，最终可以求得搅拌摩擦焊机器人在任意焊接工况和焊接时刻下的刚度数据。例如，对于丝杠结合部，只需要得出丝杠和螺母之间的轴向力大小，即可以求得此时该结合部的轴向刚度数据。

而不同结合部的受载，需要通过有限元分析的手段来获得 [148]。为了获得搅拌摩擦焊机器人的三种典型结合部的外载，首先可以将轴承、丝杠、螺母和导轨滑块结合部进行简化处理，使其相互之间的配合面进行共节点处理，也就是相当于焊接在一起。如果搅拌摩擦焊机器人的结合部采取焊接的类型来进行有限元分析，这势必会增大结合部的六个方向上的刚度，因此最终得到的静力分析结果会产生很大的误差。而这里只需要对搅拌摩擦焊机器人的结合部为焊接情况下进行正常的静力分析来得到不同结合部所受到的外载。然后通过单个结合部的刚度计算理论来得到准确的六维刚度数据。最后将其赋给六维的刚度单元即可以得到搅拌摩擦焊机器人的正确有限元模型。

在有限元模型的建立过程中，这里采用六维的刚度阻尼单元 CBUSH 来模拟每一种结合部的类型，CBUSH 单元的建立是将上下两个零件在相连接位置的刚性区的主节点耦合起来，这两个主节点要求空间位置必须一致。搅拌摩擦焊机器人底座和立柱之间的 CBUSH 单元的建立如图 6-5 所示。其中，红色 (图中 1 处) 的 RBE2 单元属于立柱的滑块结合面，蓝色 (图中 2 处) 的 RBE2 单元属于导轨上的与滑块的结合面，这两个刚性区的主节点通过 CBUSH 单元耦合在一起，在 MD_Nastran 软件中，该单元对应的属性卡片是 PBUSH。而对于丝杠和螺母之间的结合部以及丝杠的两端与底座之间的轴承结合部同样采用此种方法来建立刚度单元。

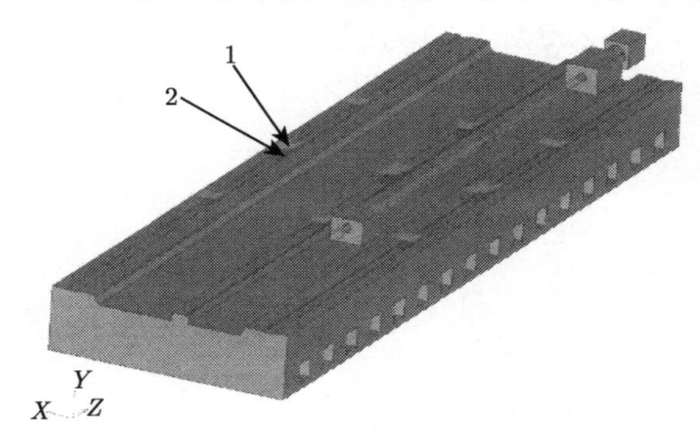

图 6-5 底座和立柱之间的六维刚度单元

该种结合部刚度等效建模方法的思路可以表述为：

(1) 对于给定的搅拌摩擦焊机器人三维模型进行简化，将其结合部进行共节点处理；

(2) 根据特定的工况类型，在 ANSYS 软件中对整机进行完整的静力学分析；

(3) 根据有限元分析的结果数据，提取出不同位置上不同结合部类型所承受的载荷数据；

(4) 将单个结合部的外载代入它们各自的刚度计算公式中，就得到每一个结合部的六个方向上的刚度数据；

(5) 将上述计算出来的不同结合部的刚度数据赋给MD_Nastran中的 PBUSH 属性卡片，并使其被 CBUSH 刚度单元调用；

(6) 在 MD_Nastran 中进行新一轮的有限元分析，即可以得到在正确结合部刚度模型情况下的整机静态分析结果。

搅拌摩擦焊机器人结合部较多，通过手工计算的方法逐一求解不同结合部的刚度数据将会既耗时又容易出错。因此，利用多个软件联合仿真 [149] 的方式：首先，将有限元软件 ANSYS 中的载荷数据作为变量提取出来；其次，利用 Isight-FD 软件将 ANSYS 软件与单个结合部的刚度计算 MATLAB 程序进行集成；再次，将 MATLAB 计算出来的刚度数据直接赋值给 MD_Nastran 大型结构有限元分析软件；最后，在程序的内部即实现了整个分析的自动化。这样，在不脱离仿真环境的情况下就能得到搅拌摩擦焊机器人正确的静态分析结果。

6.3.2 搅拌摩擦焊机器人的空载分析

搅拌摩擦焊机器人搅拌头末端在外力的作用下，会产生变形。变形的大小和方向与整机的刚度和作用力的矢量有关。刚度的一般概念是指物体或系统抵抗变形的能力。刚度越大，变性就越小。搅拌摩擦焊机器人的刚度除取决于组成材料的弹性模量外，还同其几何形状、边界条件等因素以及外力的作用形式有关。

三维实体模型按照自主研发设计的 SolidWorks 模型为准，其中机器人的底座、立柱、质心补偿机构箱体和滑鞍为灰铸铁材质，其余结构件的材料均为合金钢，材料的物理属性如表 6-1 所示。选取瓜瓣焊工况最后一时刻的构型作为有限元分析构型。此时机器人的 Z 轴伸出最远，机器人的外包络体积最大，并且通过运动学分析中各种典型工况的对比可以看出瓜瓣焊的最后一时刻的构型是所有工况中最恶劣的构型。因此，对瓜瓣焊工况该时刻构型进行分析更具有实际意义。

表 6-1 材料的物理属性

属性名称	合金钢	灰铸铁	单位
弹性模量	2×10^{11}	1.1×10^{11}	N/m^2
泊松比	0.3	0.28	—
抗剪模量	7.8×10^{10}	7.4×10^{10}	N/m^2
质量密度	7850	7200	kg/m^3
屈服强度	2.5×10^8	2.4×10^8	N/m^2

将机器人的三维实体模型导入 Hypermesh 软件中进行前处理和网格划分。整

机网格最终划分完成后，模型节点总数为 295766，单元总数为 156559。

为了验证共节点结合部和弹簧单元结合部对整机静力分析结果的影响，这里对于这两种结合部类型分别进行了有限元分析，最终通过焊接末端的位移以及重要零部件的强度数据来进行综合评价。

按照 6.2 节中制定的仿真流程，分别设置好不同软件之间的接口和相关界面并进行仿真分析，由于是空载，搅拌头末端不施加任何载荷。对于搅拌摩擦焊机器人的瓜瓣焊工况进行完整的静力分析，从而得到机器人末端测点在 X、Y、Z 坐标轴 3 个方向上的变形量，以及它们的合位移大小。其末端的测点位置如图 6-6 所示。由于搅拌摩擦焊在实际工作过程中，人们更加关心的是焊缝位置处沿被焊工件法线方向的位移变化，因此在进行末端测点测量时，选择轴肩端面作为测点的实际位置。

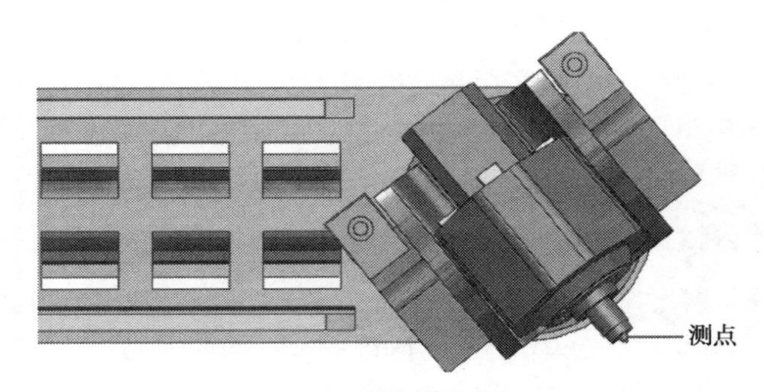

图 6-6　末端测点位置

整机各个零部件连接关系分别为共节点连接和弹簧单元连接时，空载状态下所导致的搅拌头末端测点和合位移数据以及沿焊缝法向方向上的变形数据，如表 6-2 所示。

表 6-2　空载工况下搅拌头末端测点的位移

结合部类型	合位移/mm	沿焊缝法线位移/mm
共节点	0.4875	0.3921
弹簧单元	0.5237	0.4496

通过上述分析数据，可以看到在进行搅拌摩擦焊机器人整机的静力分析过程中，不同结合部的类型对整机的静力分析结果有一定的影响。因此，在进行要求高精度的结构设计场合，整机的有限元模型必须考虑来自结合部的影响。

这里，共节点结合部对机器人搅拌针轴肩端面沿法向方向上的位移要比弹簧单元结合部下小 0.0575mm。传统的共节点有限元模型对于搅拌摩擦焊机器人的静力分析会产生较大的误差。采用弹簧单元结合部进行整机的静力分析之后，搅拌摩擦焊机器人的搅拌针轴肩端面沿焊缝法线方向上的位移以及各零部件的应力情况，如图 6-7 所示。

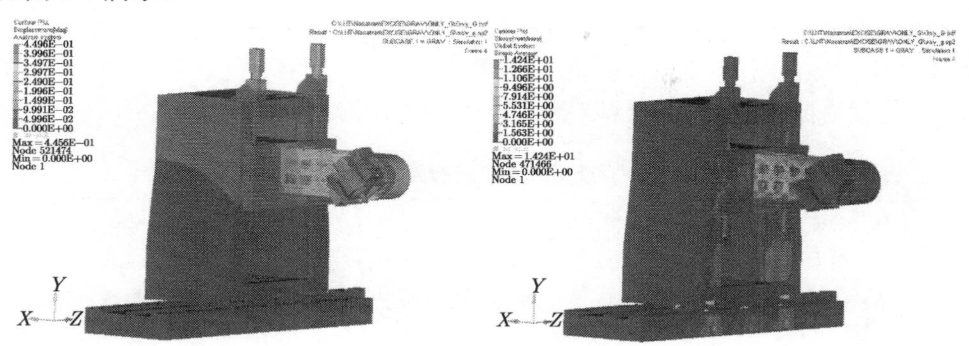

(a) 沿焊缝法线上的位移 (b) 应力云图

图 6-7 空载共节点结合部下整机的位移和应力云图

6.3.3 搅拌摩擦焊机器人的工况模拟

这里以瓜瓣焊为例来说明搅拌摩擦焊机器人的刚度分析 [150]。依据该工况任务的特点，整个焊接过程机器人的最恶劣构型发生在焊接作业的最末时刻。此时，机器人的滑枕悬伸出来最长，在重力的作用下导致了搅拌头末端的静变形最大。在瓜瓣焊工况下，搅拌摩擦焊机器人所承受的载荷和边界条件，如图 6-8(a) 所示。在此基础上，建立各零件之间的弹簧单元连接关系并赋予各零部件的材料属性。搅拌摩擦焊机器人的内部构件主要是由合金钢和灰铸铁两种材料构成的，前处理完成后的有限元模型如图 6-8(b) 所示。

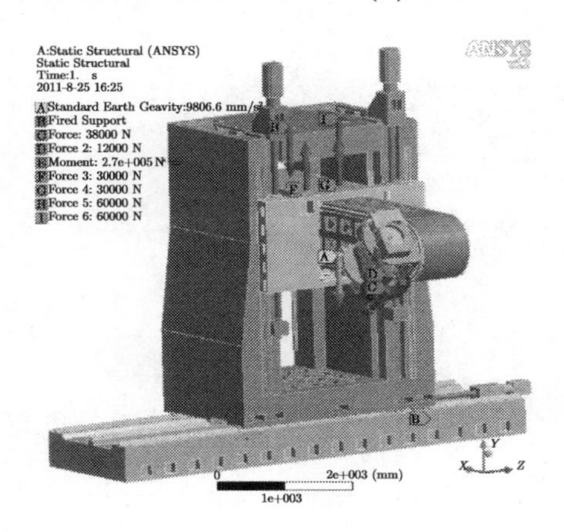

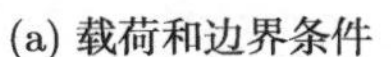

(a) 载荷和边界条件 (b) 有限元模型

图 6-8 瓜瓣焊工况有限元分析

具体的工况可表述为机器人的底座与地基之间通过螺栓连接完全固定，焊接过程中的插入阻力、进给阻力和旋转扭矩都作用于搅拌针的轴肩端面。重力补偿机构通过钢丝绳所产生的正向牵引力 (补偿力) 作用于滑鞍上端面，钢丝绳的反作用力通过两个滑轮组作用于立柱上顶面。除此之外，机器人由于自重还受到万有引力作用。搅拌摩擦焊机器人瓜瓣焊工况的所有外部载荷数据如表 6-3 所示。

表 6-3　瓜瓣焊工况所有外部载荷数据

载荷名称	大小	方向	作用位置
插入阻力	36520N	沿搅拌头轴线	搅拌针轴肩
进给阻力	12260N	与搅拌头轴线垂直	搅拌针轴肩
旋转扭矩	240N·m	搅拌头轴线逆时针	搅拌针轴肩
牵引力 (补偿力)	30000N	沿 Y 轴竖直向上	滑鞍上端面
钢丝绳反作用力	60000N	沿 Y 轴竖直向下	立柱上表面
重力加速度	9.8m/s^2	沿 Y 轴竖直向下	整机

为了综合评估搅拌摩擦焊机器人在不同作业模式下的刚度情况，分别进行了五种典型工况下的刚度分析。其中，瓜瓣焊工况下搅拌摩擦焊机器人的整机刚度和强度云图分别如图 6-9(a)、(b) 所示。焊缝的焊接精度取决于搅拌针轴肩端面沿搅拌头轴线方向上的位移变化量，因此对于该工况机器人刚度的评估，需要将搅拌摩擦焊机器人的合位移分析数据向搅拌头轴线方向上投影获得 [151]。通过测量位于搅拌针轴肩端面上的位移数据，即可以得到该种焊接工况下搅拌摩擦焊机器人的刚度状况。

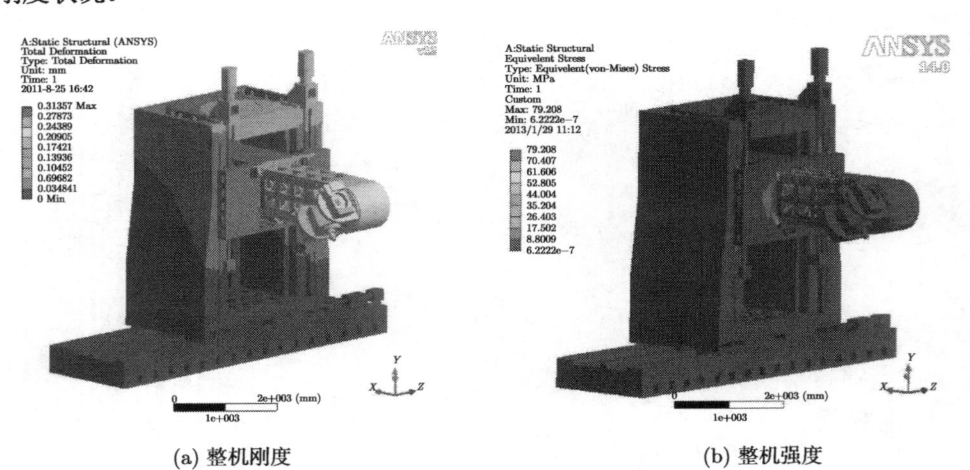

(a) 整机刚度　　　　(b) 整机强度

图 6-9　瓜瓣焊工况下搅拌摩擦焊机器人的刚度和强度云图

五种典型工况下搅拌摩擦焊机器人的轴肩端面位移及刚度状况如表 6-4 所示。从表中可以发现，前三种典型工况由于搅拌摩擦焊机器人的滑枕悬伸出来较短以及不同焊接工况条件下搅拌针的受力方向不同，搅拌针轴肩端面的变形较小且略有不同。总体来说，前三种典型工况搅拌摩擦焊机器人的整体的刚度状况较好。其中，最好的一种工况是瓜底环缝焊工况，该工况下搅拌针轴肩端面的法向位移为 0.0043mm。同理，后两种典型工况由于滑枕悬伸出来较长，搅拌摩擦焊机器人的整体刚度状况较差。搅拌摩擦焊机器人的整体刚度最差的工况是瓜瓣焊工况，搅拌针轴肩端面的法向位移达到了 0.3596mm。

表 6-4 五种典型工况下搅拌针轴肩端面的位移及刚度状况

工况	合位移/mm	法向位移 */mm	刚度状况
圆筒环缝焊	0.2085	0.0929	最好
圆筒纵缝焊	0.2472	0.1361	较好
瓜底环缝焊	0.2298	0.0043	较好
瓜顶环缝焊	0.3976	0.3325	较差
瓜瓣焊	0.4131	0.3596	较差

* 合位移沿焊缝位置切平面的法向方向分量。

根据搅拌摩擦焊机器人整体刚度的设计指标，在最大插入阻力、进给阻力和旋转扭矩的作用下，搅拌头轴肩端面在沿焊缝切平面法线方向上的最大变形量应该小于 ± 0.1mm。据此得出，圆筒环缝焊工况下搅拌摩擦焊机器人的整体刚度最优，圆筒纵缝焊和瓜底环缝焊工况下，搅拌摩擦焊机器人的整体刚度较差。而瓜顶环缝焊和瓜瓣焊工况由于滑枕悬伸最长，因此该两种焊接工况下搅拌摩擦焊机器人的整体刚度最差。

不同焊接工况下搅拌摩擦焊机器人的强度状况如表 6-5 所示。

表 6-5 五种典型工况下搅拌摩擦焊机器人的强度校核

工况	最大应力/MPa	安全裕度	发生位置
圆筒环缝焊	35.05	8.84	Z 轴滑枕导轨滑块
圆筒纵缝焊	38.81	7.98	Y 轴立柱导轨滑块
瓜底环缝焊	47.63	6.51	X 轴床身前导轨滑块
瓜顶环缝焊	64.22	4.83	滑鞍上角面
瓜瓣焊	79.21	3.91	滑枕悬伸处

从表 6-5 中的数据可以看出，搅拌摩擦焊机器人的整体强度都能满足设计要

求。其中，最恶劣构型瓜瓣焊工况下整机最大应力为 79.21MPa，最大应力位置发生在滑枕悬伸处，最小安全系数为 3.91。

6.4　搅拌摩擦焊机器人动态特性分析

动态特性分析是结构系统动力学领域里的一个重要研究方面，搅拌摩擦焊机器人的动力学特性是影响高速、高精度性能的重要因素，直接影响机器人的末端焊接精度。因此，搅拌摩擦焊机器人结构动态特性是评定其焊接精度的最重要性能指标。

本节主要对搅拌摩擦焊机器人进行模态分析和频率响应分析 [152]，其中模态分析包括零部件的模态分析和整机的模态分析，最后利用模态试验进行了试验验证。

频率响应分析主要是评价搅拌摩擦焊机器人在焊接作业过程中的外载对焊接过程作业精度的影响，包括搅拌头轴肩端面上的位移和加速度的变化。

6.4.1　模态分析

搅拌摩擦焊机器人整机的模态分析主要是为了考察机器人整机抵抗振动 [153] 的性能，以及它的固有频率和振动形态，以便能够顺利地找出薄弱环节，进而采取必要的措施进行加强和改进，为结构的抗振设计和优化设计做准备。

同样，这里仍然考察共节点结合部和弹簧单元结合部两种类型时机器人的模态分析结果。搅拌摩擦焊机器人在共节点结合部类型下整机的前四阶模态振型，如图 6-10 所示。

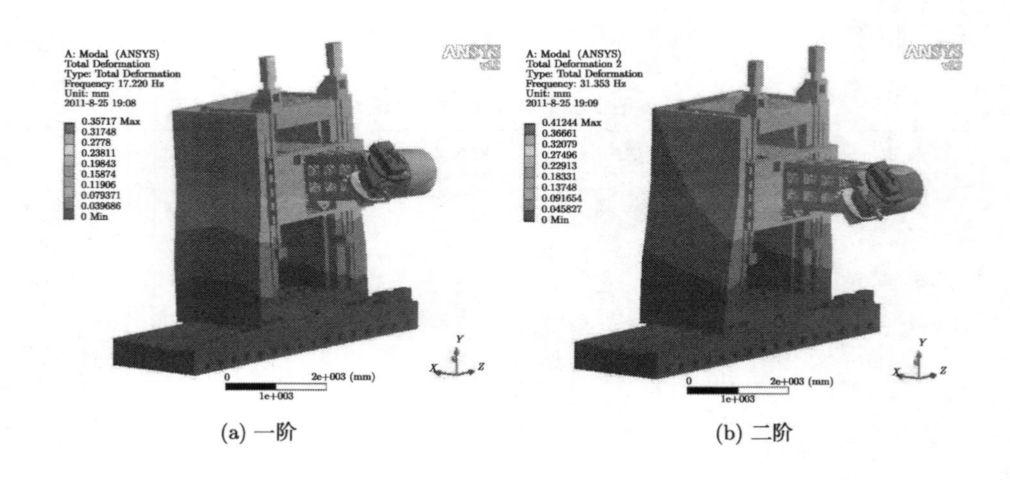

(a) 一阶　　(b) 二阶

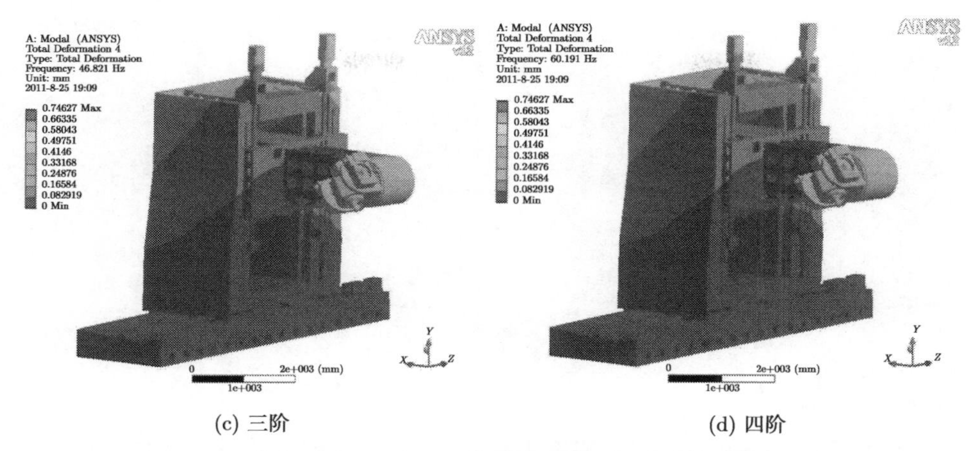

(c) 三阶 (d) 四阶

图 6-10 结合部为共节点时搅拌摩擦焊机器人的前四阶模态振型

在共节点结合部类型下，整机模态前十阶频率值和振型描述，如表 6-6 所示。

表 6-6 共节点时搅拌摩擦焊机器人的模态频率和振型描述

模态阶数	模态频率/Hz	备注
1	17.22	整机前后振动
2	31.35	整机左右振动
3	46.82	整机上下振动
4	60.19	整机二阶左右振动
5	75.64	质心补偿机构右箱体左右振动
6	88.98	X 轴丝杠一阶弯曲振动
7	89.06	X 轴丝杠二阶弯曲振动
8	92.21	整机绕 Y 轴扭转振动
9	98.35	整机绕 X 轴扭转振动
10	113.22	质心补偿机构左箱体左右振动

当搅拌摩擦焊机器人各零部件之间为弹簧单元结合部时，它的前四阶模态振型，如图 6-11 所示。整机模态的前十阶频率值和振型描述，如表 6-7 所示。

从上面的分析结果可以得到如下结论：

(1) 搅拌摩擦焊机器人在共节点结合部类型下的各阶模态频率要普遍高于它在弹簧单元结合部类型下的模态频率。

(2) 共节点结合部时，搅拌摩擦焊机器人的基频为 23.98Hz，而在弹簧单元结合部类型下机器人的基频为 20.84Hz，通过计算得到基频下降了近 13%。

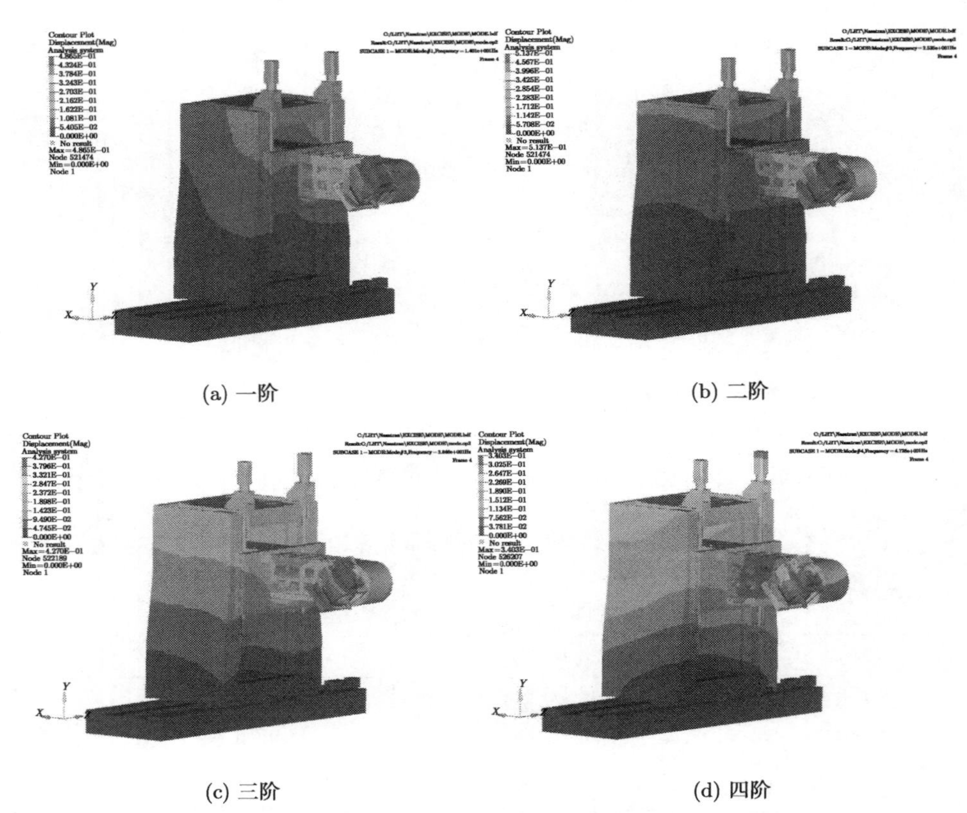

(a) 一阶　　(b) 二阶

(c) 三阶　　(d) 四阶

图 6-11　弹簧单元结合部时搅拌摩擦焊机器人的前四阶模态振型

表 6-7　弹簧单元连接时搅拌摩擦焊机器人的模态频率和振型描述

模态阶数	模态频率/Hz	备注
1	14.01	整机左右振动
2	25.35	整机前后振动
3	38.46	整机上下振动
4	47.28	整机二阶左右振动
5	68.71	质心补偿机构右箱体左右振动
6	82.70	质心补偿机构左箱体左右振动
7	83.79	X 轴丝杠一阶弯曲振动
8	88.83	整机绕 Y 轴扭转振动
9	96.98	整机绕 X 轴扭转振动
10	104.68	整机绕 Z 轴扭转振动

(3) 从两种结合部类型搅拌摩擦焊机器人的模态振性来看，其中前两阶模态振性发生了互换，即共节点时的一阶模态振性为整机前后振动，而弹簧单元时整机的一阶振型为左右振动。其他各阶的模态振型变化不大。

可见，在有限元模型的简化过程中，不同结合部类型的选用对搅拌摩擦焊机器人的模态分析结果会有较大的影响。

而模态分析又是其他动力学分析的基础，其分析结果不正确会极大地影响后续其他所有动力学分析的结果。

在整机模态分析 [154] 完成之后，进行了搅拌摩擦焊机器人各复杂大件结构的模态分析。搅拌摩擦焊机器人主要大件结构的前四阶模态振型，如图 6-12~ 图 6-15 所示。

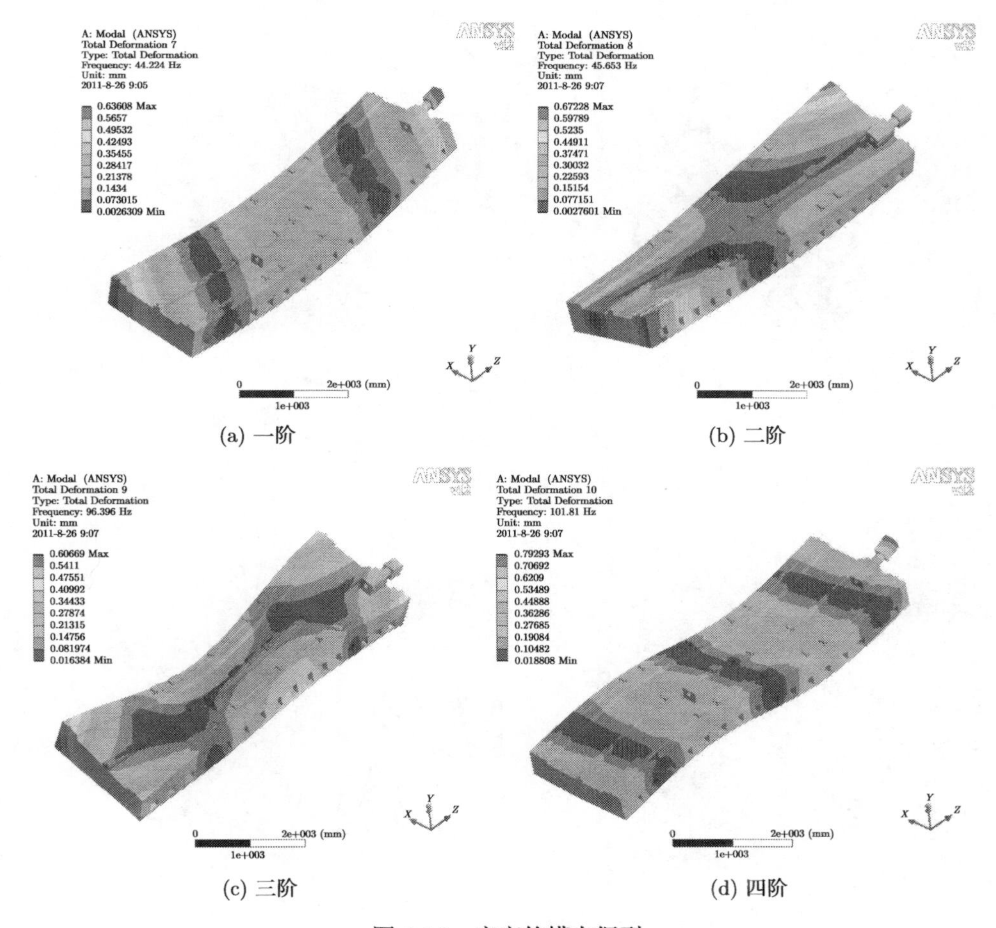

(a) 一阶 (b) 二阶

(c) 三阶 (d) 四阶

图 6-12 底座的模态振型

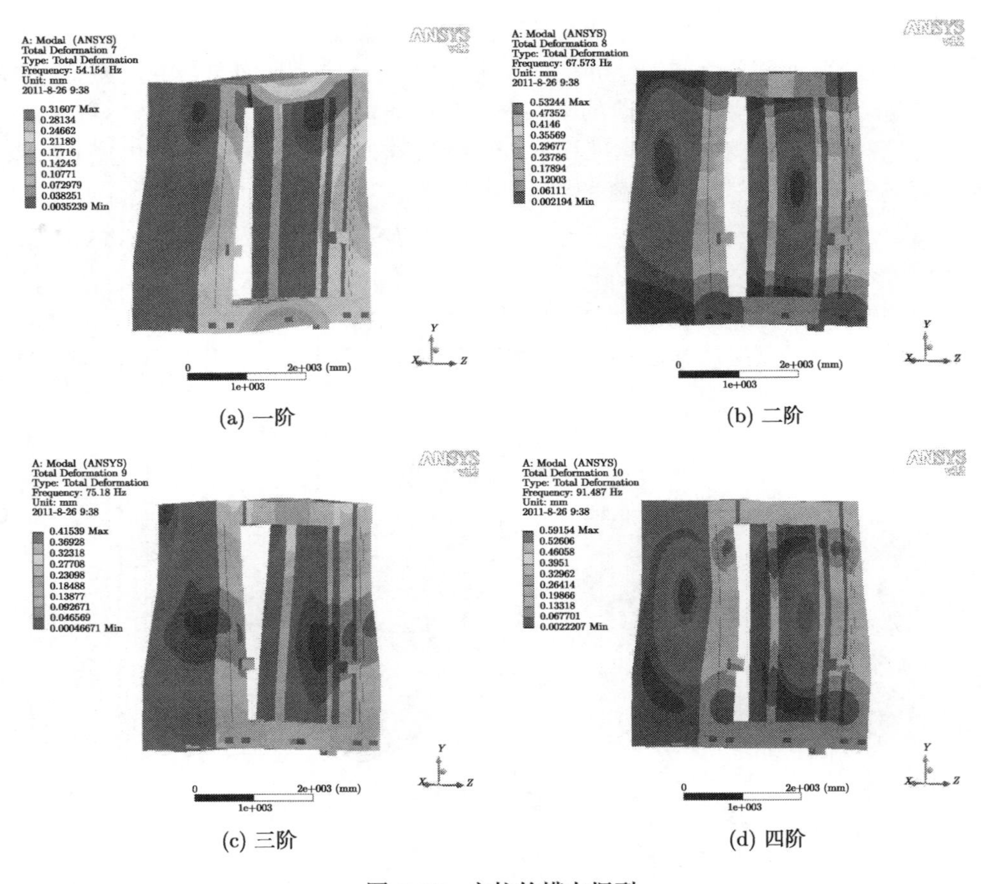

(a) 一阶　　(b) 二阶

(c) 三阶　　(d) 四阶

图 6-13　立柱的模态振型

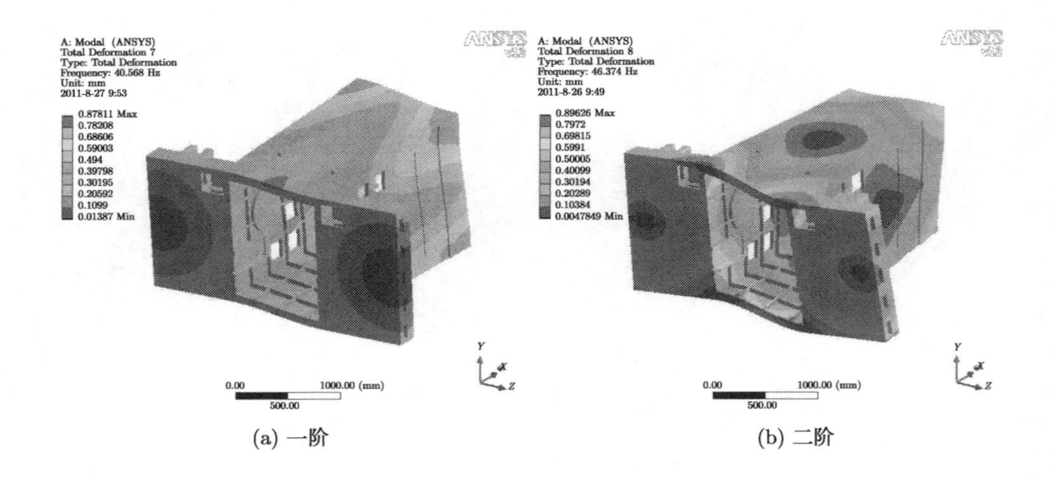

(a) 一阶　　(b) 二阶

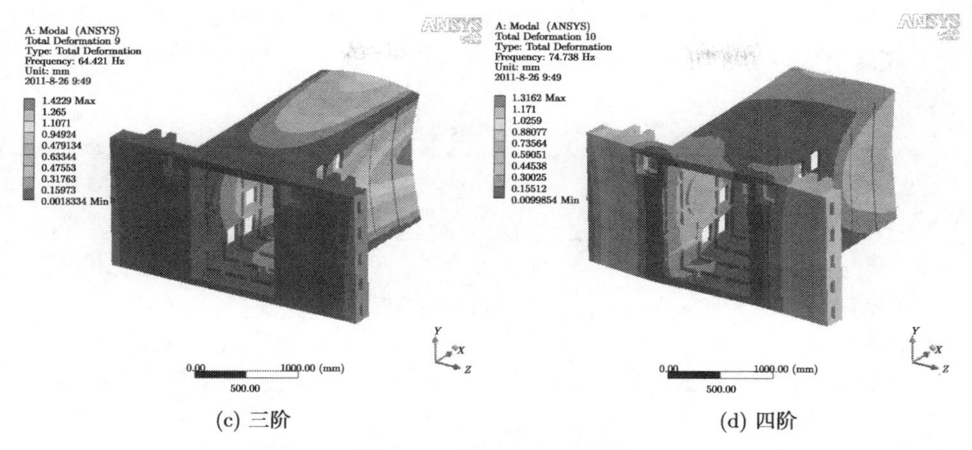

(c) 三阶 (d) 四阶

图 6-14 滑鞍的模态振型

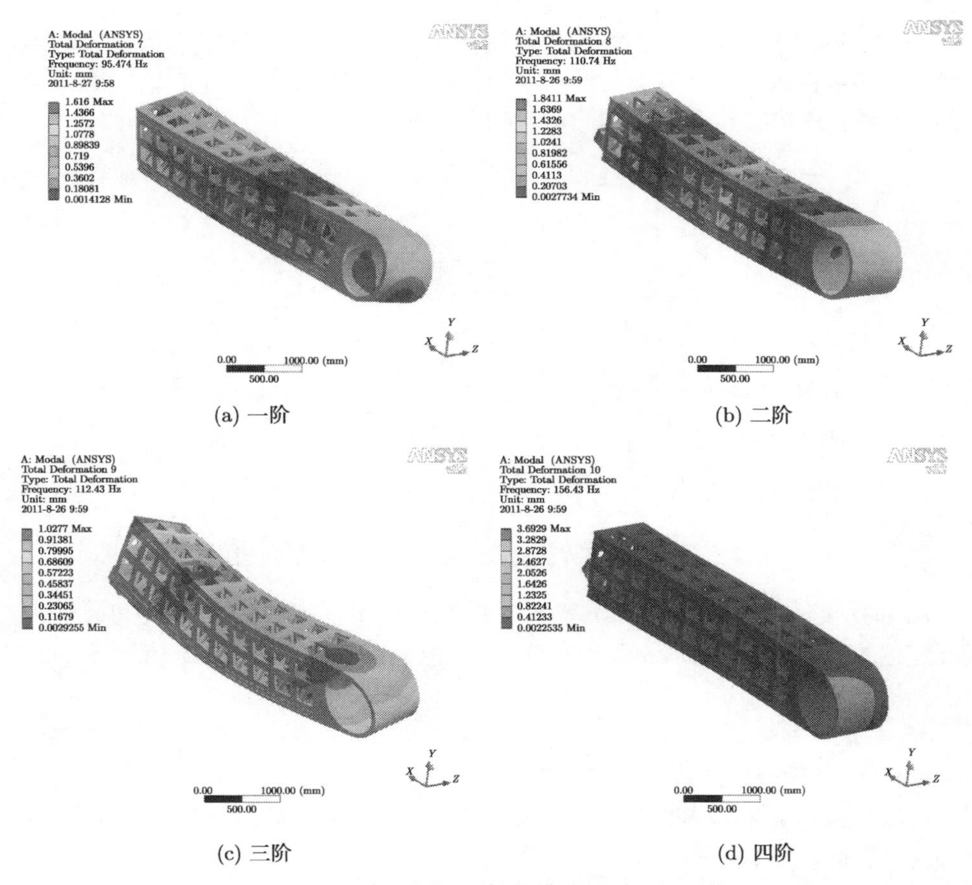

(a) 一阶 (b) 二阶

(c) 三阶 (d) 四阶

图 6-15 滑枕的模态振型

将上述分析结果进行汇总，各大件结构以及 AB 轴组件和搅拌头组件的前四阶模态频率值如表 6-8 所示。

表 6-8　搅拌摩擦焊机器人各零件的前四阶模态频率值

零部件名称	模态振型	模态频率/Hz			
		一阶	二阶	三阶	四阶
底座	图 6-12	44.2	45.7	96.4	101.8
立柱	图 6-13	54.2	67.6	75.2	91.5
滑鞍	图 6-14	40.6	46.4	64.4	74.7
滑枕	图 6-15	95.5	110.7	112.4	156.4
AB 轴	—	102.3	258.7	261.8	308.7
搅拌头	—	148.3	259.2	265.7	401.8

对搅拌摩擦焊机器人结构系统进行模态匹配分析，可以避免零部件之间的固有频率相等或接近而发生局部共振，改善系统动态性能。根据表 6-8 中的模态频率数据，得到各连接的零部件模态匹配图如图 6-16 所示。

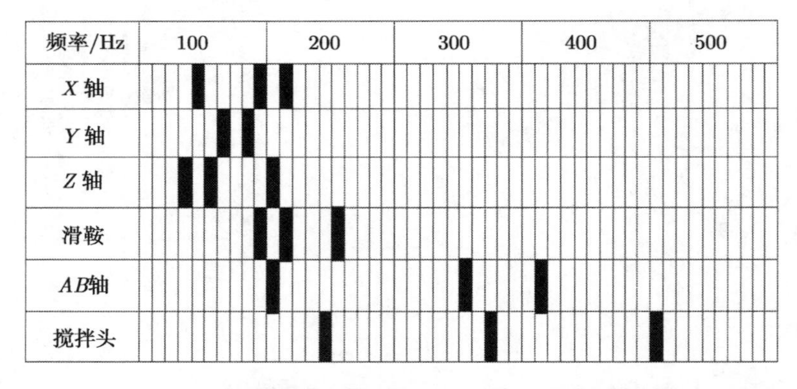

图 6-16　搅拌摩擦焊机器人主要零部件的模态匹配图

图 6-16 绘制了搅拌摩擦焊机器人主要零部件的固有频率。从图中可以看出，相互连接的零部件的模态频率是相互分开的，但个别零件固有频率数值接近。通过以上分析得到如下结论：

(1) 在正确的弹簧单元结合部类型下，搅拌摩擦焊机器人整机的一阶固有频率为 20.84Hz，一阶振型为整机左右振动。

(2) 底座、立柱和滑鞍组件的频率比较低，频率范围为 40~100Hz；而其余零部件的频率较高，为 100~400Hz。

(3) 对于整机模态振型，机器人搅拌头末端的振动比较剧烈，建议加强 AB 轴和搅拌头的刚度。对于零部件的模态振型，底座、立柱和滑鞍的基频普遍偏低，建议合理地进行结构设计，采取必要的方法来增强其基频，如加筋板或采用不同的材料等。

总之，通过对搅拌摩擦焊机器人的模态分析，计算出了整机和各零部件的各阶频率值与模态振型。通过绘制振型云图和频率列表，可以更清晰地看出影响其动态特性的薄弱环节，这为改进搅拌摩擦焊机器人整机的结构设计、改善其动态性能和后续的结构优化设计都创造了有利的条件。

6.4.2 模态试验

为了验证上述有限元分析结果的正确性，下面将通过试验的手段对搅拌摩擦焊机器人的整机以及各大件结构进行试验模态分析。

搅拌摩擦焊机器人的各大件结构在进行有限元分析过程中会被离散成无数个三维实体单元，而单元与单元之间是通过节点相连接的。对于体单元，每一个节点都有六个自由度，因此整个机器人将会有几百万的自由度，其属于复杂的多自由度系统。将单自由度的问题进行组合就构成了多自由度的问题，通过单自由度的求解，再通过内在的联系就可以得到多自由度系统的解。如图 6-17 所示，它是典型多自由度系统的自由衰减曲线。

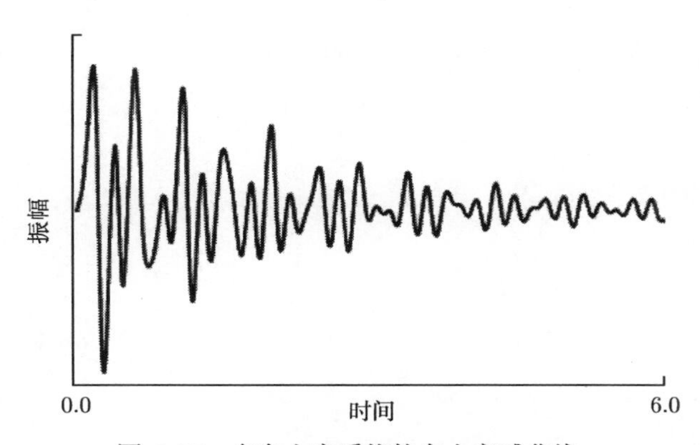

图 6-17 多自由度系统的自由衰减曲线

在受到外载的作用时，多自由度系统的振动微分方程为

$$[m]\{\ddot{X}\}+[c]\{\dot{X}\}+[k]\{X\}=\{f(t)\} \tag{6-9}$$

由于方程 (6-9) 中的变量存在耦合关系，对于求解此类微分方程需要借助计算机编程来解决。求解速度的快慢和结果精度的误差除了与选择算法的优劣有关，还与计算机的性能息息相关。为了寻求一种更快、更好的解法，需要对其进行解耦，即通过求解非耦合的一组方程组来最终得到整个微分方程的数值解。因此，这里引

入了模态坐标的概念，通过对物理坐标空间和模态坐标空间的转换，即可以得到上述微分方程的解。

无阻尼自由振动系统的运动方程可表示为

$$[m]\{\ddot{x}\}+[k]\{x\}=\{0\} \tag{6-10}$$

设方程的解 $\begin{bmatrix} x_1 \\ x_2 \\ \vdots \\ x_n \end{bmatrix}=\begin{bmatrix} X_1 \\ X_2 \\ \vdots \\ X_n \end{bmatrix}\mathrm{e}^{\mathrm{j}\omega t}$，所以方程可转化为

$$-\omega^2[m]\{x\}+[k]\{x\}=\{0\} \tag{6-11}$$

上述方程是求解线性代数理论中特征值和特征向量的问题，ω 和$\{x\}$分别是整个系统的无阻尼模态频率和固有振型。根据系统中矩阵的对称性，包括刚度矩阵 $[k]$ 和质量矩阵 $[m]$，它们各自的特征向量也是与这两个矩阵呈正交关系，令 ω_r^2 是第 r 个特征值，那么它所对应的特征向量为 $\{x_r\}$，应满足

$$[k]\{x_r\}=\omega_r^2[m]\{x_r\} \tag{6-12}$$

此外，$\{x_k\}$ 是特征值 ω_k^2 的特征向量，有如下关系式:

$$[k]\{x_k\}=\omega_k^2[m]\{x_k\} \tag{6-13}$$

这里，将式 (6-12) 左乘 $\{x_k\}^{\mathrm{T}}$，并且将式 (6-13) 转置并右乘 $\{x_r\}$，则有

$$\{x_k\}^{\mathrm{T}}[k]\{x_r\}=\omega_r^2\{x_k\}^{\mathrm{T}}[m]\{x_r\} \tag{6-14}$$

$$\{x_k\}^{\mathrm{T}}[k]\{x_r\}=\omega_k^2\{x_k\}^{\mathrm{T}}[m]\{x_r\} \tag{6-15}$$

根据式 (6-14) 和式 (6-15)，又可以得到如下表达式:

$$(\omega_r^2-\omega_k^2)\{x_k\}^{\mathrm{T}}[m]\{x_r\}=0 \tag{6-16}$$

当 $r\neq k$ 时，式 (6-16) 应该满足 $\{x_k\}^{\mathrm{T}}[m]\{x_r\}=0$，将其代入式 (6.14) 或式 (6-15)，得到 $\{x_k\}^{\mathrm{T}}[k]\{x_r\}=0$。

当 $r=k$ 时，由式 (6-16) 可得 $(\omega_r^2-\omega_k^2)=0$，而 $\{x_r\}$ 和 $\{x_k\}$ 取任意值都能使式 (6-16) 成立。因此，整理可得到 $\{x_r\}^{\mathrm{T}}[m]\{x_r\}=m_r$ 和 $\{x_r\}^{\mathrm{T}}[k]\{x_r\}=k_r$ 两个表达式。

m_r 和 k_r 分别代表系统的模态质量和模态刚度，它们具体的数值需要归一化处理来得到。对于系统阻尼不为零的情形，根据上述的分析其阻尼矩阵是未解耦的。因

此，可以用系统刚度矩阵和质量矩阵的线性表达式来近似替代，即 $[c]=\alpha[m]+\beta[k]$，其中 α、β 是常数。当用系统的刚度和质量两个矩阵对其解耦时，有 $c_r=\alpha m_r+\beta k_r$，这里面的阻尼代表的是模态阻尼。

有时，不用系统的比例阻尼来建立微分方程，而是采用阻尼矩阵的形式，则方程 (6-10) 可写为

$$-\omega^2[m]\{x\}+[k]\{x\}+\mathrm{j}[c]\{x\}=\{0\} \tag{6-17}$$

对上述方程进行求解，可以得到如下两个表达式，这两个表达式是呈正交关系的。

$$\begin{cases}\{x_k\}^{\mathrm{T}}[m]\{x_r\}=0 \\ \{x_k\}^{\mathrm{T}}[[k]+\mathrm{j}[c]]\{x_r\}=0\end{cases} \quad r\neq k \tag{6-18}$$

$\omega_r^2\{x_r\}^{\mathrm{T}}[m]\{x_r\}=\{x_r\}^{\mathrm{T}}[[k]+\mathrm{j}[c]]\{x_r\}$，当 $r\neq k$ 时，有

$$\omega_r^2=\frac{\{x_r\}^{\mathrm{T}}[[k]+\mathrm{j}[c]]\{x_r\}}{\{x_r\}^{\mathrm{T}}[m]\{x_r\}} \tag{6-19}$$

由于阻尼存在的作用是消耗系统中的能量，而在众多类型的阻尼中只有黏性阻尼才能消耗能量，而对于系统的非线性所导致的阻尼并不消耗能量。在利用线性系统的数学模型来求解非线性系统时，只需要获取其黏性阻尼部分即可。图 6-18 所示为系统一个周期内耗散的能量和振幅的关系。

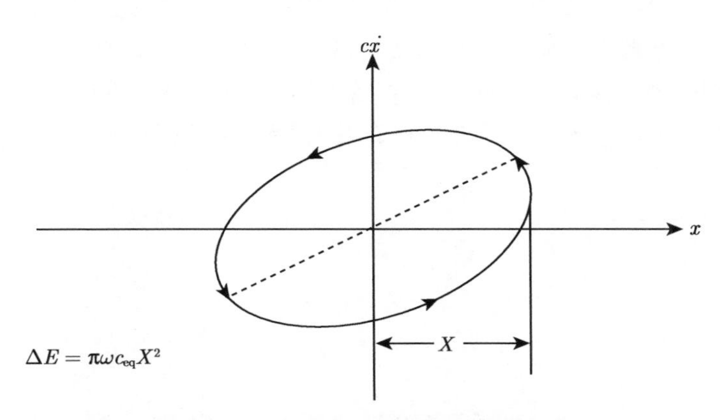

图 6-18 系统一个周期内耗散的能量和振幅的关系

在上述模态理论分析的基础上，本节进行了搅拌摩擦焊机器人整机的试验模态分析。模态测试选用的是丹麦 BK 公司的 32 通道数据采集系统，利用力锤来对整个机器人进行激振，力锤的质量为 5kg，能激起的频率范围为 0~500Hz。采用单点激振多点拾振的激励方式，各个测试点的选取要事前根据有限元分析的结果，尤

其是振型来布置。拾振点的传感器为 ICP 三向加速度传感器，能同时测得三个方向上的响应。为了避免最终测试结果模态频率和振型的丢失，要尽可能多地布置测点位置。

在进行传感器的布置和贴装过程中，需要用到一些专用的固定装置，如胶水、透明胶带、橡皮泥、螺钉和特质的固定卡具等。对于有些测量场合，被测对象质量较轻，它不允许额外地增加被测对象的质量，因此可以采用非接触式的方式来布置传感器。本试验在测试过程中所用到的相关仪器名称、数量、设备型号及厂家，如表 6-9 所示。

表 6-9　试验仪器

编号	仪器名称	数量	仪器型号	仪器编号	厂家
1	力锤	1	8210	S1462	BK
2	ICP 三向加速度传感器	4	4506B	10836、10839、10842 等	BK
3	便携式多通道数据采集仪	1	3560C	2817812	BK
4	笔记本电脑	1	G480	LB03041502	Lenovo
5	数据分析处理软件	1	PULSE12.5	分析软件	BK
6	数据分析处理软件	1	ME'scope	分析软件	Vibrant

整个模态测试试验系统由三大主要系统组成，分别是试验激振系统、响应拾振系统和模态分析与结果处理系统。每一系统都有各自的组成设备和与其他系统的接口。这三大系统中的典型设备有 8210 型力锤、4506B 型 ICP 三向加速度传感器、3560C 型智能采集系统以及 PULSE12.5 的模态测试顾问和 ME'scope 的模态分析软件，它们之间的内在联系和具体的测试流程，如图 6-19 所示。

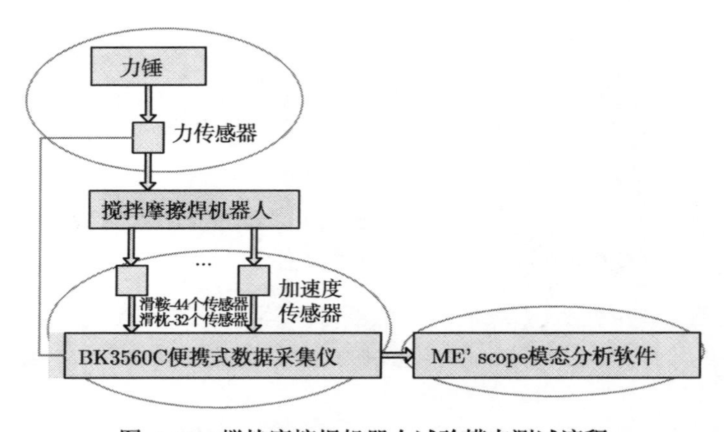

图 6-19　搅拌摩擦焊机器人试验模态测试流程

搅拌摩擦焊机器人的模态试验测试步骤可以简述如下：

(1) 组接并调试各个仪器设备；

(2) 开启 PULSE-Applications-Modal Analysis-MTC Hammer 软件程序；

(3) 在 Project Information 中选择 Roving Hammer 的试验模式；

(4) 连接传感器，并进行软件接口设置，使力和加速度传感器加入进来；

(5) 建立搅拌摩擦焊机器人的简化模型，在三维图形窗口内进行坐标系标记；

(6) 根据试验类型，进行测试软件内部的参数设置以及触发电平的范围；

(7) 对力和传感器信号添加相应的窗函数；

(8) 用力锤敲击并进行测量；

(9) 观察计算机上的图形变化，对曲线的峰值数值进行提取并保存。

搅拌摩擦焊机器人采用的模态测试系统和激振力锤如图 6-20 所示。采用单点激振多点拾振的方法，按照搅拌摩擦焊机器人自身坐标系，在机器人 X 向进行激振和拾振。每一批拾振传感器为 10 个，分 14 批来完成。通过移动传感器分批进行测量，虽然大大增加了试验工作量，但减小了因移动力锤带来的不方便因素。另外，使用的加速度传感器的质量和体积非常小，显著减小了附加质量的影响，从而提高了测试精度。试验中主要研究前 5 阶振动模态，频响函数研究范围为 5~100Hz。采用力锤激振，其信号采集时的频率范围为 400Hz，线数为 800，力锤每次激振次数为 2。

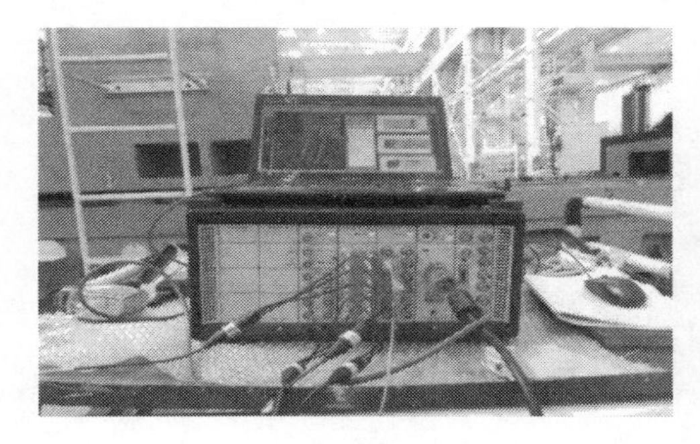

图 6-20 搅拌摩擦焊机器人模态测试现场照片

为了使测量分析模态更加清楚和全面地反映搅拌摩擦焊机器人的振型变化特点，总共布置了 152 个测试点，均匀分布在床身、立柱、滑鞍、滑枕上。通过测量建立测点模型，如图 6-21(a) 所示。搅拌摩擦焊机器人在 6~70Hz 拟合后的幅频曲线，如图 6-21(b) 所示。

通过激振和对加速度传感器测试信号进行分析，采用传递函数集总平均后定阶处理，拟合后提取模态参数，并经过模态质量归一化处理。搅拌摩擦焊机器人模态测试的前四阶模态频率和振型，如图 6-22 所示。

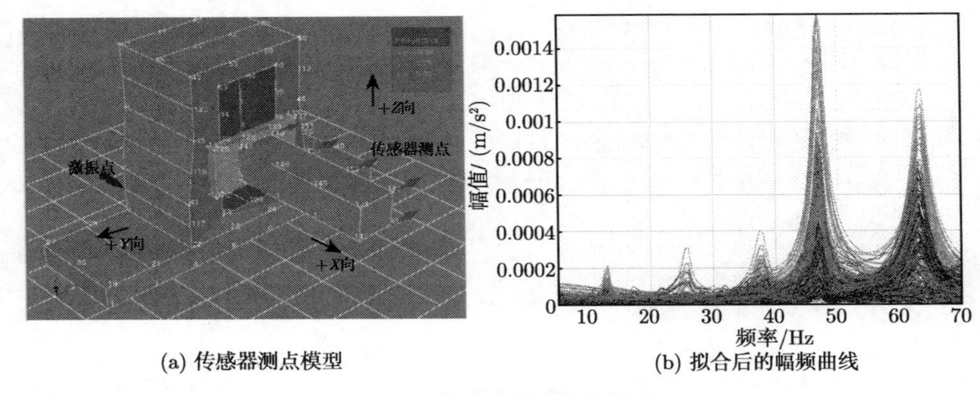

(a) 传感器测点模型　　(b) 拟合后的幅频曲线

图 6-21　测点位置和幅频曲线

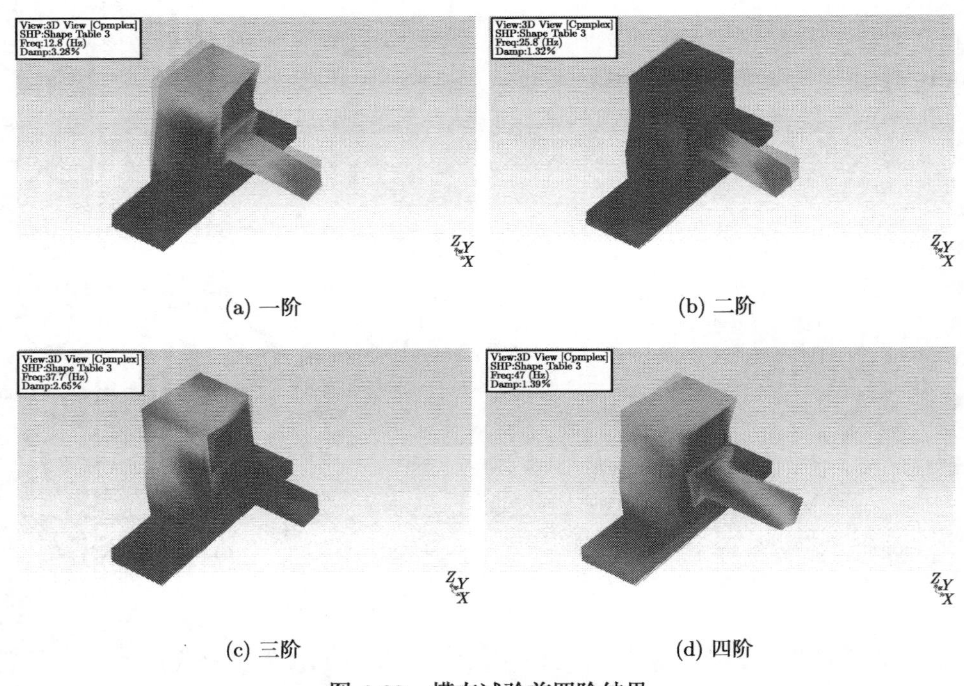

(a) 一阶　　(b) 二阶

(c) 三阶　　(d) 四阶

图 6-22　模态试验前四阶结果

通过上述的模态试验测试，将搅拌摩擦焊机器人整机的前五阶模态频率和主要大件结构的前四阶模态频率进行汇总，并与有限元分析的结果进行对比，如表 6-10 和表 6-11 所示。

表 6-10　搅拌摩擦焊机器人模态测试结果与有限元分析结果对比

模态阶数	实测值	有限元值 (刚度单元)	误差/%
1	12.8	14.01	8.6
2	25.8	25.35	1.7
3	37.7	38.46	2
4	47	47.28	0.6
5	63.3	68.71	7.9

表 6-11　主要大件结构的模态测试结果与有限元分析结果对比

模态阶数	滑鞍		误差/%	滑枕		误差/%
	实测值	有限元值		实测值	有限元值	
1	36.2	40.6	10.8	95.5	101	5.4
2	—	46.4	—	110.7	115	3.7
3	62.2	64.4	3.4	112.4	118	4.7
4	71.7	74.7	4	156.4	169	7.5

6.4.3　频率响应分析

在进行了上述的模态分析之后，需要了解搅拌摩擦焊机器人在焊接过程中的各个部位的振动响应，本节主要研究各节点的加速度响应和位移响应。通过求得这些节点的响应幅值，可以对机器人的动态性能进行量化，以确定整机的抗振性能。

搅拌摩擦焊机器人的受迫振动主要发生在搅拌头末端，在机器人焊接作业过程中，搅拌针将会受到来自于工件对其的各种类型的载荷。这里，将这些力和力矩载荷按照低频正弦波的形式作用于搅拌头的末端，最终测得机器人不同零件上测点的响应情况。这些测点分别为搅拌针轴肩端面上的 Node526281，滑枕前端的测点 Node472518，滑鞍上顶面的节点 Node371787，立柱左侧面的节点 Node346895 以及底座左侧的节点 Node13830，测点的具体位置如图 6-23 所示。

在有限元前处理软件 Hypermesh 中将结合部类型为弹簧单元的整机有限元模型导进大型结构有限元分析软件 MD_Nastran 中，采用模态法进行频率响应分析设置。频率范围为 2～100Hz，选取模态阻尼比为 0.03。约束条件为底座螺栓孔处完全固定，搅拌针末端施加 6.2 节分析中的各种机械载荷，并赋予事先定义好的非空间场。

最终，得到搅拌摩擦焊机器人各零部件上对应测点的位移响应曲线和加速度响应曲线，如图 6-24 所示。

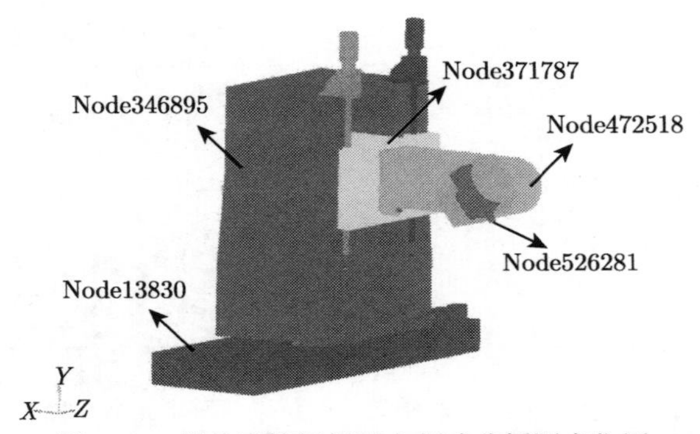

图 6-23　搅拌摩擦焊机器人频响分析测点位置

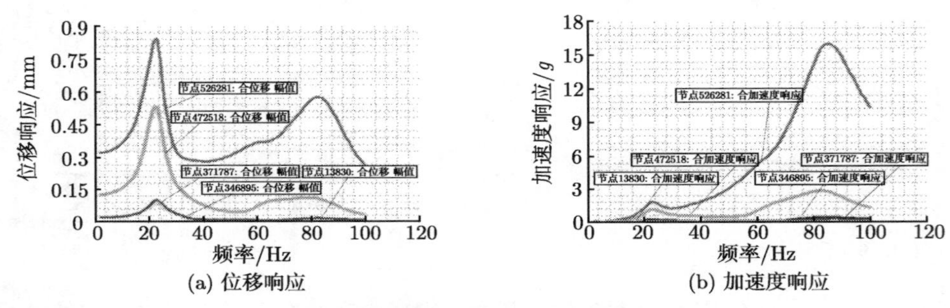

(a) 位移响应　　(b) 加速度响应

图 6-24　搅拌摩擦焊机器人各测点的频响曲线

从上面的频响曲线可以得到如下结论：

(1) 无论是位移响应还是加速度响应，都是位于搅拌头末端的测点响应幅值最大，从焊接末端到机器人的底座，各测点的响应幅值依次减小。

(2) 从图 6-24(a) 可以发现，搅拌针轴肩端面上的测点 Node526281 的最大位移响应约为 0.85mm，所对应的响应频率为 25Hz。此时，该频率正好对应于搅拌摩擦焊机器人的二阶振型；机器人的次位移响应幅值大小为 0.55mm 左右，对应的模态频率为 84Hz。此时，该频率正好对应于机器人的第七阶振型。

(3) 从图 6-24(b) 可以发现，搅拌针轴肩端面上的测点 Node526281 的加速度响应约为 $16g$，所对应的频率为机器人的第七阶振型 84Hz。次加速度响应为 $2g$ 左右，对应于机器人的第二阶模态振型，其频率为 25Hz。

6.5　搅拌摩擦焊机器人焊接精度分析

一般来说，一个大型的复杂设备是由众多的零部件组合而成的，各个零部件之间是通过特定的结合部类型相连接的。例如，搅拌摩擦焊机器人的前三轴均是由进给系统结合部组成的。因此，本节将这个大型设备称为多刚体系统，各个零部件以及它们的结合部都不会发生变形。而在某些特殊的场合，若想要考虑结构件或是结合部的变形，则此时的大型设备称为多柔体系统 [155,156]。

在对多刚体系统进行分析时，各个零件之间不会产生变形。因此，在某些重载或是高速的场合由于结构的变形会对工具末端产生重要影响，这将会导致系统的误差变大，它不能反映各个结构件的真实作用。而采用柔性体的思想，可以将零部件的变形与它们的运动联系到一起，并且考虑了二者之间的耦合关系，这样就会使得最终的分析结果变得更加精确。

随着多刚体系统分析方法的日益成熟，人们开始对多柔体系统进行更加深入的研究。目前，该种分析方法已经在国内外的各个科研机构展开大量的研究工作，相关的研究领域包括：航空航天、轨道车辆、数控机床以及机器人等 [157]。由于这些研发公司或制造企业所研发出的产品多是大型重载结构，设备中每一个零件的变形都会对其他结构件产生一定影响。如果忽略这些因素，就有可能导致设备整体误差变大。为此，需要一种刚柔耦合动力学或是全柔性体动力学的分析方法来开展相关的研发设计工作。

本章首先利用大型有限元分析软件 ANSYS 生成搅拌摩擦焊机器人的滑枕柔性体，在柔性体中有质量、质心和惯量等重要信息。除此之外，还包含模态频率及振型的模态信息，这里称为模态中性文件 (.mnf 文件)，然后在多体动力学软件 ADAMS 里面将机器人中的滑枕用这个柔性体来替换，最终就生成搅拌摩擦焊机器人的刚柔耦合动力学模型。基于这个耦合模型的动力学仿真就能将滑枕的柔性考虑到整个动力学模型之中，这将对焊接精度仿真结果更加精确。

根据上述对搅拌摩擦焊机器人在五种典型工况下的刚度分析数据，可以发现瓜瓣焊工况对于机器人是最恶劣的构型，并且该种分析手段极其耗时且消耗计算机资源，因此在后续进行整机的焊接精度仿真过程中，只考虑了瓜瓣焊工况下搅拌摩擦焊机器人的焊接精度。

6.5.1 柔性体计算模型的建立

多体系统的动力学建模，可以采用各种力学原理来实现，包括能量守恒定律、牛顿–欧拉方程、拉格朗日方程、哈密顿原理和凯恩方程等。其中拉格朗日方程是基于能量的观点来建立的，优点是便于程序化，对正逆动力学问题都容易建立模型，并且可以实现递推形式的建模，还可以方便地加入控制反馈。采用拉格朗日方程建模的方法较为成熟，许多多体系统分析软件采用的就是拉格朗日方程建模方法，本节所采用的 ADAMS 多体系统动力学软件就是这样的。

为了计算构件弹性变形对其大范围运动的影响，人们提出用混合坐标来描述柔性体的位形。首先，对柔性构件建立一浮动坐标系，将构件的位形认为是浮动坐标系的大范围运动与相对于该坐标系的变形的叠加，因此提出了用大范围浮动坐标系的刚体坐标与柔性体的节点坐标 (或模态坐标) 建立动力学模型。在具体的建模过程中首先将构件的浮动坐标系固化，弹性变形按某种理想边界条件下的结构动力学有限元进行离散，然后仿照多刚体系统动力学的方法建立离散系统的数学模型。

柔性体可以看成有限元模型节点的集合，其变形可视为模态振型的线性叠加。如图 6-25 所示，图中点 P 为柔性体上一节点，P' 为柔性体在运动过程中发生变形后的位置，B 为柔性体坐标系，G 为基坐标系。

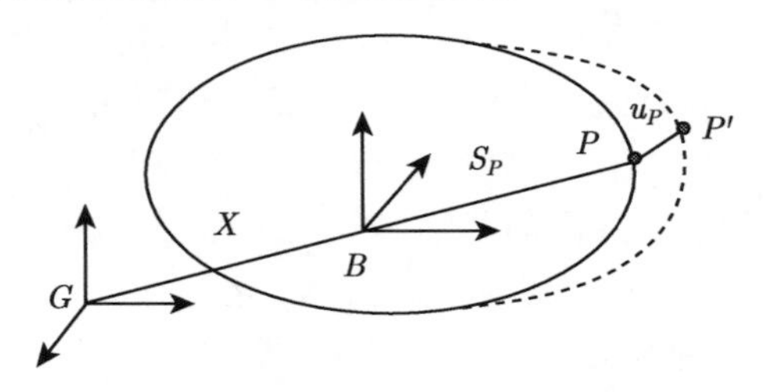

图 6-25　柔性体上节点 P 运动示意图

物体坐标系 B 在基坐标系 G 中的位置为 $X=(x,y,z)$，方向用欧拉角表示为 $\varPsi=(\varphi,\theta,\psi)$，模态坐标为 $q=[q_1\quad q_2\quad\cdots\quad q_M]^{\mathrm{T}}$($M$ 为模态坐标数)，则柔性体的广义坐标为

$$\xi=[x\quad y\quad z\quad \varphi\quad \theta\quad \psi\quad q_i(i=1,2,\cdots,M)]^{\mathrm{T}}=[X\quad \varPsi\quad q]^{\mathrm{T}} \tag{6-20}$$

因此，柔性体上节点 P 的位置向量可表示为

$$r_P=x+{}^G_BA\left(s_P+u_P\right) \tag{6-21}$$

式中，${}^G_BA$ 为坐标系 B 相对于坐标系 G 的变换矩阵；s_P 为物体未变形时，点 P 在坐标系 B 中的位置；u_P 为 P' 点相对于物体变形前 P 点的方向向量。其中，$u_P=\varPhi_Pq$，$\varPhi_P$ 表示对应于节点 P' 的移动自由度的模态矩阵子块。

节点 P 的速度为

$$v_P=\left[I-{}^G_BA\left(\tilde{s}_P+\tilde{u}_P\right)B{}^G_BA\varPhi_P\right]\dot{\xi} \tag{6-22}$$

式中，波浪符号表示位置矢量为非对称矩阵，矩阵 B 定义为将欧拉角对时间求一阶导数变为角速度的转换矩阵，从而可以得到动能和势能的表达式为

$$T=\frac{1}{2}\int_v\rho v^{\mathrm{T}}v\mathrm{d}V=\frac{1}{2}\dot{\xi}^{\mathrm{T}}M\left(\xi\right)\dot{\xi} \tag{6-23}$$

$$V = V_g(\xi) + \frac{1}{2}\xi^{\mathrm{T}} K \xi \tag{6-24}$$

运用拉格朗日乘子法建立柔性体的运动微分方程：

$$M\ddot{\xi} + \dot{M}\dot{\xi} - \frac{1}{2}\left[\frac{\partial M}{\partial \xi}\dot{\xi}\right]^{\mathrm{T}} + K\xi + f_g + D\dot{\xi} + \left[\frac{\partial \Psi}{\partial \xi}\right]^{\mathrm{T}} \lambda = Q \tag{6-25}$$

式中，K 为模态刚度矩阵；D 为模态阻尼矩阵；f_g 为广义重力；Q 为广义外力；λ 为约束方程的拉格朗日乘子。其中，$\dot{\xi}$ 和 $\ddot{\xi}$ 为柔性体的广义坐标及其时间导数；M 和 $\dot{M}$ 为柔性体的质量矩阵及其对时间的导数；$\partial M/\partial \xi$ 为质量矩阵对柔性体广义坐标的偏导数，它是一个 $(M+6)\times(M+6)\times(M+6)$ 维张量，M 维模态。

6.5.2 刚柔耦合动力学模型的建立

搅拌摩擦焊机器人的动力学模型中各个部件的质量分布、转动惯量和几何形状等信息非常重要，一般情况下，这些动力学参数需要通过一定的方法辨识获得。由于其结构相当复杂且位形多变，很难直接获得理论辨识的结果。本节利用 ADAMS，直接从三维 CAD 模型中获得机器人的几何造型、材料参数和装配关系等信息，由此得到所需的动力学参数。在此基础上，适当添加约束、力和运动关系，从而建立搅拌摩擦焊机器人的数字虚拟样机模型。

搅拌摩擦焊机器人机构主要由 XYZ 轴组件、AB 轴组件和搅拌头组件组成，通过各关节电机的驱动来执行末端焊头的焊接作业。用 SolidWorks 软件建立机器人的三维实体模型并导入 ADAMS 中，为各个构件指定材料属性，添加运动副和驱动。为了模拟柔性结合部的作用，在导轨和滑块、丝杠和螺母以及轴承连接结合部位置采用六维的刚度阻尼单元来模拟结合部的刚度和阻尼。为了考虑滑枕的悬臂给焊缝精度带来的误差，这里将其作为柔性体来处理，考虑到刚柔耦合动力学仿真极其耗时和消耗资源，因此其他零部件暂时按照刚性体来处理。

这里，在机器人的底座与大地之间添加固定副，导轨丝杠结合部采用的是移动副和转动副连接，搅拌头末端采用的是转动副连接。它的焊接载荷等同于静力分析时作用于搅拌头末端的载荷。由于质心补偿机构的影响，同样在滑鞍的上顶面两侧分别施加 30000N 竖直向上的作用力，以及在立柱上顶面两侧的滑轮组安装面位置施加 60000N 竖直向下的支反力。对于各关节电机的运动规律，要事先做好运动规划并给出相应的表达式或是样条插值数据点以达到预期的规划效果。为了说明刚柔耦合对整机动力学性能的影响，本节分别指定了各个关节驱动电机的运动规律，以使整机实现七轴联动，最终得到的搅拌摩擦焊机器人刚柔耦合模型如图 6-26 所示。

图 6-26 搅拌摩擦焊机器人刚柔耦合模型

在有限元分析软件 ANSYS 中，对搅拌摩擦焊机器人的滑枕进行柔性化。指定材料属性，选择单元类型、单元属性、网格参数进行网格划分。根据大臂在 ADAMS 环境中与其他部件的约束关系，在 ANSYS 中定义了外联点，外联点可以使柔性体在此处与模型中的其他构件建立起正确的连接关系。

外联点定义好后，需要编制 ANSYS 循环命令，利用 beam4 单元，将承载区域刚化，然后利用 ADAMS 与 ANSYS 的接口就可以生成模态中性文件 (.mnf 文件)。在 ADAMS/View 中读入 ANSYS 中生成的模态中性文件，将多刚体动力学模型中的刚性滑枕替换为柔性体，ANSYS 生成的滑枕柔性体模型如图 6-27 所示。

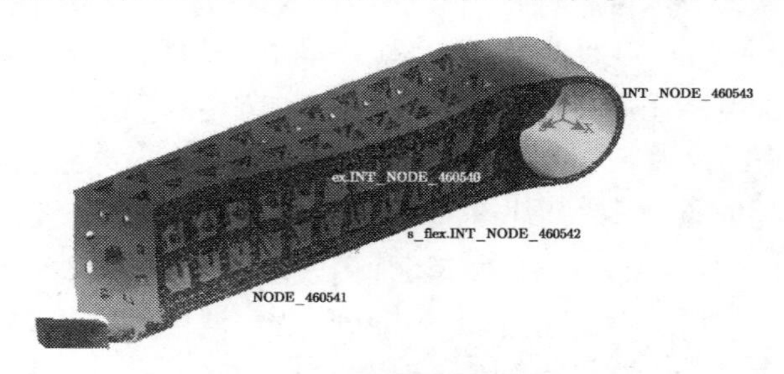

图 6-27 滑枕柔性体模型

6.5.3 瓜瓣焊工况下机器人的焊接精度分析

搅拌摩擦焊机器人在焊接作业时，机器人的构型会时刻发生变化以适应不同的焊点位置。在机器人构型连续变化的过程中，作用在构件上惯性载荷的大小和方向也跟着连续变化。这些惯性负载包括：角速度、角加速度和质心线加速度。它们是产生惯性力和惯性力矩的主要原因。机器人不同构型的刚度和质量分布存在差异，因此各个构件所承受惯性负载的大小也各不相同。在机器人的刚柔耦合动力学仿真过程中，由静力分析可知瓜瓣焊工况为其最恶劣的焊接构型。因此，本节只选取瓜瓣焊工况来研究机器人焊缝的焊接精度。

搅拌摩擦焊机器人由于其结合部和滑枕的柔性会导致搅拌头末端在外力的作用下会产生变形，变形量的大小对于机器人的焊接精度有着决定性的影响。值得说明的是，不同类型结合部的刚度是随不同时刻的外载而变化的，因此根据第 3 章的分析采用动刚度来进行仿真模拟。通过对全刚性模型、刚柔耦合空载和刚柔耦合带载来进行仿真分析，可以得到搅拌摩擦焊机器人焊头末端在工件坐标系中沿 X、Y、Z 轴的位移变化曲线以及轨迹变化曲线，如图 6-28 所示。

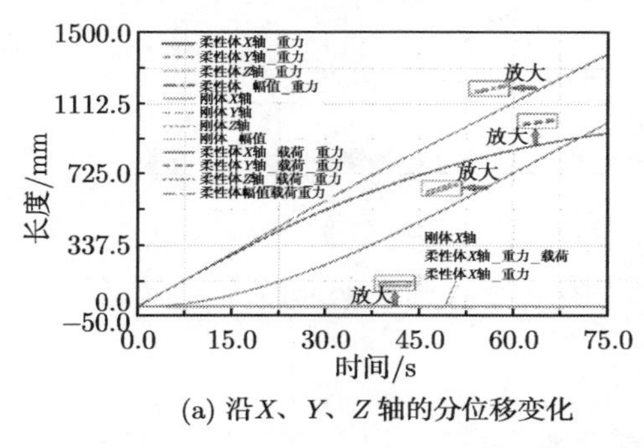

(a) 沿 X、Y、Z 轴的分位移变化

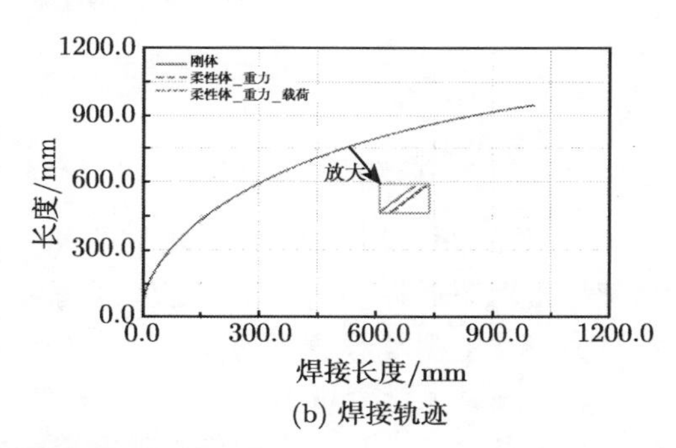

(b) 焊接轨迹

图 6-28 搅拌头工件坐标系下的位移曲线

从图 6-28 中可以看出，无论是沿工件坐标系 X、Y、Z 轴的位移变化还是搅拌头末端的总体轨迹变化，三种类型的仿真曲线都存在一定的误差。该误差正是滑枕柔性体和结合部的动态刚度所导致的，并且对应于不同构型和不同工况，变化量的大小各有不同。

为了验证搅拌摩擦焊机器人在瓜瓣焊工况下的焊接精度，将上述三种仿真过程分别提取搅拌针轴肩端面上的测点沿焊缝法线方向上的位移，并两两做差来求得它们之间的误差。最后，搅拌摩擦焊机器人在瓜瓣焊工况下三种类型仿真中得到的搅拌头轴肩端面沿焊缝法线方向上的位移误差曲线，如图 6-29 所示。

通过上面的仿真，可以得到如下结论：

(1) 在考虑了结合部动刚度以及滑枕柔性的情况下，搅拌摩擦焊机器人空载由焊缝的起点运动到焊缝的终点，整个仿真过程除了重力补偿机构的外力外只考虑重力的作用。因此，与全刚体模型的仿真结果相比，搅拌摩擦焊机器人末端搅拌针轴肩端面在沿焊缝法线方向上的位移误差最大为 0.28mm。该时刻对应于搅拌摩擦焊机器人的焊接终止构型，此时滑枕悬伸出来最长。

(2) 同理，在考虑了结合部动刚度以及滑枕柔性的情况下，搅拌摩擦焊机器人带载完成整个焊接过程。因此，与全刚体模型的仿真结果相比，搅拌摩擦焊机器人末端搅拌针轴肩端面在沿焊缝法线方向上的位移误差最大为 0.22mm 左右。该误差与前一种误差减小了 0.06mm，说明带载情况下整个搅拌摩擦焊机器人的变形有所恢复。

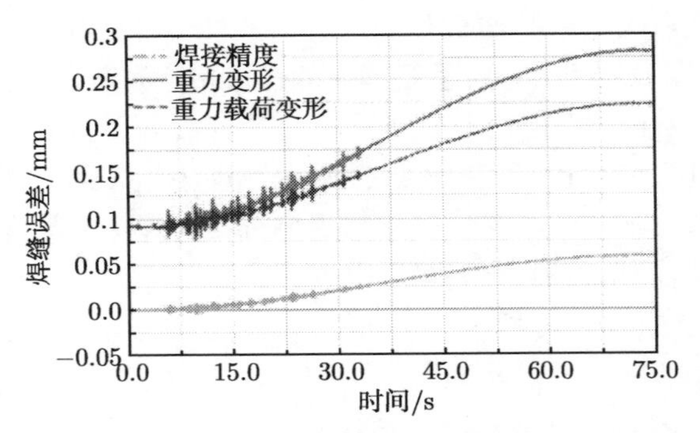

图 6-29　瓜瓣焊工况下三种类型仿真的焊缝位移误差曲线

(3) 将上述两种仿真分析结果相减即可以得到真实情况下搅拌摩擦焊机器人在瓜瓣焊工况下的焊接精度，从图 6-29 可以得到误差精度为 0.06mm。这里面消除了由重力导致的滑枕静变形的作用。

根据搅拌摩擦焊机器人整体刚度的设计指标，在最大插入阻力、进给阻力和旋转扭矩的作用下，搅拌头轴肩端面在沿焊缝切平面法线方向上的最大变形量应该小于 0.1mm。可发现最终设计得到的搅拌摩擦焊机器人能够满足给定的焊接精度，从而验证了整个结构设计的可行性。

6.6　本 章 小 结

本章主要针对优化之后的搅拌摩擦焊机器人进行了综合的静动态特性分析以及最恶劣工况 (即瓜瓣焊工况) 下的焊接精度分析。首先推导了搅拌头的受力模型并进行了仿真验证，通过理论推导和数值模拟，对整个焊接过程有了更加深入的理解，所取得的载荷数据也具有实际的参考意义；其次借助搅拌头数值模拟的载荷数据曲线，得到了搅拌摩擦焊机器人在五种典型工况下的载荷边界条件；最后通过完整工况的数值仿真，获得了搅拌摩擦焊机器人在每一典型工况下的刚度和强度数据。结果表明，搅拌摩擦焊机器人的最恶劣构型为瓜瓣焊工况。

通过模态分析和频率响应分析，使人们对搅拌摩擦焊机器人的动态特性有了很好的掌握，为找到结构中存在的薄弱环节并进行改进设计提供了参考。模态试验分析有效地验证了仿真分析的正确性。

通过搅拌摩擦焊机器人的刚柔耦合动力学仿真，得到了整个搅拌摩擦焊机器人的焊接精度性能。通过考虑结合部的动刚度以及最薄弱的滑枕结构柔性来进行最恶劣工况瓜瓣焊的仿真分析，最终得到了整个搅拌摩擦焊机器人的焊接精度为0.06mm，能够满足给定的设计指标。通过理论推导和仿真分析，可以使人们对搅拌摩擦焊机器人的焊接性能做出更加真实的评价。所取得的分析结果对于搅拌摩擦焊机器人后续结构改进和验证都具有重要的借鉴和指导意义。

参考文献

[1] Mishra R S. Preface to the Viewpoint Set on friction stir processing. Scripta Materialia, 2008, 58(5): 325-326.

[2] Guerra M, Schmidt C. Flow patterns during friction stir welding. Materials Characterization, 2002, 49(2): 95-101.

[3] Luan G H, Ji Y J, Jian B. Primary study on friction stir welding of the lightweight aircraft structures. The 6th International Symposium on Friction Stir Welding, Saint-Sauveur, 2006.

[4] 董春林, 栾国红. 搅拌摩擦焊在航空航天工业的应用发展现状与前景. 焊接, 2008, (11): 25-31.

[5] 栾国红, 郭德伦. 搅拌摩擦焊在飞机制造工业中的应用. 航空制造技术, 2002, (11): 20-24.

[6] 夏德顺, 王国庆. 搅拌摩擦焊接在运载火箭上的应用. 导弹与航天运载技术, 2002, (4): 27-32.

[7] 云杉. 搅拌摩擦焊——最具革命性的焊接新技术专访报道. 航空制造技术, 2003, (11): 17-21.

[8] 栾国红, 关桥. 搅拌摩擦焊——革命性的宇航制造新技术. 航空制造技术, 2003, (4): 20-27.

[9] 栾国红, 柴鹏, 孙成彬, 等. 汽车制造驶上搅拌摩擦焊之路. 电机焊, 2004, 34(1): 1-6.

[10] Kallee S W, Nicholas E D. Application of friction stir welding to automotive lightweight structures. IBEC'98, 1998, 5(10): 191-198.

[11] Nelson T W , Zhang H, Haynes T. Friction stir welding of aluminum MMC 6061-boron carbide. Proceedings of the 2nd International. Friction Stir Welding, Gothenburg, 2000.

[12] Juhas M C, Viswannathan G B, Fraser H L. Micostructural evolution in Ti alloy friction stir welding. Proceedings of the 2nd International. Friction Stir Welding, Gothenburg, 2000.

[13] Christopher B S. Robotic friction stir welding using a standard industrial robot. Proceedings of the 2nd International Friction Stir Welding, Gothenburg, 2000.

[14] Olaru D, Puiu G C, Balan L C, et al. A new model to estimate friction torque in a ball screw system. Product Engineering: Eco-Design, Technologies and Green Energy, 2004, 15(1): 333-346.

[15] Strombeck A, Schilling C, Santos J F. Robotic friction stir welding-tool technology and applications. Proceedings of the 2nd International Friction Stir Welding, Gothenburg, 2000.

[16] Ahn J Y, Chung S C. Real-time estimation of the temperature distribution and ex-

pansion of a ball screw system using an observer. Proceedings of the Institution of Mechanical Engineers, Part B: Journal of Engineering Manufacture, 2004, 2018(12): 1667-1681.

[17] Okawal Y Z, Taniguchi M, Sugiil H, et al. Development of 6-axis friction stir welding system. SICE-ICASE International Joint Conference, Busan, 2006.

[18] Ghaisas N, Wassgren C R, Sadeghi F. Cage instability in cylindrical roller bearings. Journal of Tribology, 2004, 126(4): 681-689.

[19] Hirano S, Okamoto K, Aota K, et al. Development of 3 dimensional type friction stir welding equipment. The 3rd International Friction Stir Welding Symposium, Kobe, 2001.

[20] Schmidt H, Hattel J, Wert J. An analytical model for heat generation in friction stir welding. Modelling and Simulation in Material Science and Engineering, 2004, 12(2):143-157.

[21] Stefanini S. Lighter weldments friction drives the means. Welding and Metal Fabrication, 2002, 12(2): 8-14.

[22] Soron M, Kalaykov I. Blending tool paths for G1-continuity in robotic friction stir welding. International Conference on Icinco, Funchal, 2007.

[23] Strombeck A V, Schilling C, Santos J F. Robotic friction stir welding-tool technology and applications. Proceedings of the 2nd International Friction Stir Welding, Gothenburg, 2000.

[24] Ider S K. Inverse dynamics of parallel manipulators in the presence of drive singularities. Mechanism and Machine Theory, 2005, 12(40): 33-44.

[25] Wu J S, Chiang L K. Dynamic analysis of an arch due to a moving load. Journal of Sound and Vibration, 2004, 269: 511-534.

[26] Hagiu G D, Gafitanu M D. Dynamic characteristics of high speed angular contact ball bearings. Wear, 1997, 211(1):22-29.

[27] Wei C C, Lin J F, Jeng H. Analysis of a ball screw with a preload and lubrication. Tribology International, 2009, 42(1): 1816-1831.

[28] 蒋素清, 杜娟. 高速立式加工中心立柱结构拓扑优化设计. 机械, 2007, 34(8): 36-38.

[29] 白迎春, 钟继萍. 基于 hypermesh 的吊臂结构优化设计. 起重运输机械, 2012, (4): 36-38.

[30] 韦勇. 阻尼结构的建模、识别和拓扑优化研究. 南京：南京航空航天大学博士学位论文, 2006.

[31] 朱守寨. 数控万能工具铣床 XK8140 主轴系统结合部等效动力学参数识别方法研究. 昆明：昆明理工大学博士学位论文, 2006.

[32] 李志鹏, 郭艳玲. 基于柔体动力学分析的平面并联机器人结构优化设计. 机械设计, 2006, 23(7): 19-21.

[33] 张建润, 卢熹, 孙庆鸿, 等. 五坐标数控龙门加工中心动态优化设计. 中国机械工程, 2005, 16(21): 1949-1953.

[34] 聂建军, 杜发荣, 袁峰, 等. 柴油机活塞和连杆运动的有限元分析. 拖拉机与农用运输车, 2002,(6): 22-24.

[35] 文荣, 吴德隆. 带间隙空间结构的动力学特性分析. 中国空间科学技术, 1998, 18(1): 7-12.

[36] Lundberg G, Palmgren A. Dynamic capacity of rolling bearings. J.Applied Mech. Trans. ASME, 1947, 1:1-52.

[37] Yazarel H, Cheah C C. Task-space adaptive control of robotic manipulators with uncertainties in gravity regressor matrix and kinematics. IEEE Transactions on Automatic Control, 2002, 47(9): 1580-1585.

[38] 刘卫群, 罗继伟, 吴长春, 等. 滚动轴承刚度分析程序. 计算力学学报, 2001, 18(3): 375-378.

[39] 樊幼温. 用于卫星姿控飞轮的固体润滑轴承寿命试验. 控制工程, 1986, 3: 7-13.

[40] Hung J, Pin S H, James W, et al. Impact failure analysis of re-circulating mechanism in ballscrew. Engineering Failure Analysis, 2004, 8(1): 561-573.

[41] Choi Y H, Cha S M, Hong J H, et al. A study on the vibration analysis of a ball screw feed drive system. Materials Science Forum and Advances in Materials Manufacturing Science and Technology, 2004, 16(1): 149-154.

[42] 吴长宏. 滚珠丝杠副轴向接触刚度的研究. 长春: 吉林大学硕士学位论文, 2007.

[43] Zaeh M F, Oertli T, Milberg J. Finite element modeling of ball screw feed drive systems. Manufacturing Technology, 2004, 53(2): 289-293.

[44] 马超. 机床结构设计方法研究及在立柱设计中的应用. 大连: 大连理工大学硕士学位论文, 2010.

[45] Ding W Z, Huang X D. Study on dynamics of large machine tool feed system based on distributed-lumped parameter model. International Conference on Mechanic Automation and Control Engineering, Wuhan, 2010: 3078-3082.

[46] Lu Y X, Hu B H, Liu P L. Kinematics and dynamics analyses of a parallel manipulator with three active legs and one passive leg by a virtual serial mechanism. Multibody System Dynamics, 2007, (17): 229-241.

[47] Ohta H, Tanaka K. Vertical stiffnesses of preloaded linear guideway type ball bearings incorporating the flexibility of the carriage and rail. Journal of Tribology, 2010, 129(3):188-193.

[48] 陈汀, 黄其柏. 一种计及滑块裙部变形的滚珠直线导轨副垂直刚度模型. 中国机械工程, 2011, 22(13): 1546-1550.

[49] 张耀满, 刘春时, 谢志坤, 等. 考虑直线导轨影响的数控机床动态性能分析. 东北大学学报(自然科学版), 2007, 28(11): 1628-1631.

[50] 戴磊, 关振群, 单菊林, 等. 机床结构三维参数化形状优化设计. 机械工程学报, 2008, 44(5): 152-159.

[51] 蒋丽忠, 洪嘉振. 作大范围运动弹性梁的非线性稳定性分析. 振动与冲击, 2001, 20(1): 62-64.

[52] 李小彭, 聂巍, 赵志杰, 等. 直线导轨副动态特性的试验研究及有限元分析. 组合机床与自动化加工技术, 2011, (10): 17-20.

[53] 刘红军, 姜春英, 房立金, 等. 并联刨床刚度分析及实验研究. 机器人, 2006, 28(1): 10-13, 24.

[54] Kota S, Joo J Y, Li Z, et al. Design of compliant mechanisms: Applications to MEMS. Analog Integrated Circuits and Signal Processing, 2001, 29(1): 7-15.

[55] Kim H, Querin O M, Steven G P. On the development of structural optimisation and its relevance in engineering design. Design Studies, 2002, 23(1): 85-102.

[56] Chung C H, Hwang T S, Wu T C, et al. Framework for integrated mechanical design automation. Computer-Aided Design, 2000, 32(5): 356-365.

[57] Novotny A A, Feijoo R A, Taroco E, et al. Topological sensitivity analysis. Computer Methods in Applied Mechanics and Engineering, 2003, 192(2): 803-829.

[58] Lam Y C, Manickarajah D, Bertolini. A. Performance characteristics of resizing algorithms for thickness optimization of plate structure. Finite Elements in Analysis and Design, 2000, 34(2): 159-174.

[59] Hetrick J, Kota S. An energy formulation for parametric size and shape optimization of compliant mechanisms. Journal of Mechanical Design, 1999, 121(2): 229-234.

[60] 许向荣. 滚珠丝杠副直线导轨进给单元动态性能研究. 济南：山东大学博士学位论文, 2011.

[61] Kang T, Guang Y C, Tapabrate R. Design synthesis of path generating compliant mechanisms by evolutionary optimization of topology and shape. Transactions of ASME, 2002, 124(1): 492-500.

[62] 刘锦阳, 洪嘉振. 柔性体的刚–柔耦合动力学分析. 固体力学学报, 2002, 23(2): 159-165.

[63] 熊万里, 王文华，吕浪. 基于逆变器–电动机动态特性仿真的高速电主轴电动机的研究. 制造技术与机床, 2009, (4): 31-36.

[64] 周德廉，陈新，孙庆鸿. 高精度内圆磨床整机动力学建模及优化设计. 东南大学学报 (自然科学版), 2001, 31(2): 35-38.

[65] 童忠钫, 张杰. 加工中心立柱床身结合面动态特性研究及参数识别. 振动与冲击，1992, (3): 13-19.

[66] 张学良, 黄玉美，温淑华. 机床结合面静态基础特性参数的建模及其应用. 制造技术与机床, 1997, (11): 8-10.

[67] Tang J S, Liu Z Y. Quasi-wavelet solution of diffusion problems. Communications in Numerical Methods in Engineering, 2010, 20(12): 877-888.

[68] Shabana A A. Flexible multibody dynamics: Renew of past and recent developments. Multibody System Dynamics, 1997, 1(1): 189-222.

[69] 胡春阳. 基于 ANSYS 的加工中心工作台组件的有限元分析及优化. 合肥：合肥工业大学硕士学位论文, 2012.

[70] 唐朋飞. 基于拓扑优化的重型机床立柱轻量化设计. 苏州：苏州大学硕士学位论文, 2012.

[71] 宋波涛. 飞行器结构考虑连接面刚度的固有特性计算研究. 西安: 西北工业大学硕士学位论文, 2003.

[72] Affi Z, EI-Kribi B, Romdhane L. Advanced mechatronic design using a multi-objective genetic algorithm optimization of a motor-driven four-bar system.Mechatronics, 2007, 17(9): 489-500.

[73] Garus J. Fuzzy control of motion of underwater robotic vehicle. Wseas International Conference on Computational Intelligence, Cairo, 2007: 192-197.

[74] Augusto O B, Bennis F, Caro S. A new method for decision making in multi-objective optimization problems. Pesquisa Operational, 2012, 32(2): 331-369.

[75] 毛海军, 孙庆鸿, 陈楠, 等. 基于 BP 神经网络模型的机床大件结构动态优化方法及其应用研究. 东南大学学报 (自然科学版), 2002, 32(4): 594-597.

[76] 从明, 房波, 周资亮. 车–车数控机床拖板有限元探究及优化设计. 中国机械工程, 2008, 19(2): 208-213.

[77] 刘江, 唐传军. 立式加工中心床身结构有限元分析与优化. 组合机床与自动化加工技术, 2010, (4):20-22.

[78] 黄铁球, 吴德隆. 带间隙伸展机构的非线性动力学建模. 中国空间科学技术, 1999, 19(1): 7-13.

[79] 杨辉, 洪嘉振, 余征跃. 带柔性附件的中心刚体的频率特性及实验研究. 空间科学学报, 2002, 22(4): 372-378.

[80] 蒋建平, 李东旭. 带太阳帆板航天器刚柔耦合动力学研究. 航空学报, 2006, 27(3): 418-422.

[81] Wei L, Crane C D, Duffy J. Closed-form forward displacement analysis of the 4-5 in-parallel platforms. Journal of Mechanical Design, 1994, 116(2): 47-53.

[82] Merlet J P. Solving the forward kinematics of a gough-type parallel manipulator with interval analysis. The International Journal of Robotics Research, 2004, 23(3): 221-235.

[83] Wang Y F. An incremental method for forward kinematics of parallel manipulators. IEEE International Conference on Robotics, Automation and Mechatronics, Bangkok, 2006: 1-5.

[84] Liu C H, Cheng S C. Direct singular positions of 3RPS parallel manipulators. Journal of Mechanical Design, 2005, 126(6): 1006-1016.

[85] Loteswara A B, Rao P V, Rao S K. Workspace and dexterity of hexaslide machine tools. Proceedings of the 2003 IEEE International Conference on Robotics & Automation, Taipei, 2003: 4104-4109.

[86] Zhao J S, Chen M, Zhou K, et al. Workspace of parallel manipulators with symmetric identical kinematic chains. Mechanism and Machine Theory, 2006, 41(6): 632-645.

[87] 万长森. 滚动轴承的分析方法. 北京: 机械工业出版社, 1987.

[88] 谢涛, 刘品宽, 陈在礼. 转台轴系轴承刚度矩阵的理论推导与数值计算. 哈尔滨工业大学学报, 2003, 35(3): 329-333.

[89] 马会防, 刘高进, 南瑞民, 等. 在转子系统中利用共振法测量轴承的动态径向刚度. 轴承, 2012, 11: 38-41.

[90] 唐云冰, 高德平, 罗贵火. 航空发动机高速滚珠轴承力学特性分析与研究. 航空动力学报, 2006, 21(2): 354-360.

[91] Hung J P, Lai Y L, Lin C Y, et al. Modeling the machining stability of a vertical milling machine under the influence of the preloaded linear guide. International Journal of Machine Tools & Manufacture, 2011, 51(1): 731-739.

[92] Jiang S Y, Zhu S L. Dynamic characteristic parameters of linear guideway joint with ball screw. Journal of Mechanical Engineering, 2010, 46(2): 92-98.

[93] Jiang S Y, Zheng S F. A modeling approach for analysis and improvement of spindle-drawbar-bearing assembly dynamics. International Journal of Machine Tools & Manufacture, 2010, 50(2):131-142.

[94] Soize C, Ghanem R G. Reduced chaos decomposition with random coefficients of vector-valued random variables and random fields. Computer Methods in Applied Mechanics and Engineering, 2009, 198(21):1926-1934.

[95] Titurus B, Friswell M L. Regularization in model updating. International Journal for Numerical Methods in Engineering, 2008, 75(4):440-478.

[96] Cheung S H, Beck J L. Calculation of posterior probabilities for Bayesian model class assessment and averaging from posterior samples based on dynamic system data. Computer-Aided Civil and Infrastructure Engineering, 2010, 25(1): 304-321.

[97] 张向宇, 熊计, 郝锌, 等. 基于 ANSYS 的加工中心滑座的拓扑优化设计. 现代制造工程, 2008, (2): 131-133.

[98] 蒋维. 基于 CAD/CAE 混合模板库的锻压机床快速设计、优化方法研究. 合肥: 中国科学技术大学博士学位论文, 2008.

[99] 司圣洁. 空间关节的轴承预紧及其动态特性研究. 哈尔滨: 哈尔滨工业大学博士学位论文, 2010.

[100] Goller B, Broggi M, Calvi A, et al. A stochastic model updating technique for complex aerospace structures. Finite Elements in Analysis and Design, 2011, 47(7): 739-752.

[101] Degrauwe D, Roeck G D, Lombaert G. Uncertainty quantification in the damage assessment of a cable-stayed bridge by means of fuzzy numbers. Computers & Structures, 2009, 87(17-18): 1077-1084.

[102] Park I, Amarchinta H K, Grandhi R V. A Bayesian approach for quantification of model uncertainty. Reliability Engineering and System Safety, 2017, 95(7): 777-785.

[103] 蒋兴奇. 应用共振法测量轴承刚度. 轴承, 1991, (6): 36-38.

[104] 张迅雷, 邵凤常, 曹诚梓. 角接触球轴承静刚度的精确计算. 轴承, 1995, 4(5): 2-5.

[105] 陈曦. 精密数控机床典型结合面及整机静动特性研究. 长春: 吉林大学博士学位论文, 2012.

[106] Sethian J A, Wiegmann A. Structural boundary design via level set and immersed interface methods. Journal of Computational Physics, 2000, 163(2): 489-528.

[107] Fujii D, Kikuchi N. Improvement of numerical instabilities in topology optimization using the SLP method. Structural and Multidisciplinary Optimization, 2000, 19(2):113-121.

[108] Bruns T E, Sigmund O, Tortorelli D A. Numerical methods for topology optimization of nonlinear elastic structures that exhibit snap-through. International Journal for Numerical Methods in Engineering, 2002, 55(10): 1216-1237.

[109] 宋宗凤. 不确定性连续体结构的拓扑优化设计研究. 西安：西安电子科技大学博士学位论文, 2009.

[110] Padilla C E, Flotow A H. Nonlinear strain-displacement relations and flexible multibody dynamics. Journal of Guidance Control and Dynamics, 1992, 15(2): 128-136.

[111] Schiehlen W, Seifried I, Eberhard P. Elastoplastic phenomena in multibody impact dynamics. Computer Methods in Applied Mechanics & Engineering, 2006, 195(50-51): 6874-6890.

[112] 薛彩军. 结构静动态协同优化设计的若干关键问题研究. 杭州：浙江大学博士学位论文, 2003.

[113] 杨帅. 机械产品动态性能建模、分析、优化及工程应用研究. 天津：天津大学博士学位论文, 2009.

[114] 杨志军. 结构拓扑修改重分析方法及工程应用. 长春：吉林大学博士学位论文, 2006.

[115] 姜衡, 管贻生, 邱志成, 等. 基于响应面法的立式加工中心动静态多目标优化. 机械工程学报, 2011, 47(11): 125-133.

[116] 张学玲. 基于广义模块化设计的机械结构静、动态特性分析及优化设计. 天津：天津大学博士学位论文, 2004.

[117] 石作维. 机械结构拓扑优化及其在重型卡车平衡轴支架改进设计中的应用. 合肥：合肥工业大学硕士学位论文, 2009.

[118] Yoo H H, Pierre C. Modal characteristic of a rotating rectangular cantilever plate. Journal of Sound and Vibration, 2003, 259(1): 81-96.

[119] 洪嘉振, 蒋丽忠. 动力刚化与多体系统刚-柔耦合动力学. 计算力学学报, 1999, 16(3): 295-301.

[120] 冯力, 叶尚辉, 刘明治. 多柔体系统动力学符号演算的研究. 数学研究与评论, 2000, 20(1): 143-148.

[121] 刘铸永, 洪嘉振. 柔性多体系统动力学研究现状与展望. 计算力学学报, 2008, 25(4): 411-416.

[122] 边宇枢, 陆震. 柔性机器人动力学建模的一种方法. 北京航空航天大学学报, 1999, 25(4): 486-490.

[123] 于淼, 赵继. 五自由度虚拟轴机床刚-柔耦合动力学仿真研究. 长春大学学报, 2003, 13(1): 7-10.

[124] 林伟新, 刘明治, 杨青智. 一种新的多柔体系统动力学方程的数值解法. 机电产品开发与创新, 2007, 20(6): 27-28.

[125] Garcia V D, Sugiyama H, Shabana A A. Finite element analysis of the geometric stiffening effect. Part 2: Non-linear elasticity. Journal of Multi-body Dynamics, 2005, 219(K):203-211.

[126] Sugiyamaa H, Germnayrb J, Shabana A A. Deformation modes in the finite element absolute nodal coordinate formulation. Journal of Sound and Vibration, 2006, 298(3): 1129-1149.

[127] Yoo H H, Chung J. Dynamics of rectangular plates undergoing prescribed overall motion. Journal of Sound and Vibration, 2001, 239(1): 123-137.

[128] Liu J Y, Hong J Z, Cui L. An exact nonlinear hybrid-coordinate formulation for flexible multibody systems. Acta Mechanica Sinica, 2007, 23(6): 699-706.

[129] Karaeay T, Akturk N. Vibrations of a grinding spindle supported by angular contact ball bearings. Performance of Multi-Support Spindle-Bearing Assemblies, Proceedings of Institution of Mechanical Engineers-Part K, Journal of Multi-body Dynamics, 2008, 22(2):61-74.

[130] Lambert R J, Pollard A, Stone B J. Some characteristics of rolling-element bearings under oscillating conditions, part 2: Experimental results for interference-fitted taper-roller bearings. Proceedings of the Institution of Mechanical Engineers-Part K-Journal of Multi-body Dynamics, 2006, 20(2): 171-179.

[131] Wijnant Y H, Wensing J A, van Nijen G C. The influence of lubrication behavior on the dynamic behavior of ball bearings. Journal of Sound and Vibration, 1999, 222(4): 579-596.

[132] Wenger P, Chablat D. Design of a three-axis isotropic parallel manipulator for machining applications: The orthoglide. Proceedings of the Workshop on Fundamental Issues and Future Research Directions for Parallel Mechanisms and Manipulators, 2002, 5(1): 16-24.

[133] 刘际轩. 高速重载滚珠丝杠副轴向动态刚度及实验研究. 杭州：浙江大学硕士学位论文, 2012.

[134] Backer J D, Verheyden B. Robotic Friction Stir Welding for Automotive and Aviation Applications (Master Thesis). Frollhetin: Department of Technology, University West, 2009.

[135] Harsha S P. Nonlinear dynamic analysis of unbalanced rotor supported by roller bearing. Chaos, Solitons and Fractals, 2005, 26(1): 47-66.

[136] Brent G R, Edward C J. A Survey of Multibody Dynamics for Virtual Environments// ColgateKing D. Space Servicing: Past, Present and Future. Proceedings of the 6th International Symposium on Artificial Intelligence and Robotics & Automation in Space, St-Hubert, 2001.

[137] Huang Y A, Deng Z C, Yao L X. Dynamic analysis of a rotating rigid-flexible coupled smart structure with large deformations. Applied Mathematics and Mechanics (English

Edition), 2007, 28(10): 1349-1360.

[138] Liu J Y, Hong J Z. Dynamic modeling and modal truncation approach for a high-speed rotating elastic beam. Archive of Applied Mechanics, 2002, (72): 554-563.

[139] Ahmed A S. Flexible multibody dynamics: Review of past and recent developments. Multibody System Dynamics, 1997, 20(3): 189-222.

[140] Luan G H, Wang Y J, Guo E M. Friction stir welding takes off from China FSW center. The 4th International Friction Stir Welding Symposium, Park City, 2003.

[141] Soron M, Kalaykov I. A robot prototype for friction stir welding. IEEE Conference on Robotics, Automation and Mechatronics, Karlsyuhe, 2006.

[142] Luan G H, Sun C B, Guo H P, et al. Friction stir welding of the pure aluminum and pure copper. The 4th International Friction Stir Welding Symposium, Park City, 2003.

[143] Guevarra D S, Kyusojin A, Lsobe H, et al. Development of a new lapping method for high precision ball screw. Journal of the International Societies for Precision Engineering and Nano-technology, 2002, 26(1): 389-395.

[144] Ebrahimi M, Whalley R. Analysis, modeling and simulation of stiffness in machine tool drives. Computers & Industrial Engineering, 2000, 38(3): 93-105.

[145] Ebrahimi S, Eberhard P. Rigid-elastic modeling of meshing gear wheels in multibody systems. Multibody System Dynamics, 2006, 16(3): 55-71.

[146] Ebrahimi S, Hippmann G, Eberhard P. Extension of the polygonal contact model for flexible multibody systems. International Journal of Applied Mathematics and Mechanics, 2005, 1(2): 33-50.

[147] Murakami T. Developmental situations of recent direct acting rolling guides. Machine Design, 2000, 15(2): 46-48.

[148] 姜洪奎. 大导程滚珠丝杠副动力学性能及加工方法研究. 济南：山东大学博士学位论文, 2007.

[149] 方兵, 张雷, 赵继, 等. 轴承结合部动态参数识别与等效分析模型的研究. 西安交通大学学报, 2012, 46(11): 69-74.

[150] 刘端, 孙健利, 廖道训. 直线滚动导轨考虑滑块体弹性变形时的刚度计算. 华中理工大学学报, 1990, 18(s3): 236-240.

[151] 孙健利. 直线滚动导轨机构承受垂直载荷时的刚度计算. 华中理工大学学报, 1988, 15(5): 36-40.

[152] 孙伟, 孔祥希, 汪博, 等. 直线滚动导轨的 Hertz 接触建模及接触刚度的理论求解. 工程力学, 2013, 30(7): 230-234.

[153] 张明鑫. 滚珠丝杠螺母结合面参数识别及其进给系统研究. 南京：南京理工大学博士学位论文, 2012.

[154] 满佳, 张连洪, 陈永亮. 基于元结构的机床结构可适应优化设计方法. 中国机械工程, 2010, 21(1): 51-54, 66.

[155] 丛明, 韩滔, 赵强, 等. 基于 6σ 和目标驱动技术的高速卧式加工中心滑架多目标优化. 中国机械工程, 2011, 22(19): 2289-2292, 2297.

[156] 申远, 金一, 褚彪, 等. 基于遗传算法的锻压机床多目标优化设计方法. 中国机械工程, 2012, 23(3): 291-294.

[157] Rubio H, Gareiaprada J C, Castejon E. Dynamic analysis of rolling bearing system using Lagrangian model vs FEM code. 12th IFToMM World Congress, Besancon, 2007, 13(6): 18-21.